书网互动新形态立体化教材

Office 2019
微任务实训教程

主　编◎王建华

副主编◎张　凤　王　燕　滕树凝

参　编◎（按姓氏笔画排列）
牛婷婷　庄玉霞　许秋菊
赵会超　樊　坤

电子工业出版社·

Publishing House of Electronics Industry

北京·BEIJING

内 容 简 介

本书以微软 Office 2019 为基础，包含 OneNote 2019 数字笔记、Word 2019 文字处理、Excel 2019 电子表格和 PowerPoint 2019 演示文稿等 4 个项目，每个项目内都设有微任务和综合实训。其中，微任务引领读者学习模块的知识和技能，综合实训检验读者的学习成果并拓展和提高读者的办公应用能力和水平。

本书理论讲解简明易懂，操作实训清晰明确，适用于微软 Office 办公软件的初学者，也适用于具有一定 Office 操作基础并希望进一步提高办公应用能力的学习者。

本书既可供职业院校、本科院校相关专业学生及社会培训机构使用，也可供读者自主学习微软 Office 使用。

图书在版编目（CIP）数据

Office 2019 微任务实训教程 / 王建华主编.

北京 ：电子工业出版社，2025. 2. -- ISBN 978-7-121 -24962-4

Ⅰ. TP317.1

中国国家版本馆 CIP 数据核字第 2025E821L1 号

责任编辑：李英杰

印　　刷：河北鑫兆源印刷有限公司

装　　订：河北鑫兆源印刷有限公司

出版发行：电子工业出版社

　　　　　北京市海淀区万寿路 173 信箱　邮编　100036

开　　本：880×1230　1/16　印张：17.25　字数：397.44 千字

版　　次：2025 年 2 月第 1 版

印　　次：2025 年 4 月第 2 次印刷

定　　价：49.80 元

凡所购买电子工业出版社图书有缺损问题，请向购买书店调换。若书店售缺，请与本社发行部联系，联系及邮购电话：（010）88254888，88258888。

质量投诉请发邮件至 zlts@phei.com.cn，盗版侵权举报请发邮件至 dbqq@phei.com.cn。

本书咨询联系方式：（010）88254247，liyingjie@phei.com.cn。

　　党的二十大报告明确指出："推进教育数字化，建设全民终身学习的学习型社会、学习型大国。"本书与生产劳动和社会实践相结合，与现代职业岗位对信息技术的需求相结合，与教育数字化技术相结合，将职业院校学生应知应会的信息技术基础知识和基本技能设计成若干个微型学习任务（简称"微任务"），引导并助力读者自主学习，同时为读者提供书网交互协同的自助式数字化的服务保障体系，提高读者自主学习和终身学习的能力。

　　本书以微任务为基本学习单元，以任务简介为抓手、以任务目标定方向，以关联知识立骨架，以任务实施丰血肉，以任务总结理脉络，以任务签收验成效，以任务启示论价值。微任务基于理实一体化设计，融知识于任务实施，读者完成任务则可习得技能、悟得知识、淬得能力。

　　在本书中，微任务是点，引领读者学习基础知识、掌握基本技能，同时培养读者学习能力；综合实训为面，检验读者学习效果，同时拓展和提高读者解决实际问题的能力。综合实训只明确任务结果，具体实施过程则由读者自主完成，以此检测读者自主学习的实际效果。

　　本书以微软 Office 2019 为基础，包括 OneNote 2019 数字笔记、Word 2019 文字处理、Excel 2019 电子表格和 PowerPoint 2019 演示文稿等 4 个项目，每个项目又分别规划并设计了若干个微任务，以引领读者自主、自助地学习知识。

　　本书由王建华担任主编，张凤、王燕、滕树凝担任副主编，牛婷婷、庄玉霞、许秋菊、赵会超、樊坤参与编写。其中，王建华负责编写项目 1，以及书网交互协同的数据资源设计和集成；滕树凝负责编写项目 2、张凤负责编写项目 3、王燕负责编写项目 4；牛婷婷、庄玉霞、许秋菊、赵会超、樊坤承担资源收集、实训任务审验及数字资源核查等工作。本书在编写过程中得到济南护理职业学院领导及有关教学单位的大力支持和帮助，在此表示衷心的感谢！

　　本书配有丰富的教学资源，读者可登录华信教育资源网免费下载。

　　由于编者水平有限，以及读者的计算机操作系统环境、微软 Office 版本界面等可能存在差异，书中难免存在疏漏与不足之处，敬请广大读者批评指正。

编　者

本书使用建议

本书包括OneNote 2019数字笔记、Word 2019文字处理、Excel 2019电子表格和PowerPoint 2019演示文稿等4个项目。OneNote是数字笔记本应用，既是本书的学习内容，又是实用的学习笔记工具，建议利用OneNote记录本书的学习笔记。当然，略过OneNote 2019数字笔记项目或调整其学习顺序，不会影响其他项目的学习。

依据学习目标和实施难度，微任务被划分为入门、达标和拓展三个等级，其中入门和达标级微任务为必修内容，拓展级微任务可由读者根据个人需求自主选修，具体等级划分详见本书的配套资源文档。在微任务内部，同样设置选做步骤，以便读者在操作过程中按需取舍。

本书以微软Office 2019专业增强版为基础进行设计。读者所用的Office版本不一致，可能会出现个别界面的差异问题，建议任课教师向学生（特别是初学者）预先提醒。此外，Microsoft Office在不同操作系统的操作界面中也可能会存在差异，项目的相关微任务操作推荐使用Windows 10、Windows 11操作系统。

本书将传统教材与数字化技术相融合，以教材、数字云、智能终端（如智能手机）、计算机等构建四位一体的学习服务保障体系。读者可通过本书了解微任务并预习其关联知识，按照任务实施步骤在计算机中完成相关操作，利用任务总结梳理知识和技能体系。读者可通过智能终端扫描下方二维码来获取微任务的云资源和服务（如学习检测等），利用任务验收来总结所学的知识和技能。学时分配建议见下表。

序号	模块标题	微任务数	综合实训数	建议学时
1	OneNote 2019 数字笔记	7	2	4
2	Word 2019 文字处理	27	7	18
3	Excel 2019 电子表格	23	8	16
4	PowerPoint 2019 演示文稿	16	3	8
合计		73	20	46

微任务云资源与服务

CONTENTS 目 录

项目 1

OneNote 2019 数字笔记

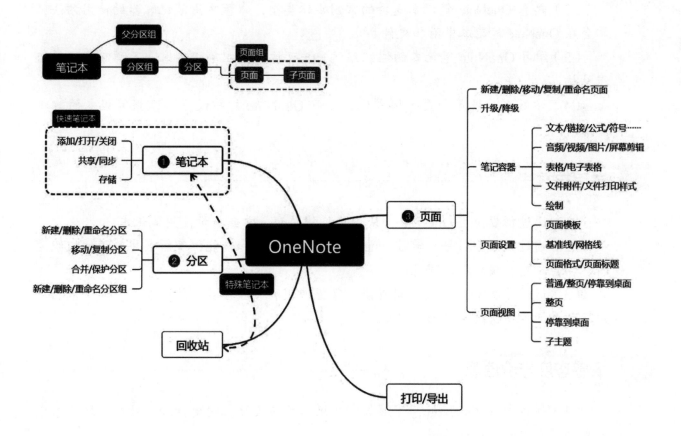

学习目标

知识与技能

（1）学习数字笔记的基本概念，掌握 OneNote 的基础用法；学会创建和管理笔记本，掌握快速笔记的特点和用法。

（2）熟悉 OneNote 笔记本支持的常用媒体类型，掌握常用笔记容器的使用方法；学会在 OneNote 笔记本中附加文件。

（3）学习 OneNote 笔记本的组织结构，并可按需组织笔记内容；了解回收站的组织结构。

（4）学习页面设置和页面格式化，学习 OneNote 打印设置，掌握笔记本的打印方法。

过程与方法

（1）通过初步使用 OneNote，认识其工作界面，学会初步使用笔记本。

（2）通过微任务引导，学习 OneNote 的基础知识和技能，理解数字笔记的组织逻辑，学会创建、规划和管理笔记。

（3）通过熟悉 OneNote 笔记功能，掌握使用和管理各类媒体的能力，学会根据应用场景灵活使用快速笔记的方法。

情感态度与价值观

（1）通过学习 OneNote，了解数字笔记本的易用性、便捷性和高效性，培养学生使用数字笔记的意识和习惯。

（2）通过学习 OneNote，认识其强大功能和广泛用途，激发学习兴趣。

（3）通过利用 OneNote 做笔记，学会记录要点、梳理问题，提升分析和解决问题的能力。

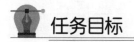

微任务 **N01** 初识 OneNote

任务简介

初识 OneNote 笔记本程序，并创建简单笔记。

任务目标

学习数字笔记的基本概念，掌握 OneNote 的基本用法。

关联知识

1. OneNote 简介

OneNote 是由微软公司开发的一款数字笔记本软件，方便用户随时记录想法、观点和待办事项，并将它们同步到各类设备。OneNote 非常适合用户学习和协作共享，其推荐将笔记本保存在 Microsoft 账户的 OneDrive 云存储空间中，以便随时访问和共享笔记本。"随心所欲地获取、组织和再利用笔记"是 OneNote 的设计初衷。

OneNote 最早出现在 Office 2003 中，并随着 Office 办公软件而迭代。在 Office 2016 推出后，OneNote 已经从 Office 中独立出来，分别有 OneNote 和 OneNote for Windows 等独立产品。本项目将以 OneNote 2019 为例，介绍数字笔记本的使用。

2. OneNote 2019 入门

在 Windows 开始菜单中找到 OneNote 2019 程序并双击其图标，将打开 OneNote 2019 程序窗口（后续简称"OneNote 窗口"），如图 1-1 所示。

OneNote 窗口具有完整的 Office 选项卡、快速访问工具栏，可以按需显示或隐藏。在选项卡下方是笔记导航区，导航区下方是笔记主窗格，在此可以记录笔记。

在使用 OnetNote 的过程中，会因笔记内容改变而自动触发保存动作，无须人工干预，因此 OneNote 的工作界面没有提供保存等工具。

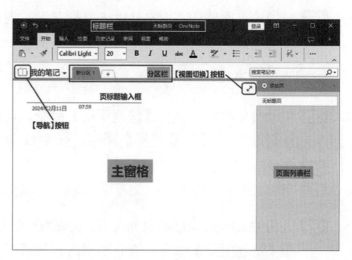

图 1-1 OneNote 2019 程序窗口

任务准备

若需将 OneNote 笔记本存储在 OneDrive 云中，请先注册并登录 Microsoft 账户。

任务实施

01 在 Windows 开始菜单中单击 OneNote 程序图标，启动 OneNote 程序，观察 OneNote 窗口（见图 1-1），认识选项卡、标题栏、主窗格等。

▶添加笔记本

02 单击【导航】按钮，展开导航栏，执行【添加笔记本】命令，打开【新笔记本】面板，分别单击并观察可存储位置（默认存储在 OneDrive），并尝试了解界面各功能区的含义。

03 在【新笔记本】面板中单击【这台电脑】图标，打开【这台电脑】界面，在【笔记本名称】文本框中输入"OneNote1"并单击【创建笔记本】按钮。

04 若上一步成功则跳过此步，否则单击【在不同的文件夹中创建】链接，在打开的【创建新的笔记本】窗口中，右击同名文件夹并执行【删除】命令，然后单击【取消】按钮。重新输入笔记本名称，再单击【创建笔记本】按钮。

> 若笔记本已存在，则须将其删除。

05 在新建的笔记本中，观察其分区及其页面列表；右击【新分区 1】选项卡，打开【分区管理】菜单，执行【重命名】命令，输入"分区 A"后按 Enter 键。

06 在页面列表栏中，右击当前页面的标识（默认为"无标题页"），弹出【页面管理】菜单，执行【重命名】命令，在页面标题中输入"分区 A 第 1 页"，分别观察窗口标题栏和页面列表栏中页面标题的变化。

07 在当前页面的任意空白处单击鼠标左键，观察页面插入点的位置变化。任意输入文本内容或段落，观察自动调整的笔记容器框。

▶管理笔记本

08 展开导航栏，执行【快速笔记】命令，观察窗口的变化。在当前页空白处，单击【插入】选项卡|【屏幕剪辑】图标，任意截取 1 寸照片大小的图片后输入"（昵称）打卡在此"。

> 快速笔记有且仅有一个。

09 关闭 OneNote 程序并重新打开，观察当前笔记状态。在导航栏中，分别执行【OneNote1】和【快速笔记】命令，查看笔记内容是否丢失。

> OneNote 默认笔记变化时会自动存储数据。

10 打开【OneNote1】笔记本，右击【分区 A】分区，打开【分区管理】菜单，执行【使用密码保护此分区】命令，打开【密码保护】窗格。单击【设置密码】按钮，并在打开的【密码保护】对话框中设置密码。

11 展开导航栏，右击【OneNote1】笔记本，并在弹出的【笔记本管理】菜单中执行【关闭此笔记本】命令，观察笔记本列表的变化。类似地，再关闭其他笔记本。

> 处于打开状态的笔记将随着 OneNote 启动而自动打开。

12 展开导航栏，执行【打开其他笔记本】命令，在【打开笔记本】面板中，从【最近】|【笔记本】列表中选择个人的笔记本，观察打开的笔记本。

> 单击【浏览】|【OneNote1】|【打开记事本.onetoc2】命令，也可打开笔记本。

13 在分区栏内单击【+】按钮，新建名为"分区 B"的分区，并将当前页面标题设置为"分区 B 第 1 页"；选择【分区 A】分区，再按 Enter 键，在打开的对话框中输入正确的密码，单击【确定】按钮后观察当前分区。

> 密码保护以笔记本分区为基本单位。

▶ 导出笔记本

14 右击【分区 A】分区，打开【分区管理】菜单，执行【导出】命令。打开【另存为】对话框，设置保存类型为"OneNote 分区"，指定文件名为"OneNote1.one"，然后单击【保存】按钮。

15 右击当前的【分区 A】分区并执行【关闭】命令，将"OneNote1.one"提交作业。

 任务总结

OneNote 是微软公司开发的一款数字笔记应用。数字笔记由若干分区组成，每个分区又可包含若干个页面。快速笔记有且仅有一个分区（名为快速笔记）。新建笔记本默认包含一个分区及其一张空白页。页面标题默认为空，或与页面内首个非空的文本元素有关。

OneNote 笔记推荐保存至 OneDrive 云存储，以便同一账户在多种终端设备中共享笔记或与其他用户分享笔记。当然，数字笔记也可存储在本地存储器中。数字笔记随记随存，无须人员干预。

任务启示

"好记性不如烂笔头"出自清·范寅的《越谚》卷上"好记心弗如烂笔头，劝人勤记账目也。"这句话的意思是说，不管一个人的记忆力再强，也会有疏忽遗漏，不如当时用笔记下来可靠。如果能养成在纸上多写几遍或遇事记下来的习惯，就会好很多。

任务验收

知识和技能签收单（请为已掌握的项目画✓）

会启动 OneNote 界面		会新建和管理笔记本	
会在笔记容器框输入文本		会使用密码保护分区	
知道笔记本的存储结构		会导出笔记本分区	

微任务 N02 快速笔记

任务简介

使用 OneNote 快速笔记功能。

任务目标

了解快速笔记的特点，学习快速笔记的用法。

关联知识

快速笔记

快速笔记结构简洁，应用更方便，既是数字笔记的一种形式，也是数字笔记的一种应用方式。

在 OneNote 窗口中，展开其侧边的导航栏，如图 1-2 所示。执行其中的【快速笔记】命令，将切换到快速笔记界面。当快速笔记尚未包含页面时，其界面如图 1-3 所示。

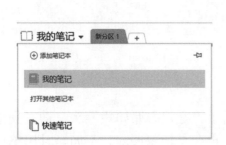

图 1-2　导航栏

图 1-3　快速笔记初始界面

　　在 Windows 开始菜单中，右击 OneNote 应用程序图标，将展开如图 1-4 所示的快捷菜单。执行【新建快速笔记】命令，将打开快速笔记 OneNote 窗口，如图 1-5 所示。单击主窗格右上角的视图切换图标，则将恢复为普通视图状态。

图 1-4　OneNote 应用快捷菜单

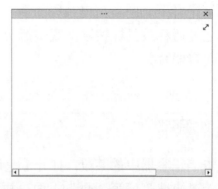

图 1-5　快速笔记 OneNote 窗口

　　此外，在 Windows 任务栏的通知区内，单击 OneNote 图标也将新建快速笔记。

　　OneNote 快速笔记有且仅有一个，笔记内有且仅有一个分区并被命名为"快速笔记"，该分区内的页面可按需进行增删。

 任务实施

01 启动 OneNote 程序，观察当前笔记分区（组）及其关联页面。

▶ **认识快速笔记**

02 展开导航栏（见图 1-2），单击【快速笔记】选项，切换到快速笔记，观察分区名称；观察页面列表栏，若已存在页面列表，则将其全部删除；观察快速笔记初始界面（见图 1-3），单击主窗格任意位置，则为其添加首张页面。

03 在【视图】选项卡中，单击【隐藏页面标题】图标，观察主窗格中的标题区变化；再次单击【隐藏页面标题】图标，并在页面标题框中输入"快速笔记第 1 页"。

04 在【视图】选项卡中，单击【新建快速笔记】图标，观察新打开的 OneNote 快速笔记窗口（见图 1-5）；单击窗口右上角的视图切换图标，观察 OneNote 窗口的变化；将新页面的标题设置为"快速笔记第 2 页"。

05（选做）在开始菜单中找到并右击 OneNote 程序图标，在弹出的快捷菜单中（见图 1-4）执行【新建快速笔记】命令，参照第 4 步为其设置页面标题。

▶ **插入文本容器**

06 单击"快速笔记第 1 页"页面；在页面空白处任意输入多段文本（不少于 3 段，至少有一段不少于 20 个汉字），观察其笔记容器 ；将鼠标指针悬停于各段之上，观察容器边框及各段的箭头标识。

笔记容器可保存图、文本、手写和音视频等。

07 单击笔记容器上边缘，选择该容器，同时观察笔记容器浮动工具条，自行对容器中的文本进行字符或段落格式化。拖曳容器上边缘并移动其位置，拖曳其右边线以改变容器尺寸并引起文本自动换行。

08 对笔记容器，向右拖曳某段的箭头标识以改变其段落缩进。拖曳某段的箭头标识至该容器之外后释放鼠标按键，观察拆分出的新容器；再次拖曳新容器中的段落移入原容器，实现容器合并。

💡 　　　　　　　　　　　　　　　　　　　　　　　　　　　　　　笔记容器可被拆分或合并。

▶ **插入链接容器**

09 右击笔记容器中的某段，打开【笔记容器】菜单并执行【复制指向段落的链接】命令；进入"快速笔记第 2 页"页面，再按 Ctrl+V 组合键（保留源格式粘贴），观察新容器并单击其中的链接，观察现象。

💡 　　　　　　　　　　　　　　　　　　　　　　　【复制指向段落的链接】以段落为基本单位。

10 右击笔记容器，展开【笔记容器】菜单，执行【链接】命令，打开【链接】对话框。在【所有笔记本】列表中逐级展开快速笔记并选择【快速笔记第 2 页】选项后，单击【确定】按钮。

11 观察并右击新插入的笔记链接容器，在【笔记容器】菜单中执行【编辑链接】命令，并在打开的【链接】对话框中将【要显示的文本】文本框中的内容更改为"第 2 页 A"。

12 右击【第 2 页 A】链接，在打开的【笔记容器】菜单中执行【复制指向段落的链接】命令，再按 Ctrl+V 组合键（保留源格式粘贴），观察新链接并将其【要显示的文本】更改为"第 2 页 B"。

13 选择【第 2 页 B】链接，将其复制到当前页面并将【要显示的文本】更改为"第 2 页 C"；分别单击【第 2 页 B】和【第 2 页 C】链接，观察现象；单击【第 2 页 A】链接，观察现象。

💡 　　　　　　　　　　　　　　　　　　　　　　　【第 2 页 B】和【第 2 页 C】都链接至【第 2 页 A】。

▶ **插入标记容器**

14 在【开始】选项卡中，单击【标记】组|【插入标记】图标，展开【插入标记】面板，选择【项目 A】选项后逐行输入"MS Office""Word""Excel""PowerPoint""OneNote""……"。

15 将快捷笔记分区导出为"OneNote2.one"，并提交作业。

 ## 任务总结

　　快速笔记既是一种笔记形式，也是一种应用方式。OneNote 应用有且仅有一个快速笔记，每个快速笔记有且仅有一个分区（固定命名为快速笔记），分区内可包括若干个页

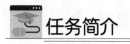

面。页面内可将文本、链接和标记等笔记元素存放到笔记容器中，笔记容器是页面的基本组织形式和基本管理单元。

任务验收

知识和技能签收单（请为已掌握的项目画√）

会将笔记容器拆分或合并		会在页和页之间插入链接	
会编辑链接		会插入指向段落的链接	
会插入项目		会隐藏页面标题	

微任务 N03 汇集资源

任务简介

向 OneNote 笔记中插入各类媒体。

任务目标

了解笔记本可用媒体类型，学会在笔记本中使用各类媒体。

关联知识

插入资源

OneNote 作为一款数字笔记应用程序，能够将用户所需要记录和管理的一切事项搜罗于其中。在 OneNote 的笔记页面中，除了可插入文本容器或链接容器，还可将更多的外部媒体资源记录在笔记容器内。

在 OneNote 的【插入】选项卡中，如图 1-6 所示，除链接外，还可以插入屏幕剪辑、图片、电子表格等媒体资源。另外，还可以在笔记中嵌入现场录制的音频或视频等更多媒体资源。

文件附件等也是外部资源，但因文件类型不同，其功能也复杂多样，后续将带领读者在专门的任务中学习。

图1-6 【插入】选项卡

🖨 任务准备

因录制音视频，请检查确认计算机的麦克风和摄像头设备均可正常工作。

🚂 任务实施

01 启动 OneNote 程序，在【这台电脑】页面中新建名为"OneNote3"笔记本，并将当前的分区改名为"插入媒体"。

💡 若新建笔记本已存在，则先将其删除。

▶ 插入图片

02 将当前页标题更改为"图片"，选好插入点，单击【插入】选项卡|【屏幕剪辑】图标，任意截取包含文字的矩形区域，完成后观察屏幕剪辑容器🔍。

💡 屏幕剪辑包括捕捉的图像和时间等信息。

03 右击屏幕剪辑容器🔍，在弹出的快捷菜单🔍中执行【另存为】命令，以"屏幕剪辑.PNG"命名并保存到桌面上。

04 重新打开图片快捷菜单🔍，执行【复制图片中的文本】命令，选好插入点，按 Ctrl+V 组合键进行粘贴，观察产生的文本容器🔍。

💡 OneNote 内嵌有 OCR（光学符号识别）。

05 选好插入点，单击【插入】选项卡|【图片】图标，找到并选择 "屏幕剪辑.png"图片，观察图片容器🔍。

💡 插入图片并没产生图片容器。

▶ 使用表格

06 增加页，标题为"表格"。单击【插入】选项卡|【表格】图标，并插入 6 行 6 列的表格。观察表格工具栏🔍，观察表格容器🔍并输入如图 1-7 所示的表格内容。

07 将指针悬于表格各行，观察各行左端对应的箭头标识。单击行标识可选择行；按住 Ctrl 键并拖曳鼠标，可选择非连续多行；按住 Shift 键并拖曳鼠标，可选择连续多行。

图1-7 表格内容

💡 选择表格行有多种方式。

08 向上拖曳 A 行标识直到其成为首行，继续稍向上拖曳直到脱离主表；稍向下拖曳 A 行标识直到其并入主表，继续向下拖曳该行到"1"所在行之下。

容器内移动表格行的表格拆分与合并。

09 复制"节次"行，选择 A 行，执行粘贴操作，观察后再进行撤销操作；将光标置于"A"前，然后粘贴，观察现象；（**选做**）自行测试光标在"A"后、"B"前或"B"后等情况，并撤销相关操作结果。

10 选择"A"行和任意一个"节次"行，拖曳其行标识至页面空白处，释放鼠标后观察变化；拖曳"A"行标识到原表格中，观察现象。

容器间表格的拆分与合并。

11 插入文本"微软数字笔记本 OneNote"，光标置于"软"后，按 Tab 键后观察现象；再置于"本"后按 Tab 键；再置于"Note"后按 Tab 键。

12 撤销转换的表格，将光标置于"微"前，多次按 Tab 键后观察现象；在"微"前插入空格后再按 Tab 键，观察现象。

将文本段拆分成表格列。

▶ **插入音频和视频**

13 执行【文件】菜单|【选项】命令，打开【OneNote 选项】对话框并单击【录音和录像】选项卡，检查并确认录音、录像设备及相关设置，检查无误后单击【确定】按钮。

14 添加页标题为"音视频"；单击【插入】选项卡|【录制】组|【录制音频】图标，观察音频容器；单击【音频和视频】工具栏，观察音频录制状态。

15 根据实际需要暂停或停止录制，录制结束后单击【播放】按钮，回放录音。

录制音频的格式为 wma。

16 单击【插入】选项卡|【录制】组|【录制视频】图标，观察视频容器；调整摄像设备录制现场视频，录制结束后回放录像。

录制视频的格式为 wmv。

17 将【插入媒体】分区导出为"OneNote3.one"，并提交作业。

任务总结

　　OneNote 可将各种资源收集于一起，除文本、链接等资源外，还可以插入屏幕剪辑、图片、电子表格、文件附件、文件打印样式、录制音频、录制视频和在线视频等多媒体资源。

任务启示

OneNote 强大的笔记能力，除依赖于其自身强大的资源整合能力外，还有赖于资源对外提供的协同服务能力。如音频和视频的录制及控制技术，不仅其自身已相当成熟，而且还把这些技术对外提供接口服务。OneNote 利用这些技术的接口服务可以轻松地录制和控制音频和视频。

"一个好汉三个帮"，一方面"好汉"要有凝聚资源的能力，另一方面"帮手"与"好汉"一样都应具有团队协作意识和能力。"好汉"与"帮手"为了共同的奋斗目标，团结协作，各取所长，共同成就更好的自己。

任务验收

知识和技能签收单（请为已掌握的项目画 √）

会插入屏幕剪辑		会插入图片文件	
会将图片中的文本复制出来		会插入表格	
会将文本段拆分成表格		插入录制的音频和视频	

微任务 N04 附加文件

任务简介

向 OneNote 笔记中附加文件。

任务目标

学习在笔记本中附加文件。

关联知识

附加文件

附加文件是指将当前系统中的其他格式的文件附加到笔记本中，附加文件工具如图 1-8 所示。

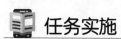

图 1-8　附加文件工具

　　所有文件都能够以文件图标方式呈现在笔记本中，它实际是指向目标文件实际位置的特殊链接。部分类型文件可以直接显示在笔记本容器中，也有部分类型文件以打印样式图片显示在笔记本内。

任务实施

01 启动 OneNote 并新建名为"OneNote4"笔记本，将当前分区名改为"附加文件"。

> 若新建笔记本已存在，则先将其删除。

▶ 文件打印样式

02 将页标题改为"文件打印样式"，选好插入点，单击【插入】选项卡|【文件】组|【文件打印样式】图标，在打开的【选择要插入的文档】对话框中选择"loong.txt"文件并单击【插入】按钮，观察【loong】容器及文件打印样式页。

> 此处【loong】是文件打印样式容器。

03 删除部分或全部打印样式页，右击【loong】容器，弹出文件打印样式快捷菜单，执行【刷新打印输出】命令，观察变化。将【loong】容器并改名为"loong 打印"。

04 再次单击【插入】选项卡|【文件】组|【文件打印样式】图标，并选择"屏幕截图.PNG"文件，单击【插入】按钮后观察结果。再单击【插入】选项卡|【图像】组|【图片】图标，并选择同一张图片，确认后观察结果。

> 图片的文件打印样式与插入图片效果一致。

▶ 使用 Excel 表格

05 添加名为"Excel"页面，选好插入点，执行【插入】选项卡|【电子表格】|【新建 Excel 电子表格】命令，观察电子表格容器及工作区预览图，将该容器重命名为"Excel 新建"。

06 再执行【现有 Excel 电子表格】命令，选择"销售明细表（月）.xlxs"文件并单击【插入】按钮。在打开的【插入文件】对话框中，单击【插入电子表格】选项，将新电子表格容器改名为"Excel 现有"。将指针悬于各工作表之上，观察各自的【编辑】按钮。

> 新建电子表格与插入电子表格功能一致。

07 右击 Excel 现有容器，执行【选择要显示的内容】命令，打开【自定义插入】对话框，选择一个工作区，单击【确定】按钮后观察工作表预览图变化。

08 单击工作表预览图的【编辑】按钮，打开 Excel 窗口。新建工作区，并在其 D5 单元格中对应输入"新工作表"，关闭 Excel 窗口并保存数据，选择显示该工作表。

> 使用电子表格资源比较消耗资源。

09 插入任意表格。右击表格，执行【转换为 Excel 电子表格】命令，稍后观察表格容器的变化。

> 内置表格可单向转换为电子表格。

▶ **文件附件**

10 选好插入点，单击【插入】选项卡|【文件】组|【文件附件】图标，并选择"loong.txt"文件，确认后观察插入附件文件面板◎；单击【附加文件】选项后，观察【loong】容器◎。

> 此时，【loong】容器是文件附件容器。

11 右击【loong】容器，利用展开的文件附件快捷菜单◎将其更名为"loong 附件"；再展开该菜单，执行【作为打印输出插入】命令，观察打印输出页及容器类型的变化。

> 【loong 附件】容器变为文件打印样式容器。

12 右击【loong 附件】容器，弹出文件打印样式快捷菜单◎；执行【删除打印输出】命令，观察【loong 打印】容器及打印输出页的变化。

> 【loong 打印】容器变成文件附件容器。

13 单击【插入】选项卡|【文件】组|【文件附件】图标，在弹出的对话框中选择【屏幕剪辑.png】文件，观察结果；右击该容器（图标），执行【作为打印输出插入】命令后观察结果。

> 插入图片文件附件与插入本机图片不同。

14 （选做）利用【文件附件】命令打开 Excel 工作簿文件，在【插入 Excel 文件】面板◎中分别选择【附加文件】和【插入图表或表格】命令，分别观察现象。

15 （选做）利用【文件附件】命令分别打开 Word、PowerPoint、OneNote 和 PDF 等其他类型的文件，比较观察各自附加过程和效果（文件附加方式或文件打印样式方式）。

16 将【附加文件】分区导出为"OneNote4.one"并提交作业。

📋 任务总结

　　OneNote 可以把常见类型的文件附加到笔记本内，其中的可打印文件可以以文件打印样式（图像）显示在笔记本页面中。

　　Excel 工作簿作为常用的文件格式，可以附加到笔记本中，但 OneNote 将其视为特殊格式，提供有专门的电子表格工具用以直接预览、编辑 Excel 工作簿数据。

　　OneNote 附加文件主要有文件附件、文件打印样式、电子表格（或图表）等方式。附加方式可以相互转换，但方式转换会因文件类型不同而有差异。

任务验收

知识和技能签收单（请为已掌握的项目画✓）

会插入文件打印样式		会插入新建电子表格	
会插入现有电子表格		会将内置表格转换为 Excel 表格	
会插入文件附件和图片		会将文件附件作为打印输出文件插入	

微任务 N05 页面格式

任务简介

改变 OneNote 页面外观格式。

任务目标

学习设置页面设置和页面格式。

关联知识

OneNote 页面格式

OnetNote 页面格式涉及笔记页面的外观格式，主要包括纸基准线、张大小、页面颜色、切换背景、背景格式、页面模板等。其中，页面模板是页面基本格式的集合，事先预定制有页面基本格式和内容框架布局等。

任务实施

01 启动 OneNote 并新建名为"OneNote5"笔记本；当前分区名改为"页面格式"。

> 若新建笔记本已存在则先将其删除。

02 在【视图】选项卡中，单击【基准线】下拉按钮，打开【基准线和网格线】面板，选择【中网格】选项，观察页面变化。

💡 基准线的目的为方便相对定位。

▶ **纸张大小和页边线**

03 在【视图】选项卡中，单击【纸张大小】图标，打开【纸张大小】窗格🔍。在该窗格中，将字号设置为"自动"，任意缩放页面显示比例，观察页面变化。

💡 界面中的字号，实际为纸张大小。

04 在【纸张大小】窗格🔍中单击【字号】下拉按钮，展开【字号】下拉菜单🔍，从中选择【A4】选项。将页面显示比例设置为100%，再调整显示比例，使得整个页面可见。

05 用鼠标左键单击页面右边缘以放置插入点，探测可放置插入点的最右边线。在插入点中输入"Microsoft Office 2016"，观察输入过程中文本容器位置变化。

06 在【纸张大小】窗格🔍将【打印页边距】选区中的【左】设置为"75 毫米"，确认后再探测页面插入点的右边线，再将【打印页边距】选区中的【左】值恢复为原值。

💡 页面中插入点的边线受打印页边距设置影响。

07 类似地，继续探测可放置插入点的其他三边的边线，拖曳文本容器到【左边线】之左，并将其内容更改为"MS Office 2019"，观察结果。

💡 笔记容器可跨越到所谓的【页边线】之外。

▶ **页面背景格式**

08 在【视图】选项卡中，单击【页面颜色】图标，观察展开的【页面颜色】面板🔍。单击【视图】选项卡中的【切换背景】按钮，观察深色背景下的视图，再展开观察【页面颜色】面板的变化，执行【切换背景】命令恢复浅色背景的视图。

💡 【切换背景】用于切换深色与浅色视图。

09 展开【页面颜色】面板🔍，再次观察面板中颜色变化，选择【银色】选项，观察页面颜色变化。

10 在【绘图】选项卡中，单击【设置背景格式】图标，展开【背景格式】面板🔍，观察该面板包含的功能。

💡 【设置背景格式】即为【基准线】和【页面颜色】的组合。

▶ **页面模板**

11 在【插入】选项卡中，单击【页面模板】图标，展开【页面模板】菜单🔍，执行其中的【页面模板】命令，打开【模板】窗格🔍。

12 在【模板】窗格🔍中，展开【学院】分类，并选择【简要讲座笔记】选项，观察添加的新页并将其标题改为"讲座笔记（简要）"。类似地，以【详细讲座笔记】为模板添加新页，并将其标题改为"讲座笔记（详细）"。

13 将【页面格式】分区导出为"OneNote5.one"，并提交作业。

任务总结

　　页面格式主要包括纸张大小、打印页边距、基准线、风格线、页面颜色、页面标题控制等。页面设置效果会影响当前页的显示输出效果和打印输出效果等。

 任务验收

知识和技能签收单（请为已掌握的项目画√）

会添加网格和基准线		会设置纸张大小	
会设置打印页边距		会切换背景及页面颜色	
会设置背景格式		会利用页面模板创建新页	

微任务 **N06** 结构与视图

 任务简介

学习和应用笔记本组织结构。

任务目标

学习 OneNote 笔记本的组织结构，学会组织规划笔记本内容。

关联知识

笔记本结构

　　在 OneNote 中，笔记本可以包含若干个分区，每个分区又可包含若干张页面，每张页面中可包含若干笔记容器及相关笔记内容。

　　笔记本的分区栏及分区（组）管理快捷菜单如图 1-9 所示。其中，（+）按钮用于创建新分区，普通分区排列在其左边，分区组排列在其右端。右击分区标签将打开分区管理快捷菜单（左），右击分区组则打开分区组管理快捷菜单（右）等，分别用于管理分区和分区组。

　　在 OneNote 中的页面也可以分组。页面列表栏及页面管理快捷菜单如图 1-10 所示。其中，（+）按钮用于添加新页，所有页面标题均排列于其中。右击页面标题将打开如图所示的页面管理快捷菜单,利用其中的升级或降级子菜单等功能来管理页面列表排列顺序级别及分组(最多三级)。

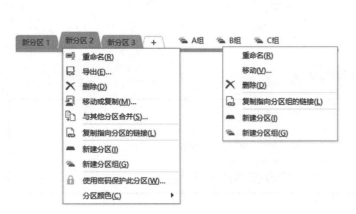

图1-9 分区栏及分区(组)管理快捷菜单　　　图1-10 页面列表栏及页面管理快捷菜单

 **任务实施**

01 启动 OneNote 并新建名为"OneNote6"笔记本。

 若新建笔记本已存在,则先将其删除。

▶ **管理笔记分区**

02 观察当前笔记的分区栏(见图1-9);单击【创建新分区】按钮,观察默认的新分区,并将其标签名改为"分区 A",按 Enter 键确认;类似地再创建"分区 B"。

03 双击【新分区1】分区,并将其标签名改为"分区 C",按 Enter 键确认。再右击该选项卡,打开分区管理快捷菜单⊘,执行【颜色】|【红粉笔色】命令,观察效果。

04 用鼠标左键稍微拖曳【分区 C】分区,观察分区栏上方的黑色向下箭头及鼠标指针的变化;继续将该箭头向右拖至【分区 B】之后,释放鼠标观察效果。

05 右击【分区 B】分区并执行【移动或复制】命令,打开【移动或复制分区】对话框⊘,在当前笔记本中选择【分区 C】分区,单击【复制】按钮,观察新分区并将其标签改为"分区 E"。类似地,将【分区 B】复制至【分区 E】之前并命名为"分区 D"。

06 右击【分区 B】分区并执行【删除】命令;单击【历史记录】选项卡|【笔记本回收站】图标,观察已删除的笔记本⊘的结构及内容;右击【分区 B】分区并执行【移动或复制】命令,将其移到当前笔记本【分区 A】之后;单击返回箭头以定位到父分区组(即返回笔记本主界面)。

 回收站中的资源,默认在60天后被永久删除。

▶ 管理页面

07 激活【分区 A】并观察其页面列表栏（见图 1-10），右击当前页标题，执行【重命名】命令，观察插入点变化并在页面标题中输入"A 区第 1 页"，分别观察标题栏和页面列表栏中信息变化。

08 激活页面标题下的页面日期，再单击其左侧【更改页面日期】图标，展开【日期设置】面板并设置日期；类似地，再激活时间，并单击【更改页面时间】图标设置时间。

09 在页面列表栏（见图 1-10）中，单击【添加页】选项并在页标题中输入"A 区第 2 页"。类似地，再分别添加"A 区第 2-1 页"、"A 区第 2-1-1 页"、"A 区第 2-1-2 页"和"A 区第 2-2 页"。

▶ 管理页面分组

10 在页面列表栏中，右击【A 区第 2-1 页】页面，打开页面管理快捷菜单；执行【降级子页】命令。类似地，将【A 区第 2-2 页】降 1 级，将【A 区第 2-1-1 页】和【A 区第 2-1-2 页】各降 2 级。

顶级页面下辖若干子页面就是一个页面组。

11 在页面列表栏中，指针在各页标题上悬动，观察其左端的位置箭头。将指针悬于位置箭头，观察其在页面列表栏中对应的位置。单击该箭头，观察新页面并将其标题更改为"A 区第 3 页"。

12 在页面列表栏中，水平拖曳【A 区第 3 页】并观察其级别变化；再将其垂直拖到不同级的页面间，释放鼠标观察其页级别变化；将其拖曳为最后一页，并将其水平向左拖曳成最高级页面。

▶ 管理分区组

13 打开分区管理快捷菜单，执行【新建分区组】命令并输入"A 组"后按 Enter 键确认。类似地，再依次创建"B 组"和"C 组"，并观察结果。

14 单击【A 组】分区并进入该组，观察该分区组内容和功能结构；单击（+）按钮创建新分区，单击返回箭头（定位到父分区组）返回笔记本主界面。

界面中的节和分区译自同一单词 Section。

15 右击【分区 B】分区，展开分区管理快捷菜单，执行【移动或复制】命令，并指定移动到当前笔记本的【B 组】分区，观察 B 组后返回笔记本父分区组；拖曳【分区 C】分区到【C 组】分区，观察后再返回笔记本父分区组。

16 单击【视图】选项卡|【整页视图】按钮，打开整页视图界面，单击其右上角的导航按钮，观察当前笔记本组织结构。

按 F11 键可打开整页视图。

17 将当前笔记本导出为 OneNote 包并命名为"OneNote6.onepkg"，然后提交作业。

Office 2019

任务总结

　　OneNote 笔记本由分区组、分区、页面和子页面四个层级构成。其中，分区组名不可重复。每个分区组由若干分区组成，且组内分区名必须唯一。每个页面可由若干子页面构成页面组，但页面级别不超过三级。每个分区可包含若干页面，每张页面（或子页面）又可包含若干笔记容器及有关笔记内容。

　　OneNote 笔记记录内容时至少包含一张页面，此页面位于一个分区，而此分区默认位于特殊的父分区组。未指定分区组时，新建的分区默认位于父分区组。笔记本回收站也是特殊的分区组，普通分区组被删除时只有其中的分区进入回收站。

任务验收

知识和技能签收单（请为已掌握的项目画 ✓）

会创建和重命名新分区		会设置分区颜色	
会复制、删除和移动分区		会对页面列表栏降级和升级	
会改变页面列表栏级别		会新建分区组	
会访问父分区组		会管理笔记本回收站	

微任务 N07 打印笔记

任务简介

打印 OneNote 笔记本。

任务目标

学习 OneNote 打印设置，学习笔记本打印方法。

关联知识

笔记本打印

OneNote 打印可将数字笔记本打印输出到纸面上。在打印到纸面前可利用其打印预览功能事先预览打印效果，还可利用 OneNote（Desktop）虚拟打印机模拟输出到笔记本页面，以便更真实模拟打印效果。

执行【文件】菜单|【打印】命令，打开【打印】面板，如图 1-11 所示。

单击【打印预览】按钮，打开【打印预览和设置】对话框，如图 1-12 所示。在提供打印预览效果的同时，还可设置打印范围、纸张大小、方向、页脚等信息。

图 1-11 【打印】面板

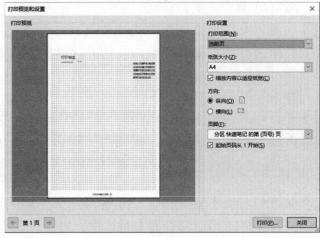

图 1-12 【打印预览和设置】对话框

单击【打印】按钮，将打开【打印】对话框，如图 1-13 所示。选择打印机并作一些常规打印设置，进一步执行打印命令即可。

图 1-13 【打印】对话框

🖨 **任务实施**

01 打开"OneNote6.onepkg"单文件包，浏览其各分区及其各页面内容。

02 在【视图】选项卡中，单击【纸张大小】图标，打开【纸张大小】窗格，设置为【A5】纸张，观察【打印页边距】及设置，并按需要更改。

💡 基准线的目的是方便相对定位。

▶ 打印预览和设置

03 执行【文件】菜单|【打印】命令，展开【打印】面板（见图1-11）。单击【打印预览】按钮，打开【打印预览和设置】对话框（见图1-12），观察界面构成，理解各选项含义，然后单击【关闭】按钮。

04 选择"A区第2-1页"为当前页，打开【打印预览和设置】对话框。调整该面板大小，以便清楚观察预览区内容；展开【打印范围】列表◎并观察其内容。

💡 打印范围默认为"当前页"。

05 将打印范围更改为"页面组"，翻页查看打印预览效果；再将打印范围更改为"当前分区"，再翻页查看预览效果，关闭当前对话框。

💡 【页面组】是指当前页所在的页面组。

06 保持当前页不变，按住Ctrl键再选择"A区第1页"和"A区第2页"两个页面。重新打开【打印预览和设置】对话框，展开打印范围列表◎及当前值，再查看打印预览效果。

💡 选择多页时打印范围默认为【所选页】。

07 在【打印预览和设置】对话框中，展开【页脚】列表◎并观察默认值；将页脚设置为【第（页号）页】，查看预览结果。将打印范围设置为"当前分区"，将页脚改回默认值，逐页查看对应的预览结果。

▶ 打印笔记

08 在【打印预览和设置】对话框或【打印】面板中，单击【打印】按钮，打开【打印】对话框；在【选择打印机】选区中，水平拖曳滚动条观察打印机列表。

09 在【打印】对话框中，选择【OneNote（Desktop）】打印机，单击【打印】按钮后默认会打开选择OneNote中的位置对话框◎；展开OneNote6的分区，从中任选一个分区或页面。单击【确定】按钮，观察新添加的"打印输出"页面及其位置。

💡 OneNote（Desktop）将打印结果输出到OneNote页面。

10 执行【文件】菜单|【选项】命令，打开【OneNote选项】对话框◎；在【发送至OneNote】选项卡中，观察【打印到OneNote】下拉列表，并从中选择【到当前分区中的新页】选项；重试上一步打印操作，观察结果。

11 （选做）打开【打印】对话框，选择实际可用的打印机，选择纸张大小，设置打印份数等，执行【打印】命令，将选定的笔记本内容打印到纸面上。

12 将当前页面导出为"打印输出.one"，并将其提交作业。

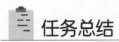

任务总结

OneNote 打印设置与其他常规打印设置有相似之处，但 OneNote 打印设置也具有其自身特点。OneNote 打印范围明显受笔记本组织结构影响，主要包括当前页、页面组、所选页和当前分区等，用户可根据实际打印需要设置适当的打印范围。

任务验收

知识和技能签收单（请为已掌握的项目画√）

会设置纸张大小及打印页边距		会设置打印范围为页面组	
会设置打印页脚为第（页号）页		会将打印结果输出到 OneNote 页面	
会在文件选项中设置打印方式		会设置可用打印机及打印份数	

综合实训 N.A 使用 OneNote 做学习笔记

利用 OneNote 创建一个笔记本并保存在计算机中，该笔记本中包含 "Office 2019" 分区组，分区组中包含 "OneNote"、"Word"、"Excel" 和 "PowerPoint" 等分区；在 "OneNote" 分区中以不同的页面分别记录 N01 至 N07 各个微任务中的学习要点（可利用子页页面、图、文、表格、链接、附件等多种形式）。

将 OneNote 停靠到桌面，分别打开后续将要学习的 Word、Excel、PowerPoint 等办公软件，并在该笔记的各分区中对应记录自己所关注的内容。

综合实训 N.B 共享 OneNote 笔记

创建个人的微软账户并登录 OneNote，打开某个笔记本并将其共享上传到 OneDrive 中，再将其共享给其他同学或任课教师，且仅允许他们查看。

在移动智能终端（如智能手机或平板电脑）中安装 OneNote 软件并以个人的微软账户登录；查看个人保存在 OneDrive 中的笔记本及其内容。在计算机端或移动终端中更新笔记本内容，在其他终端设备上查看笔记内容的同步更新。

项目 2

Word 2019 文字处理

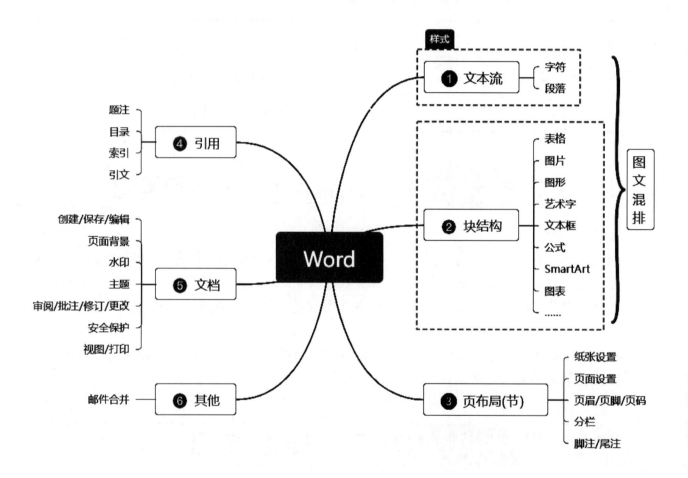

学习目标

知识与技能

（1）掌握 Word 的基本操作，包括创建、保存、打开和关闭文档，以及文本的输入、编辑、复制粘贴等基本功能；学习文档格式化与排版的方法，包括字符格式、段落格式、样式、分页、分节、分栏、页眉和页脚等。

（2）熟悉在 Word 文档中插入和编辑表格、图片、图形、文本框、艺术字、公式等元素的方法，使文档更具吸引力。

（3）了解 Word 中的高级功能，如保护文档、打印文档、审阅和修订文档、插入目录、邮件合并等。

过程与方法

（1）通过自主完成微任务练习，熟练掌握 Word 的操作方法，能够独立完成不同类型文档的编辑，如论文、海报、信函等。

（2）本项目系统地阐述了 Word 的各项功能和使用技巧，帮助文档提供了丰富的教程，可以帮助读者更深入地了解 Word 的各项功能。

（3）熟练掌握 Word 的快捷键，提高排版效率。

情感态度与价值观

（1）在完成微任务练习的过程中，能够很好地锻炼自学能力，培养发现问题、解决问题的能力。

（2）在自主完成任务实施的过程中，保持专注和耐心是非常重要的，可以极大提高学习效率。

（3）在自主完成任务实施后，可以增强自信心并获得学习上的满足感，从而进一步激励读者不断提升技能。

（4）学会和掌握 Word 工具，提高创作力和表达力，以便更好地表达信息和创新思维。

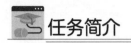
微任务 **W01**　初识 Word 2019

任务简介

启动和退出 Word 2019 应用程序，认识和操控其工作界面。

任务目标

学会启动和退出 Word 2019 应用程序，打开和保存 Word 文档，初步了解 Word 2019 应用程序的基本界面。

关联知识

Office 2019 办公套件安装后，一般会在 Windows 的【开始】|【所有应用】菜单中创建 Word 菜单项W，也会在桌面上创建 Word 2019 桌面快捷图标W。单击 Word 菜单项或双击 Word 桌面快捷图标都可启动 Word 2019 应用程序，并打开其应用程序界面。

双击 Word 文档W或其快捷方式W，系统将自动启动与其关联的 Word 程序，并随之打开该文档。

1. Word 2019 应用程序窗口

启动后的 Word 2019 应用程序窗口（后续简称 Word 窗口）如图 2-1 所示，除了继承有 Windows 窗口基本特性，还具有选项卡、快速访问工具栏等专属部件。

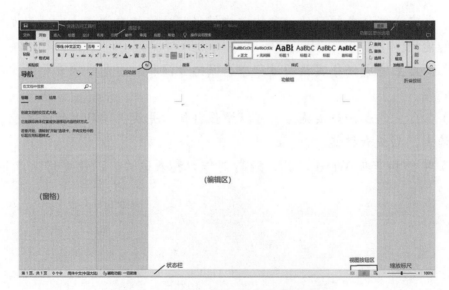

图 2-1　Word 2019 应用程序窗口

2．功能区

Word 2019 应用程序内置有丰富的编辑工具，为了方便查找和使用命令工具，把功能相关或相近的命令工具集中于功能区中，如图 2-2 所示。功能区内的工具又被分成若干个功能组，各功能组之间用竖线隔开，功能组右下角的小箭头被称为"对话框启动器"，单击它可打开与功能组相应的对话框。为了便于切换功能区，每个功能区都与一个选项卡关联，单击选项卡即可切换到相应的功能区。Word 2019 应用程序启动时，将默认激活【开始】选项卡及与其对应的功能区。

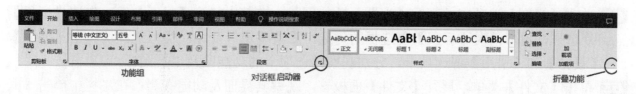

图 2-2　功能区

功能区默认呈显示状态，单击其右端的【折叠】箭头按钮^，可将功能区折叠，以便节约空间。双击选项卡或按 Ctrl+F1 组合键，也可快速切换功能区的固定状态或折叠状态。功能区被隐藏后，单击选项卡则可临时展开功能区，执行其中的一个命令后，功能区将自动返回折叠状态。

3．快速访问工具栏

快速访问工具栏（见图 2-3）默认显示在选项卡的上方区域，主要包括 Word 2019 应用程序中的常用工具，默认包含保存、撤销和恢复等按钮。单击快速访问工具栏尾端的箭头按钮，利用展开的下拉菜单，可对快速访问工具栏进行更多定制。

右击快速访问工具栏内的图标，执行【从快速访问工具栏中删除】命令，可将其从工具栏中移除；右击功能区中的工具图标或工具组，执行【添加到快速访问工具栏】命令，可将指定工具或工具组添加到快速访问工具栏中。

图 2-3　快速访问工具栏

4．退出 Word 2019 应用程序

Word 2019 应用程序使用完毕后，应及时将其退出，以便尽早释放程序占用的系统资源。

与普通窗口关闭方法一样，单击 Word 窗口中的【关闭】按钮，或者执行【文件】菜单|【关闭】命令，或者按 Alt+F4 组合键，都可退出 Word 2019 应用程序。双击 Word 窗口中的控制图标，或者单击控制图标，或者右击标题栏，在弹出的快捷菜单中执行【关闭】命令，也可退出 Word 程序。

任务实施

认识 Word 2019 应用程序界面

01 启动 Word 2019 应用程序（后续简称 Word 程序），并创建空白的 Word 文档；在打开的 Word 窗口（见图 2-1）中，查看并认识标题栏、快速访问工具栏、选项卡、编辑区、状态栏等。

02 单击【视图】选项卡并观察【视图】功能区❷，在其中找到【显示】组，勾选【标尺】复选框，再取消对【标尺】复选框的勾选，观察编辑区变化。类似地，切换至【插入】、【设计】和【引用】等选项卡，分别观察其选项卡的功能区及工具图标。

03 单击【文件】菜单，展开【文件】面板❷，观察其界面及功能布局。在左栏中单击【账户】选项，观察产品信息❷并截图备用。

▶ **学会控制和使用选项卡**

04 单击 Word 窗口标题栏右端的【功能区显示选项】图标，在展开的面板❷中，由上向下逐项执行其中的命令，观察选项卡及功能区的变化。右击选项卡或功能区，在弹出的菜单中选择或取消【折叠功能区】选项，再观察功能区的显示变化。

05 将功能区设为折叠状态，两次单击【视图】选项卡|【标尺】复选框，并分别观察编辑区和功能区的变化；将功能区改为展开状态，重复刚才的操作，体验功能区折叠对操作的影响。

> 折叠功能区有利于节约空间，但影响效率。

▶ **学会使用快速访问工具栏**

06 单击快速访问工具栏（见图 2-3）中的尾端箭头按钮，观察展开的【自定义快速访问工具栏】面板，并将其设置为"在选项卡上方显示"或"在选项卡下方显示"。

07 打开【自定义快速访问工具栏】面板，从中选中【快速打印】和【绘制表格】工具，观察工具栏的变化。按相反的操作，再从【自定义快速访问工具栏】面板中移除【快速打印】和【绘制表格】工具。

▶ **认识和使用更多界面**

08 在【布局】选项卡的【排列】组中❷，单击【选择窗格】图标，观察打开的选择窗格外观。用鼠标左键拖曳该窗格与编辑区的分隔线，以改变窗格大小。

09 拖曳窗格顶端并将其任意移动，再将其移到 Word 窗口的某个侧边；单击【视图】选项卡|【显示】组|【导航窗格】复选框，打开【导航】窗格，并将其移到 Word 窗口的另一个侧边。

⓾ 关闭【导航】窗格，将 Word 窗口最大化。右击状态栏空白处，分别选中【页码】、【行号】和【列】等选项，观察状态栏中的信息变化；移除【行号】和【列】选项，用类似的方法再为状态栏增删其他信息。

⓫ 在编辑区中输入自己的班级、学号和姓名，再输入一条自己喜欢的金句。打开备用的图片，并将其复制到当前文档中。

▶ **退出程序，保存成果。**

⓬ 执行【文件】菜单|【保存】命令，在打开的【另存为】面板中◎，单击【浏览】图标后将打开【另存为】对话框◎，将其以"W01.docx"命名并保存到桌面，退出 Word 应用程序并提交作业。

> 新建文件首次被保存时，会打开【另存为】对话框。 💡

 ## 任务总结

　　Word 窗口继承了 Windows 窗口的通用特性，并具有其自身特点。Word 应用程序启动后将自动打开其窗口，使用完毕后应及时退出。启动和退出 Word 程序有多种方法，初学者应先对其有所了解，并在实际工作中学会灵活应用。初学者还应能够初步认识 Word 窗口中的主要部件，并学会对主要部件的基本操作。

任务验收

知识和技能签收单（请为已掌握的项目画 ✓）

知道 Word 程序的主要用途		知道 Word 窗口的主要组成	
会启动和退出 Word 程序		会控制和使用选项卡	
会打开和保存 Word 文档		会控制和使用快速访问工具栏	

 # 微任务 **W02** 自定义 Word 工具

任务简介

自定义快速访问工具栏和选项卡。

 任务目标

学会用多种方法自定义快速访问工具栏；学会自定义选项卡中的功能区。

关联知识

Word 工具定制

Word 作为功能强大的文字处理工具，其主要工具分组排列在功能区中，常用工具安排在快速访问工具栏中。除此之外，菜单、工具栏等也是 Word 的常见载体。Word 不仅提供了丰富的工具，而且还提供了自定义工具的能力。

在 Word 窗口中，右击选项卡或功能区，执行【自定义功能区】命令，打开【Word 选项】对话框，如图 2-4 所示。其中，【自定义功能区】选项卡专用于自定义功能区和键盘快捷键；【快速访问工具栏】选项卡专用于自定义快速访问工具栏。

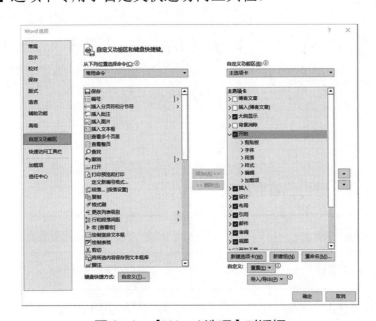

图 2-4 【Word 选项】对话框

 任务实施

01 启动 Word 程序并创建空白文档，观察其程序窗口中的选项卡和快速访问工具栏⊘。

▶ **简单定制快速访问工具栏**

02 单击快速访问工具栏的尾端箭头按钮，打开【自定义快速访问工具栏】面板⊘，分别将【快速打印】、【打开】和【绘制表格】等工具添加到快速访问工具栏中；再以相反的操作，将【打开】等工具移除。

用【自定义快速访问工具栏】面板定制。

03 在【视图】选项卡的【显示】组中🔍，右击【网格线】标签并执行【添加到快速访问工具栏】命令，右击【显示】组并执行【添加到快速访问工具栏】命令，在快速访问工具栏中分别观察工具的变化。

从选项卡中添加功能区。

04 在快速访问工具栏中🔍，单击【显示】图标，展开【显示】面板🔍。在此面板中，分别多次反选【导航窗格】、【标尺】和【网格线】复选框，观察其引起的变化。

05 在快速访问工具栏中🔍，展开【显示】面板🔍，右击其中的【标尺】标签，再从弹出的菜单中执行【添加到快速访问工具栏】命令，观察工具栏中的图标变化。

从自有选项卡中添加功能。

06 在快速访问工具栏🔍中，右击【标尺】图标，从弹出的菜单🔍中执行【从快速访问工具栏删除】命令。用类似的方法，删除【显示】图标。

移除功能或组。

▶ **高级定制快速访问工具栏**

07 在【自定义快速访问工具栏】面板🔍中执行【其他命令】命令，或者右击快速访问工具栏并从弹出的菜单中执行【自定义快速访问工具栏】命令，在打开的【Word 选项】对话框中观察右栏列表选项与工具栏的对应关系。

08 在【Word 选项】对话框的【快速访问工具栏】选项卡🔍中，为快速访问工具栏添加【查找】工具，删除【打开】工具，单击【确认】按钮后返回 Word 文档，将新定制的快速访问工具栏截图备用。

▶ **学会定制功能区和选项卡**

09 右击任意选项卡（或功能区）🔍，在弹出的菜单中执行【自定义功能区】命令，打开【Word 选项】窗口的【自定义功能区】选项卡（见图 2-4）。展开右上角的【自定义功能区】下拉列表🔍，依次选择【所有选项卡】和【工具选项卡】选项，观察窗口变化。

10 在【自定义功能区】下拉列表🔍中选择【主选项卡】选项，观察其主选项卡的选择状态。从【主选项卡】列表中，取消对【开始】和【插入】复选框的勾选，单击【确定】按钮后观察 Word 窗口中选项卡🔍的变化；执行反向操作，恢复上述选项卡的显示。

11 打开【Word 选项】窗口的【自定义功能区】选项卡（见图 2-4）；单击【新建选项卡】按钮，在【主选项卡】列表中选中【新建选项卡（自定义）】标签并单击【重命名】按钮，将其重命名为"个人班名"，再将其下的【新建组（自定义）】标签更改为"个人姓名"，再从左栏列表中将【查找】、【格式刷】和【编号】等工具添加到【个人姓名】选项卡。

12 勾选自定义的选项卡并拖曳至【开始】选项卡之前，单击【确定】按钮后在 Word 窗口观察自定义的选项卡。单击该选项卡，展开其对应的功能区🔍，截图备用。自行尝试删除自定义选项卡及其功能区。

▶ 保存成果，提交作业

13 将之前备用的截图复制或插入当前文档，并将文档保存为 W02.docx。

14 退出 Word 程序并提交作业。

 任务总结

　　快速访问工具栏一般包含使用频率较高的工具，有三种定制方法，用户可根据个人喜好自行选用。

　　选项卡中的组包含大量相对常用的工具，对系统内置的组，用户只能控制其显示或隐藏，一般不能定制其内容。对用户自定义的选项卡，用户可为其定制组（至少一个），组中可添加 Word 程序内置的工具。

　　快速访问工具栏和选项卡都可在【Word 选项】对话框中定制，工具丰富且功能强大。

任务验收

知识和技能签收单（请为已掌握的项目画✓）

简单定制快速访问工具栏		学会定制选项卡和组	
高级定制快速访问工具栏			

 微任务 **W03** Word 文档基本操作

任务简介

认识 Word 文档，理解模板的概念，掌握对 Word 文档的基本操作。

任务目标

修改和保存 Word 文档内容；关闭文档和退出 Word 程序；打开和切换 Word 文档；利用模板创建 Word 文档；使用文档视图。

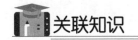

关联知识

1. Word 文档

Word 程序是文字处理软件工具，Word 文档是 Word 程序的对应的文件。Word 2003 及之前的版本，所创建文档的扩展名默认为.doc；自 Word 2007 起，所创建文档的扩展名默认为.docx。新版 Word 程序对旧版 Word 文档具有兼容性，即 Word 新版程序可正常处理 Word 旧版程序创建的文档。

对新建的 Word 文档，由于尚不知其存储位置和存储名称，因此当首次保存时将自动打开【另存为】对话框，以便用户指定必要的文件信息。Word 文档在编辑过程中或处理完毕后应及时进行保存，防止数据意外丢失。

Word 是一个多文档窗口应用程序，即一个应用程序可同时打开并处理多个 Word 文档。当 Word 程序打开多个文档时，利用【视图】选项卡中的【切换窗口】工具，可在各文档之间进行切换。

2. 文档视图

为适应不同的应用情境，Word 提供有 5 种文档视图，即阅读视图、页面视图、Web 版式视图、大纲视图和草稿视图。在【视图】选项卡的【视图】组中排列有多种视图图标（见图 2-5），状态栏的尾端也对应排列着阅读视图、页面视图、Web 版式视图等快捷图标，单击对应的图标就会切换到相应的文档视图。

图 2-5 【视图】组

页面视图是最常用的视图模式，可以显示最接近打印结果的页面外观。阅读视图以图书分栏的形式全屏显示文档，有助于充分利用最大空间阅读文档。Web 版式视图以网页的形式显示文档，适用于设置文档背景和创建网页。大纲视图可以设置和显示文档的层级结构，并可方便地折叠和展开各层级文档，被广泛用于长文档的快速浏览和编辑。草稿视图仅显示标题和正文，便于快速编辑文本，是最节省计算机系统硬件资源的视图。

3. Word 模板

Word 模板是一种预定义的特殊文档，其中包括图文内容、格式、布局等综合样式信息，能够提供塑造文档的最终外观框架，同时又允许用户根据喜好添加其他信息。

Word 模板有本地模板和联机模板之分。执行【文件】菜单|【新建】命令，打开如图 2-6 所示的 Word 模板列表界面。

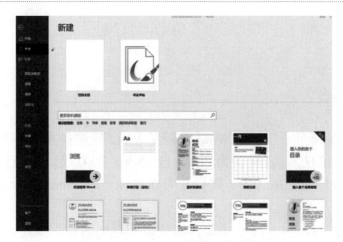

图 2-6　Word 文档模板列表界面

在图 2-6 中，上面涉及的模板为本地模板，已保存在本地计算机中；下面涉及的模板为微软在线提供的联机模板。用户单击模板可打开如图 2-7 所示的模板展示界面，在其中单击【创建】按钮，则该模板将被自动下载为本地模板以备后用，同时以此为模板新建文档。

图 2-7　模板展示界面

任何 Word 文档都是以模板为基础创建的，按 Ctrl+N 组合键可快速新建空白文档。执行【文件】菜单|【另存为】命令，在打开的【另存为】对话框中选择【Word 模板（*.dotx）】或【启用宏的 Word 模板（*.dotm）】保存类型，单击【保存】按钮，则可将当前的 Word 文档保存为 Word 模板文档。

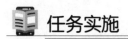 **任务实施**

01 启动 Word 程序，创建空白文档，观察新文档及标题栏中的文件名 🔍 。

▶ **修改和保存 Word 文档内容**

02 在 Word 文档编辑区中输入"首次输入"，在【插入】选项卡的【文本】组中单击【日期和时间】图标，选择插入时分秒格式时间（中文格式）。

03 执行【文件】菜单|【保存】命令，观察面板中的左、中、右三栏信息。从中栏中单击【浏览】按钮，在新打开的【另存为】对话框中观察默认的文件名、保存类型和存储位置。将文档保存在桌面并命名为"W03B.docx"，再观察标题栏中的文档名。

04 将光标置于文档内容尾部并按 Enter 键，输入文字"追加输入"后再插入中文时分秒格式的时间，保存文档。再在文档内容尾部增加新行，再插入时分秒格式的时间，将该文件另存到桌面并命名为"W03A.docx"，观察标题栏中文件名的变化。

▶ **关闭文档和退出程序**

05 执行【文件】菜单|【关闭】命令，分别观察当前文档、Word 程序运行状态及标题栏变化；单击 Word 窗口右上角的【关闭】按钮，退出 Word 程序。

关闭文档和关闭（退出）程序是不同的操作。

▶ **打开和切换文档**

06 双击桌面上的 W03A.docx 文档，将启动 Word 程序并打开该文档。执行【文件】菜单|【打开】命令，指定打开 W03B.docx 文档，比较两个文档内容的差异。单击【视图】选项卡|【窗口】组|【切换窗口】图标，打开【文档切换】面板，分别单击 W03A.docx 文档和 W03B.docx 文档，以切换成当前文档。

07 分别在 W03A.docx 文档和 W03B.docx 文档的编辑区尾部添加个人的学号和姓名。单击 Word 窗口中的【关闭】按钮，在陆续弹出的对话框中，对 W03A.docx 文档进行保存，而对 W03B.docx 文档则不进行保存。

当 Word 退出程序时会提示保存文件。

▶ **利用模板创建文档**

08 启动 Word 程序，新建空白文档，执行【文件】菜单|【新建】|【空白文档】命令，创建新文档，按 Ctrl+N 组合键再建新文档。右击桌面空白处，在弹出的快捷菜单中执行【新建】|【Microsoft Word 文档】命令，并将新建的文档命名为"W03C.docx"，将其打开。

利用空白文档模板创建。

09 单击【文件】菜单|【新建】|【欢迎使用 Word】模板（或其他模板），创建新文档，观察其内容并将其保存为 W03D.docx；右击桌面上的 W03A.docx 文档，在弹出的快捷菜单中执行【新建】命令，观察新文档内容及格式与 W03A.docx 是否一致。

当指定的模板不存在时，请直接使用同名的 Word 文档素材。

▶ **使用文档视图**

10 将 W03D.docx 设为当前文档；在【视图】选项卡的【视图】组（见图 2-5）中，分别单击【草稿】、【Web 版式视图】和【页面视图】图标，观察编辑区的变化；单击【阅读视图】图标，观察编辑区的变化后按 Esc 键返回原视图；单击【大纲】图标，观察编辑区的变化后单击【关闭大纲视图】按钮，返回原视图。

11 观察状态栏尾部的视图快捷方式组，分别将鼠标悬于图标之上并观察其名称，单击【页面视图】图标。打开 W03A.docx 文档，将其更改为 Web 版式视图后再进行保存。

> 同一文档有多种视图，页面视图最常用。

12 退出 Word 程序，视个人需要决定是否保存文档；将 W03A.docx 提交作业。

任务总结

　　Word 文档是 Word 应用程序的加工品，都是基于模板创建的，Word 程序启动时就自动创建空白文档。Word 文档也可以被保存为 Word 模板文档，以便今后在此模板内容和格式的基础上创建新文档。另外，也可利用现有 Word 文档为模板创建新文档。

　　Word 文档有阅读视图、页面视图、Web 版式视图、大纲视图和草稿视图等不同的呈现方式，其中页面视图更接近打印效果，颇为常用。

　　Word 程序是一个多文档窗口应用，即同一应用程序可同时打开并处理多个 Word 文档。默认地，利用【视图】选项卡|【窗口】组|【切换窗口】工具可在多个文档窗口之间进行切换。

任务验收

知识和技能签收单（请为已掌握的项目画 ✓）

修改和保存 Word 文档内容		利用模板创建文档	
关闭文档和退出程序		使用文档视图	
打开和切换文档		—	

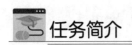

微任务 **W04** Word 文档的基本编辑

任务简介

编辑 Word 文档。

任务目标

学会设置和应用输入模式；在插入模式下输入成段文本；编辑修改文字；插入光标。

关联知识

在 Word 文档编辑区，有一个闪烁的 "I" 形光标，其所在的位置被称为插入点，即对当前文本进行编辑的位置。

1．文本输入

英文字母及符号可利用键盘直接输入，而中文汉字和符号的输入则要选用中文汉字输入法来实现。常用的中文输入法有拼音输入法和和五笔输入法等，它们都通过特定编码输入汉字和中文标点符号。除此之外，还可以通过软键盘来输入各类特殊符号。在 Word 程序中，单击【插入】选项卡|【符号】组|【符号】图标，利用展开的面板（见图 2-8）来输入常用符号，执行其中的【其他符号】命令，打开【符号】对话框，可以选择插入更多的特殊符号。

在 Word 程序中存在 "插入" 和 "改写" 两种文本输入模式，默认为插入模式，此时新输入的文本出现在插入点，插入点及之后的文本顺序后延；在改写模式下，输入的文本将替换插入点之后的文本，之后插入点后移。右击状态栏，在弹出的菜单中勾选【改写】选项，状态栏中将显示当前的输入模式，如图 2-9 所示；单击状态栏中的【插入】或【改写】按钮，可切换当前的输入模式，单击键盘中的 Insert 键也可切换输入模式。

图 2-8 【符号】面板

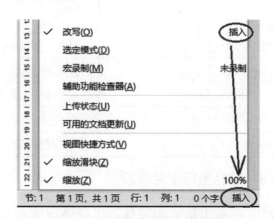

图 2-9 输入模式状态与控制

2．文本选取

在 Word 中，操作文本之前常需对其选取，被选取的文本以反色突出方式显示，利用鼠标或键盘都可按需选取文本。

(1) 鼠标选取。

将鼠标指针移至所要选取文本的起始位置，按住鼠标左键进行拖曳，直至所需文本的结束位置，松开左键则可完成选取；按住键盘中的 Alt 键，再用鼠标左键进行拖曳，可选取矩形区域中的文本。

双击编辑区中的文本，可选取当前词语；三击编辑区中的文本，可选取所在段落。将鼠标移至编辑区左侧边缘外，当指针变为向右上偏转的箭头时，单击左键则可选中当前行，垂直方向拖曳则可选中连续多行，双击左键则可选中当前段，三击左键则可选中整篇文档。

(2) 键盘选取。

Word 程序也提供了利用键盘快速选取字符、当前词、当前行、当前段落和当前文档的方法，常用的组合键及功能见表 2-1。

表 2-1　文本选取组合键及功能

组合键	功能
Shift+【→】	选取插入点右侧的一个字符
Shift+【←】	选取插入点左侧的一个字符
Shift+【↑】	选取插入点至上一行相同位置之间文本
Shift+【↓】	选取插入点至下一行相同位置之间文本
Ctrl+Shift+【←】	选取插入点之前的一个单词
Ctrl+Shift+【→】	选取插入点之后的一个单词
Shift+Home	选取插入点至行首
Shift+End	选取插入点至行尾
Ctrl+Shift+【↑】	选取插入点至段首
Ctrl+Shift+【↓】	选取插入点至段尾
Ctrl+Shift+Home	选取插入点至文档开始
Ctrl+Shift+End	选取插入点至文档结束
Ctrl+A	选取整篇文档

(3) 键盘鼠标配合选取。

熟练地利用鼠标和键盘，可以更方便高效地选取文本。

将插入点移到要选取文本的开始位置，按住 Shift 键，再用鼠标单击结束位置，就可选取起止点之间的所有文本。松开 Shift 键，结束本次文本选取操作。

按住 Ctrl 键，单击文本，可选当前段。按住 Ctrl 键，利用鼠标左键多次拖曳可选取不连续的文本。按住 Alt 键，用鼠标左键进行拖曳，可选取矩形区域文本。

将鼠标指针移至编辑区左边缘呈指偏向右上箭头时，先按住 Ctrl 键，再单击鼠标左键可选取当前句。先用鼠标左键选取当前行或连续多行，再按住 Ctrl 键，继续选其他行或连续行，最终可选取不连续的多行。

3．文本编辑

文本编辑主要是指对已存在的文本进行插入、删除、修改等基本操作。

键盘中的 Backspace 键、Delete 键可分别删除插入点前、后的文本。对选中的文本（称源内容）分别执行【复制】和【剪切】命令，可将其存储到剪贴板中；执行【删除】命令将清除源内容。

在目标位置，执行【粘贴】命令，将读取剪贴板中的内容到该位置；若目标位置已选取了目标内容，则目标内容将被替换。

对选取的源内容，用鼠标左键将其拖曳到目标位置即实现移动；若先按住 Ctrl 键，再拖曳到目标位置，先松开鼠标左键，再松开 Ctrl 按键，则可实现复制。用鼠标右键拖曳源内容到目标位置，松开鼠标右键，选择执行【移动到此位置】或【复制到此位置】命令，也可实现对源内容的移动或复制。

4．查找、替换和定位

Word 提供了方便高效的查找、定位和替换功能，特别是在编辑长文档时，功效就更明显。

在【开始】选项卡中，单击【编辑】组|【查找】图标（或按 Ctrl+F 组合键），打开【导航】窗格（见图 2-10）。在【搜索】文本框中输入待查内容，单击【搜索】按钮，系统将自动查找匹配的内容，并在【导航】窗格中显示匹配到的内容片段，同时 Word 文档窗口中也将反色突出显示找到的内容。

单击【导航】窗格【搜索】图标右侧的下拉箭头按钮，展开菜单的底部列有可查找的对象类型，单击某个对象类型（如图形），则会自动在当前文档中查找与所选类型匹配的内容。

执行【导航】窗格【搜索】下拉菜单中的【替换】命令，或单击【开始】选项卡【编辑】组中的【替换】图标（或按 Ctrl+H 组合键），打开【查找和替换】对话框，如图 2-11 所示，兼具查找、替换和定位功能。

图 2-10 【导航】窗格及其功能菜单

图 2-11 【查找和替换】对话框

文档定位是指对文档中插入点的定位，除了用鼠标左键单击文本可快速定位插入点，利用键盘的方向键或组合键也可改变插入点的位置，常用的快速定位功能键见表 2-2。

表 2-2　常用的快速定位按键

功能键	目标位置	功能键	目标位置
Home	行首	End	行尾
Ctrl+Home	文档首	Ctrl+End	文档尾
Ctrl+【→】	下一个单词或词语	Ctrl+【←】	上一个单词或词语

 任务实施

01 启动 Word 程序并新建空白文档，将空白文档保存并命名为"W04.docx"。

▶ **设置和应用输入模式**

02 右击状态栏，在弹出的快捷菜单中勾选【改写】选项，观察状态栏中的输入模式（见图 2-9），对其多次单击并观察变化。执行【文件】菜单|【选项】命令，打开【Word 选项】对话框，在【高级】选项卡的【编辑选项】选区中勾选【用 Insert 键控制改写模式】复选框，单击【确定】按钮。多次按键盘的 Insert 键，观察状态栏中的输入模式变化。

03 在"插入"输入模式下，向文档中输入"1234567890"。按键盘中的 Home 键，光标回到行首，在"改写"输入模式下输入"《信息技术应用基础》微任务"。按键盘中的 End 键后，观察光标位置变化，再输入"·大课堂·自助学（智慧学习）"。移动光标到"应用"之前，改为插入模式后再输入"技术"。

04 移动插入点到"学习"之前，按键盘中的 Backspace（回删）键 3 次，观察内容变化。再按键盘中的 Delete（删除）键 3 次，再观察内容变化。

 删除键和回删键的功能存在差异。

▶ **在插入模式下输入一段文本**

05 将插入点置于文档末尾并按 Enter 键；接着向文档中输入如图 2-12 所示的南丁格尔简介（每段结束按 Enter 键换行），或将"Nightingale.txt"文件的内容粘贴到当前文档中。

▶ **编辑修改文字**

06 移动光标到"1820 年"前，插入"Florence Nightingale"，删除"1820 年"后的"5 月 12 日"和"1910 年"后的"8 月 13 日"。在文档中找到"代名词，"，并在其后输入"她是世界上第一个真正的女护士，开创了护理事业，"。

07 在【开始】选项卡中，单击【替换】图标，打开【查找和替换】对话框（见图 2-11），查找"克里米亚"并逐个替换为"克里米亚（Crimean）"，并将文中"南丁格尔"全部替换为"南丁格尔（Nightingale）"。

> 弗罗伦斯·南丁格尔（1820年5月12日 - 1910年8月13日），出生于意大利的一个英国上流社会的家庭。她在德国学习护理，后前往伦敦的医院工作，并于1853年成为伦敦慈善医院的护士长。
>
> 经过南丁格尔的努力，昔日地位低微的护士的社会地位与形象都大为提高，并成为崇高的象征。"南丁格尔"也成为护士精神的代名词，"5.12"国际护士节这天正是南丁格尔的生日，目的就是纪念这位近代护理事业的创始人。
>
> 克里米亚战争时，南丁格尔极力向英国军方争取在战地开设医院，以便为士兵提供护理服务。她分析过堆积如山的军事档案，指出在克里米亚战役中，英军死亡的主要原因是在战场外感染疾病，以及受伤后没得到有效护理而伤重致死，真正死在战场上的人反而不多。
>
> 1854年10月21日，她与38位护士赶赴克里米亚野战医院工作，并成为该院的护士长，并积极开展战地医院的护理工作，挽救了大批战士的生命。她被称为"克里米亚的天使"，又称为"提灯天使"。

图 2-12　南丁格尔简介

08 在快速访问工具栏 中确保包含【撤销】和【恢复】按钮。执行【撤销】命令，观察文档变化。单击【撤销】按钮右侧的箭头按钮，从操作记录列表中单击最早的一个替换命令，则会一次性自动撤销到所有的替换。单击【恢复】按钮，恢复最近四次撤销的操作。

▶ 光标（插入点）快速定位

09 在文档中，依次按 Ctrl+Home 组合键（注意：按住 Ctrl 键再按 Home 键，此后类同）和 Ctrl+End 组合键，分别观察插入点的位置。将插入点置于"5.12"之前，分别按下 Shift+Home 组合键和 Shift+End 组合键，再分别按下 Home、End，观察插入点的变化。

10 打开【查找和替换】对话框（见图 2-11），切换到【定位】选项卡，在【定位目标】列表中选择【行】选项，在【输入行号】文本框中输入" - 5"并单击【定位】按钮，观察插入点的变化。单击状态栏（见图 2-9）中的行号、列号或页码信息，观察现象。

　　　　　熟练使用编辑/定位键（详见表 2-1 和表 2-2），有利于提高操作效率。

▶ 选取文本

11 用鼠标左键拖选"南丁格尔"，再依次去拖选"出生在意大利"和"近代护理事业的创始人"，观察选取的结果。先用鼠标左键选取"南丁格尔"，按住键盘中的 Ctrl 键，重复两次拖选操作，松开 Ctrl 键后观察选取结果。类似地，将 Ctrl 键换成 Shift 键，再重复上述操作，观察选取过程和效果。

　　　　　　　　　按 Ctrl 键可用于断续选；按 Shift 键可用于连续选。

12 将插入点移到"崇高"两字之间，双击鼠标左键，观察选取的字词。三击鼠标左键，观察选取的整段。移动鼠标指针到段左侧的空白区，直至指针向右上偏转。单击左键可选中当前行，双击左键可选中当前段，三击左键可选中全文。按住键盘中的 Alt 键，用鼠标左键拖曳出一个矩形，观察被选取的文本。

▶ 移动复制文本

13 选取并剪切"，开创了护理事业"文本，再将其粘贴到"伦敦慈善医院的护士长。"的句号之前，再粘贴到文档末尾或任意其他位置。

14 撤销上一步操作，选取"，开创了护理事业"，用鼠标左键将其拖曳到"伦敦慈善医院的护士长"之后，观察移动结果。按住键盘中的 Ctrl 键，再用鼠标左键拖曳被选取的文本，鼠标指针附近出现的小加号（+表示复制），拖曳鼠标指针至文档尾部，松开鼠标左键，观察复制结果。

用鼠标拖曳进行移动或复制，简洁高效。

15 退出 Word 程序，保存文档并提交作业。

任务总结

　　文本选取和定位是文本编辑的基本前提；文本的插入、删除、移动、复制和替换（改写）是最基本的文本编辑操作；输入文本存在插入和改写两种模式。对出现的误操作可以进行撤销，对错误的撤销可以予以恢复。

任务启示

　　业精于勤，荒于嬉；行成于思，毁于随。成就自己高效的日常办公技能，让我们从最基本的文本编辑技术开始。

任务验收

知识和技能签收单（请为已掌握的项目画 ✓）

设置和应用输入模式		光标（插入点）快速定位	
在插入模式下输入文本		选取文本	
编辑修改文字		移动复制文本	

微任务 W05　设置字符格式

任务简介

利用字符格式化工具设置文本的外观格式，并利用替换功能实现特定内容和格式的替换。

任务目标

学会改变字符外观格式；查找替换字符及格式；利用格式刷复制格式。

关联知识

字符格式

字符格式是指文本的外观样式，主要包括字体、字号、加粗、倾斜、边框和下画线、颜色、底纹、加圈、突出显示、缩放、间距和位置等。对中文汉字来讲，还可以添加拼音等。

常用的字符格式工具主要集中于【开始】选项卡的【字体】组（见图2-13）内，【段落】选项卡内的【中文版式】也用于字符格式化。选取文本后，用鼠标指针悬于其右部时，界面中将出现浮动工具栏（见图2-14），其中排列有常用字符格式工具。

单击【字体】选项卡的对话框启动器，或者右击选取的文本并执行【字体】命令，都将打开【字体】对话框（见图2-15），其中提供了更多、更丰富的设置功能。

图2-13 【字体】组

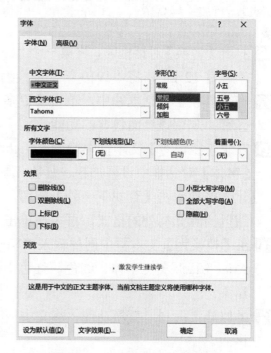

图2-14 浮动工具栏

图2-15 【字体】对话框

另外，利用格式刷可实现字符格式的复制。

任务实施

01 启动 Word 程序，打开 W04A.docx 文档并将其另存为 W05.docx；在文档开头位置输入"南丁格尔简介"后按 Enter 键。

▶ 改变字符外观格式

02 选中所有文本，将所有文本设置为楷体、小四号；将"Florence Nightingale"设置为蓝色、加粗。

03 选定首行的"南丁格尔简介"，将其设置为黑体、三号，其中的"南丁格尔"字符缩放 150%，并加注拼音，"简介"外加圆圈（增大圈号）。

04 将文中的"弗罗伦斯·南丁格尔"设置为红色，并加粗、加下画线、字符间距加宽 5 磅；将文中的"提灯天使"设置为蓝色并加字符边框。将文中"5.12"设置成黄色、Arial Black 字体、24 磅、红色突出显示，再加着重号。

05 选取文中的"国际护士节"，为其加字符底纹，并将其设置为【纵横混排】（取消适应行宽）。

06 选中文中的"弗罗伦斯"，单击【字体】组的对话框启动器，打开【字体】对话框（见图 2-15），勾选【效果】选区中的【隐藏】复选框，单击【确定】按钮，观察被选文字的显示。

07 两次单击【段落】组中的【显示/隐藏编辑标记】工具，观察编辑区的内容变化。取消对"弗罗伦斯"的隐藏设置。

▶ 查找替换字符及格式

08 打开【替换】对话框🔍，将第一个"（Nightingale）"替换为空；将"1820 年"替换为"1820 年 5 月 12 日"，将"1910 年"替换为"1910 年 8 月 13 日"。

09 在【替换】对话框🔍中，单击【更多（M）>>】按钮，显示【搜索选项】和【替换】选区🔍，观察该界面包含的功能。

10 在【查找内容】文本框中输入"Nightingale"，单击【格式】|【字体】选项，并在弹出的【字体】对话框中设置加粗、蓝色。单击【确定】按钮后，观察光标处的【格式】信息变化。多次单击【查找下一处】按钮，观察查找到的结果。单击底部的【不限定格式】按钮以清除光标处的格式，再多次单击【查找下一处】按钮，观察查找的结果。

11 在【替换为】文本框中同样输入"Nightingale"，再单击【格式】|【字体】选项，并设置 Arial Black 英文字体、红色、红色下画线，最后单击【全部替换】按钮，观察替换后的结果。

12 类似地，再利用替换功能，将文中所有的"克里米亚"的下画线格式更改为倾斜、加粗格式。

💡 查找和替换，既适用于文本，又适用于格式。

▶利用格式刷复制格式

13 选取"5.12"，单击【开始】选项卡【剪切板】组中的【格式刷】图标，回到编辑区观察鼠标指针形状。保持该指针形状，选取"南丁格尔的生日"，观察被选文字的格式变化；再选取"5.12"，双击【格式刷】图标，多次选取文本内容，并观察它们的格式变化；单击【格式刷】图标或按键盘中的 Esc 键，结束格式复制。

格式刷用于复制现有格式，有单次刷和连续刷两种用法。

14 退出 Word 程序并保存文档，提交作业。

 ## 任务总结

　　字符格式化是基本的排版技能之一，主要用于改变文本的外观，格式化工具主要集中于【字体】组、【字体】对话框和浮动工具栏中。另外，中文版式下拉列表也有部分特殊格式工具。

　　格式刷可将原文本的格式复制给目标文本,是 Word 中格式利用的便捷工具之一.【查找和替换】对话框功能，既可以查找或替换文本内容，也可查找可替换文本格式。

任务启示

　　千里之行，始于足下。我们正式开始学习 Word 基础的排版功能吧，Let's Go！

任务验收

知识和技能签收单（请为已掌握的项目画✓）

改变字符外观格式		利用格式刷复制格式	
查找替换字符及格式		—	

综合实训 **W.A** 字符格式化

　　输入如图 2-16 所示的文字，并按各部分文字的字面含义分别设置其字符格式。

图 2-16　字符格式化

微任务 W06 设置基本段落格式

任务简介

利用段落格式化工具设置段落的格式外观样式。

任务目标

学会设置段落对齐方式；拆分与合并段落；用标尺管理段落缩进；用【段落】对话框精确控制段落格式；设置段落的首字下沉；用格式刷复制段落格式。

关联知识

1. 段落概念

在 Word 文档中，段落由回车标识符结束，如图 2-17 中圆圈所示的箭头就是回车标识符。在 Word 文档中，每按一下 Enter 键，便会自动产生一个新段落。选中并删除段落标记，则意味着将下一段合并到当前段落。

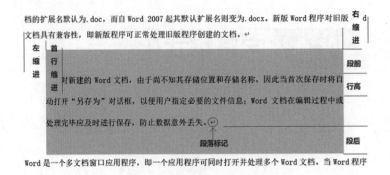

图 2-17　段落及相关概念

段落格式化工具主要位于【开始】选项卡的【段落】组内，如图 2-18 所示。单击【段落】组的对话框启动器，或者右击段落并执行【段落】命令，都将打开如图 2-19 所示的【段落】对话框，其中提供了众多更高级的段落格式设置功能。

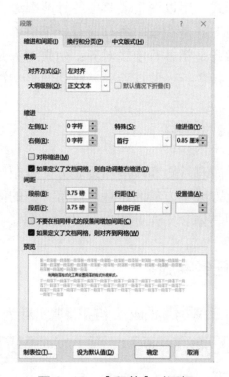

图 2-18 【段落】组　　　　　　　　　　　　图 2-19 【段落】对话框

段落的基本格式主要包括对齐方式、缩进、间距等。

2．缩进

段落缩进主要用于调整段落中有关行的左、右边界位置，主要包括左缩进、右缩进、首行缩进和悬挂缩进等四种形式。其中，首行缩进调整首行左边界，悬挂缩进调整首行外其他行的左边界，左缩进影响所有行的左边界，右缩进影响所有行的右边界。

打开 Word 文档窗口中的标尺（勾选【视图】选项卡|【显示】组|【标尺】复选框），水平拖曳水平标尺上的各缩进悬钮，可对应设置段落的各种缩进，如图 2-20 所示。利用【段落】对话框的相关功能，可对段落缩进进行精确设置。

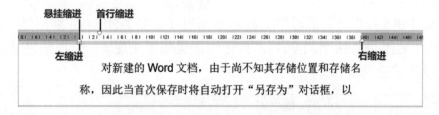

图 2-20 水平标尺中的缩进悬钮

3．对齐方式

Word 文档中，段落对齐方式主要有左对齐、右对齐、居中对齐、两端对齐和分散对齐等五种形式，用以调整段落中各行两端边界的对齐方式。

左对齐是指段中各行（首行缩进除外）左边界对齐；右对齐是指段中各行右边界对齐；居中对齐是指各行中线对齐；两端对齐是指段中各行（首尾两行除外）两端边界对齐；分散对齐是指各行（首行除外）自动调整字符间距以确保各行两端边界对齐。

4．间距

间距有行距和段落间距之分。行距决定段落中各行文字之间的垂直距离，段落间距决定段落上方或下方的间距量。段落上方的间距量被称为段前，下方的间距量被称为段后，有关概念的具体含义详见图 2-17 中的标注。

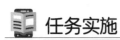 **任务实施**

01 打开 W04A.docx 文档并将其另存为 W06.docx，设置所有文本为宋体四号。

▶ 设置段落对齐方式

02 根据回车符确定第 2 段的开始和结尾，根据回车符统计该文档的段落数量。

03 将插入点置于"5.12"所在的段中，并确定该段的段号。分别设置当前段落的左对齐、右对齐、居中对齐、分散对齐和两端对齐，观察段落对齐效果（特别关注段落尾行）。

04 同时选取第 1 段、第 2 段和最后一段的部分内容，重新设置段落的对齐方式，观察有关段落的对齐方式变化。

▶ 拆分与合并段落

05 将插入点置于"5.12"之前，按 Enter 键，把当前段拆分为两个段落，观察新插入的段落标记。将"5.12"所在段落设为右对齐，删除刚新插入的段落标记，把下面的段落合并到当前段落，观察合并后段落的格式。

▶ 用标尺管理段落缩进

06 把插入点置于"5.12"所在的段中，显示出标尺（见图 2-20），分别拖曳左缩进悬钮至灰区的刻度 8，右缩进悬钮至刻度 32，首行缩进悬钮至刻度 6，悬挂缩进悬钮至刻度 12，观察相应段落缩进的变化。

▶ 用【段落】对话框精确控制段落格式

07 把插入点置于第 2 段，单击【开始】选项卡【段落】组中的对话框启动器 ，打开【段落】对话框（见图 2-19），在该对话框中分别设置为：左缩进 3 厘米，右缩进 1 厘米，首行缩进 2 字符，单击【确定】按钮后观察段落的格式变化。

08 在【段落】组（见图 2-18）中单击【行和段落间距】图标，展开【行和段落间距】功能面板⊘，将鼠标指针分别悬停在 1.0 到 3.0 之间的各选项上，观察当前段行距的变化。

> 可观察到个别行距值，且不影响段落外观。 💡

09 从【行和段落间距】功能面板⊘中执行【行距选项】命令，打开【段落】对话框（见图 2-19），分别在【缩进】选区和【间距】选区中清除与"文档网格"相关的复选项设置并单击【确定】按钮。重复第 8 步操作，再次观察当前段落行距的变化。

> 可观察到每个行距值都能影响段落格式外观。 💡

10 选取第 2 段并将其行距设置为固定值 25 磅，观察其段间距（即段前、段后及行之间的留白高度），再设置多倍行距 1.25 倍，段前 0.5 行，段后 1.75 行，观察第 2 段的间距变化。

▶ 设置段的首字下沉

11 把插入点置于第 3 段，单击【插入】选项卡|【文本】组|【首字下沉】图标，打开【首字下沉】面板⊘，将鼠标指针分别悬于【下沉】或【悬挂】选项并观察文本效果，最后选择【下沉】效果。

12 在【首字下沉】面板⊘中执行【首字下沉选项】命令，打开【首字下沉】对话框⊘，将首字下沉位置改为【悬挂】效果并设置下沉 4 行、距正文 1 厘米。

▶ 用格式刷复制段落格式

13 将插入点置于第 2 段，用鼠标左键单击格式刷，再单击第 4 段，观察其段落格式变化。将插入点置于第 3 段，再用格式刷单击第 1 段，观察其段落格式变化。

> 首字下沉是特殊结构，其效果不被复制。 💡

14 退出 Word 程序并保存文档。

📋 任务总结

　　段落是 Word 文档中的文本组织单位，以 Enter 键作为结束符。对齐方式、缩进和间距都是段落的基本格式。对齐方式用于调整段落中各行两端边界的对齐样式；缩进用于控制段落左、右界线以首行开始位置等；间距用于调整行之间或段落之间的距离。

　　格式刷对段落格式同样有效。

　　注意：首字下沉是一种块状结构，虽然每段仅限一个，但不属于段落格式。

任务验收

知识和技能签收单（请为已掌握的项目画√）

设置段落对齐方式		用【段落】对话框精确控制段落格式	
拆分与合并段落		设置段的首字下沉	
用标尺管理段落缩进		用格式刷复制段落格式	

微任务 **W07** 设置段落的边框和底纹

任务简介

利用段落格式化工具为段落设置边框和底纹。

任务目标

学会应用段落边框；定制段落边框；应用段落底纹；定制段落底纹。

关联知识

边框和底纹

字符和段落都可以设置边框和底纹，但二者有所不同。前者是以字符为格式化单位，而后者则是以段落为格式化单位。

在【开始】选项卡的【段落】组中，单击【边框】图标右侧的下拉箭头按钮，将展开如图 2-21 所示的【边框】面板；执行其中的【边框和底纹】命令则可打开【边框和底纹】对话框（见图 2-22）。从【应用于】下拉列表中可知，此对话框可分别针对文字和段落设置边框和底纹。

【开始】选项卡【字体】组中的【字符边框】和【字符底纹】功能，是设置字符边框和字符底纹的常用工具。

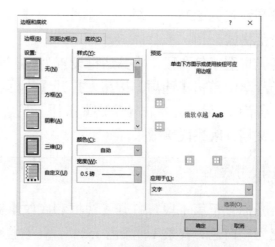

图 2-21 【边框】面板

图 2-22 【边框和底纹】对话框

任务实施

01 打开 W04A.docx 文档并将其另存为 W07.docx。

02 选中所有文本，字符格式设置为小四号、宋体，段落格式设置为首行缩进 2 字符、行距 1.5 倍，段前和段后各 0.5 行。

▶ 复习字符的边框和底纹

03 选取第 1 段中的文本，为其添加字符边框；选取第 2 段中的文本，为其添加字符底纹。

▶ 认识和应用段落边框

04 选择第 2 段，在【段落】组中，单击【边框】图标右侧的下拉箭头按钮，打开【边框】 面板（见图 2-21），从中单击【外侧框线】选项；取消选择，观察本段边框，并比较与 第 1 段的字符边框的不同。

段落边框和字符边框的覆盖区域不同。

05 光标置于第 2 段，打开【边框】面板（见图 2-21），执行【边框和底纹】命令，打开【边 框和底纹】对话框（见图 2-22）。在【边框】选项卡中，设置边框效果为阴影、蓝色、应 用于段落，从【预览】选区中观察边框效果，单击【确定】按钮后观察段落的实际格式 效果。

▶ 定制段落边框

06 将光标（或插入点）置于第 3 段，打开【边框和底纹】对话框。在【页面边框】选项中， 设置页面边框效果为自定义、蓝色、线宽 3.0 磅、应用于段落。在【预览】选区中，分

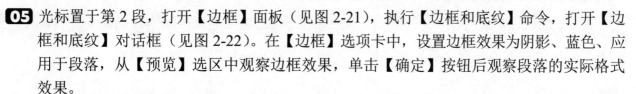

别两次单击周边的各个按钮，再分别两次单击预览图的四个边缘，观察预览图的变化。

07 （接上一步）将段落的左、右两边框分别设置为 1.5 磅、红色、实线，将上、下两边框分别设置为 2.25 磅、绿色、虚线，将【预览】选区截图备用。单击【确定】按钮后观察段落格式。

08 将光标置于第 4 段，将其边框设置为 3.0 磅、蓝边框（上下为双线，左右为实线）、应用于段落。单击【选项】按钮，打开【边框和底纹】对话框，设置【距正文间距】左、右各为 12 磅，并单击【确定】按钮。观察【预览】选区的效果，单击【确定】按钮后返回文档，观察段落效果。

▶ 认识段落底纹

09 将光标置于第 1 段，打开【边框和底纹】对话框的【底纹】选项卡。在左栏中设置填充为"白色、背景 1、深色 15%"；在右栏中设置应用于段落。单击【确定】按钮，观察段落底纹，并比较与第 2 段的字符底纹的不同。

> 段落底纹和字符底纹的覆盖区域不同。

10 光标置于第 3 段，打开【边框和底纹】对话框的【底纹】选项卡，设置图案样式为浅色上斜线、图案颜色为浅蓝，填充颜色为黄色，应用于段落，单击【确定】按钮后观察段落底纹。

▶ 更多探索

11 选中"提灯天使"，在【段落】组中单击【底纹】按钮，取消文本选择后观察效果；再选取"提灯天使"，单击【底纹】按钮右侧的下拉箭头按钮，展开【底纹】面板，从中执行【无颜色】命令，取消文本选择，观察文字底纹效果。

12 （选做）选取"提灯天使"，打开【边框和底纹】对话框的【底纹】选项卡，利用其中的【填充】面板，再次实现第 11 步的操作效果。

> 段落组中的填充是【底纹】选项卡中填充的便捷方式。

13 选取"提灯天使"，在【字体】组中单击【字符底纹】图标，观察字符底纹。打开【边框和底纹】对话框的【底纹】选项卡，设置无颜色填充、清除样式并应用于文字，单击【确定】按钮后取消文本选择，并观察其底纹效果。

> 将边框和底纹应用于文字的本质就是字符格式化。

14 将备用的截图添加到文件尾部，保存文件。退出 Word 程序，提交作业。

📋 任务总结

　　通过本次微任务的学习，学生在已掌握字符边框和底纹的基础上，进一步认识和应用段落的边框和底纹，并可以定制个性化的边框和底纹。

任务验收

知识和技能签收单（请为已掌握的项目画✓）

字符的边框和底纹		认识和应用段落底纹	
认识和应用段落边框		定制段落底纹	
定制段落边框		—	

综合实训 / W.B / 段落格式化

打开"两会微观察.docx"文件并对其按要求排版，排版要求如下。

1. 全文字符：宋体，四号，字体颜色（自动）。

2. 全文段落：两端对齐，单倍行距；左缩进 0 字符，右缩进 0 字符，首行缩进 2 字符。

3. 各段段落格式要求。

（1）标题：黑体，三号，居中，无特殊缩进。

（2）正文第 1 段：段前 1.5 行，段后 1 行，行距 1.15 倍，蓝色 2.25 磅实线边框，对段中首句设置为红色、加粗、蓝色双下画线显示。

（3）正文第 2 段：左缩进 2 字符，行间距 1.25 倍，绿色底纹。

（4）正文第 3 段：左缩进 6 字符，行距固定 22 磅，首字下沉（黑体、下沉 3 行）。

（5）正文第 4 段：段前 1 行、段后 1 行，蓝色 3 磅左、右边框。

（6）正文第 5 段：红色 0.5 磅阴影边框，左右框距正文 10 磅，上下框距正文 20 磅。

（7）正文最后一段：左缩进 2 字符，右缩进 3 字符，右对齐；段前 1.0 行，段后 0.5 行；上、下均为 2.25 磅红色边框。

4. 在不改变上述格式要求的前提下，取消所有段落与"文档网格"有关的设置，以调整页面效果与参考效果一致。

微任务 / W08 / 应用项目符号和编号

任务简介

为段落应用项目符号和编号，以及设置和使用多级列表。

任务目标

学会应用项目符号；定义新项目符号；应用编号；定义新编号格式；应用多级列表；定义新的多级列表。

关联知识

1. 项目符号和编号

项目符号和编号是放在段落前的特殊标识，前者以特殊符号为标识，后者以数字序号为标识，都用以表示突出和强调作用。合理使用项目符号和编号，可使文档条理清楚、重点突出，有利于提高文档可读性。Word 程序提供了多种项目符号库和编号库。单击【开始】选项卡|【段落】组|【项目符号】工具右侧的下拉箭头按钮，将展开如图 2-23 所示的【项目符号】面板。通过该面板，可以选择项目符号并应用于目标段落，也可新建项目符号。类似地，单击【编号】工具右侧的下拉箭头按钮，将展开如图 2-24 所示的【编号】面板，其用法与【项目符号】面板类似。

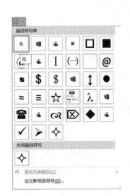

图 2-23　【项目符号】面板

图 2-24　【编号】面板

2. 多级列表

在 Word 文档中，当需要用不同形式的项目符号或编号来表现标题或段落的层次时，这就需要使用多级列表。在多级列表中，项目符号或编号最多可以设置成 9 个层级，每一层级都可根据不同的需要设置不同的格式和形式。

单击【开始】选项卡|【段落】组|【多级列表】工具，将展开如图 2-25 所示的【多级列表】面板，其中列出了可用样式供用户选用。执行其中的【定义新的列表样式】命令，则以

现有样式为基础定制多级列表；执行【定义新的多级列表】命令，则可全新创建样式。

图 2-25 【多级列表】面板

将插入点置于已设置项目符号或编号的段落，分别在【项目符号】或【编号】面板中单击【更改列表级别】选项，从展开的列表中可以更改目标段落的级别。

 任务实施

南丁格尔的主要贡献。
改革军队的卫生保健事业。
创建世界上第一所护士学校。
从事护理研究，指导护理和护理管理工作。
撰写著作，主要代表作。
《医院札记》。
《护理札记》。
被公认为现代护理事业的奠基人。

图 2-26 南丁格尔的主要贡献

01 打开 W04A.docx 文档，在文档尾部输入如图 2-26 所示的南丁格尔的主要贡献，并另存为 W08.docx。

▶ 应用项目符号

02 选取第 1 段和第 2 段，单击【开始】选项卡|【项目符号】图标，观察被选段落的格式；再单击【项目符号】图标右侧的下拉箭头按钮，展开【项目符号】面板，从中单击【项目符号库】选区中的实心方块图标，观察段落变化。

03 选取南丁格尔的各项主要贡献，展开【项目符号】面板并选择四角星图标（如◆等），观察段落变化；展开【项目符号】面板，执行【更改列表级别】命令，观察其 9 级列表以及当前级别。

若要求的符号不存在，则可选用其他符号。

▶ 定义新项目符号

04 展开【项目符号】面板，执行【定义新项目符号】命令，打开【定义新项目符号】对话框⊘。单击【符号】按钮，选择自己喜欢的符号并单击【确定】按钮返回；再单击【字体】按钮，并在打开的对话框中将字体设置为三号、加粗、红色，单击【确定】按钮，关闭【定义新项目符号】对话框，观察段落效果。

05 类似地，自定义一个图片格式的项目符号并应用到各主要贡献（图片素材任意）。

▶ 应用编号

06 选取第 3 段和第 4 段，在【段落】组中单击【编号】图标，为所选段落应用当前编号。单击【编号】图标的下拉箭头按钮，展开【编号】面板（见图 2-24），观察当前样式；从中任选一个编号库，观察段落编号变化；再任意换成另一编号库，再观察变化。

▶ 定义新编号格式

07 执行【编号库】面板中的【定义新编号格式】命令，打开【定义新编号格式】对话框⊘；从【编号样式】列表中任选一组编号，并设置字体格式为红色、双波浪下画线；回到【编号】面板中，执行【更改列表级别】命令，并确认当前级别为 1 级。

▶ 应用多级列表

08 选取南丁格尔的主要贡献⊘，单击【字体】组中的【清除所有格式】图标；单击【开始】选项卡|【段落组】组|【多级列表】按钮，在展开的【列表库】面板⊘中，观察并单击【当前列表】样式，观察被选段落的变化。

09 选取南丁格尔的主要贡献（最后 7 行）⊘，单击【多级列表】|【更改列表级别】选项，在【更改列表级别】菜单中观察其中的 9 个级别样式，最后选择【2 级】选项，观察更改后的效果；再选取主要代表作中的两部作品，再将其列表级别更改为【3 级】，截图备用。

💡 段落的项目符号和编号与其级别有关。

▶ 定义新的多级列表

10 执行【多级列表】|【定义新的多级列表】命令，分别将第 1、第 2 和第 3 级样式对应设置成空心矩形、{a}和四角星，并将它们的样式对应地应用于"南丁格尔的主要贡献"，效果见如图 2-27 所示。

11 将步骤中的截图复制到文档尾，退出 Word 程序并保存文档，提交作业。

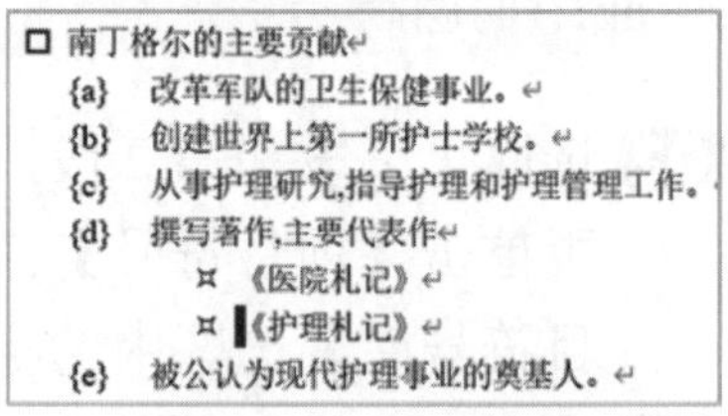

□ 南丁格尔的主要贡献
{a}　改革军队的卫生保健事业。
{b}　创建世界上第一所护士学校。
{c}　从事护理研究,指导护理和护理管理工作。
{d}　撰写著作,主要代表作
　　¤　《医院札记》
　　¤　《护理札记》
{e}　被公认为现代护理事业的奠基人。

图 2-27　设置效果

📋 任务总结

　　项目符号和编号都属于段落格式，其作用范围以段落为单位。多级列表是项目符号或编号的层级格式集合，用以表达项目符号或编号之间的层级关系。创建或编辑多级列表，既可利用多级列表工具完成，也可利用项目符号或编号工具将段落切换到相应层级后再具体编辑。

若段落已应用项目符号，或者编号、列表级别已定，则可为其定制或应用多级列表，段落格式将由与段落级别相应的列表级别来决定。

任务验收

知识和技能签收单（请为已掌握的项目画✓）

知道 Word 程序的主要用途		定义新编号格式	
定义新项目符号		应用多级列表	
应用编号		定义新的多级列表	

微任务 W09 使用和管理样式

任务简介

创建、编辑和应用样式，实现字符格式或段落格式的复用。

任务目标

认识样式功能及工具；利用现有格式集合创建样式；自定义新样式；应用新样式。

关联知识

样式

样式是 Microsoft Office Word 中的重要功能，它将字体、段落、边框、编号、文字效果等基础格式集合在一起，并用有意义的名称把它们保存起来。当再次用到这些设置时，只需将样式应用到指定文本或段落即可，而无须重复进行烦琐设置。

在【开始】选项卡【样式】组的样式库中排列有部分样式，如图 2-28 所示，单击其下拉箭头按钮可将其展开其样式面板。单击【样式】组的对话框启动器，将打开如图 2-29 所示的【样式】窗格。

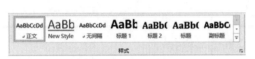

图 2-28 【样式】组

图 2-29 【样式】窗格

将鼠标左键悬于【样式】窗格中的样式上，单击其尾部箭头，将弹出如图 2-30 所示的样式管理菜单，执行其中的【修改】命令，将打开如图 2-31 所示的【修改样式】对话框。样式都基于样式类型，只能在创建时为其指定，修改时不能改变。样式类型主要有段落、字符、链接段落和字符、表格、列表等，【样式】窗格中样式的尾端会显示与类型有关的图标（见图 2-29）。

图 2-30 样式管理菜单

图 2-31 【修改样式】对话框

 任务实施

01 双击打开 W07A.docx 文档并另存为 W09.docx。

▶ 初识样式功能及工具。

02 插入点置于第 3 段，单击【开始】选项卡|【样式】组（见图 2-28）中的【标题 2】选项，观察对该段落的影响；单击样式库的下拉箭头按钮，展开【样式】面板🔍，执行【清除

格式】命令。

03 单击【样式】组的对话框启动器按钮，打开【样式】窗格（见图 2-29）并观察其外观及其存在的样式列表；光标置于第 3 段，在样式列表中单击"标题 3"，观察段落格式变化。

04 在【样式】窗格底部，勾选【显示预览】复选框，观察样式列表变化；单击【选项】按钮，打开【样式窗格选项】对话框，观察其中选项并试着理解各自含义；参照样式窗格选项进行设置，截图备用，确认后观察样式列表的变化。

> 样式集多种格式于一体，利于格式复用。 💡

▶ 利用现有格式集合创建样式

05 选取第 3 段首行"克里米亚"，设置红色、微软雅黑、三号；展开【样式】面板，执行【新建样式】命令，打开【根据格式化创建新样式】对话框；单击【修改】，在打开的【根据格式化创建新样式】对话框中输入名称"MyC1"，将样式类型设置为"字符"，单击【确定】按钮后关闭窗口；在样式库和【样式】窗格中分别找到新建的 MyC1 样式；将鼠标指针悬于 MyC1 样式之上，观察其更多的样式信息。

06 将插入点置于第 1 段，打开【样式】面板，从中执行【创建样式】命令，创建样式类型为"段落"、名称为"MyP1"的样式；确定保存后，观察其存在并查看 MyP1 的更多的样式信息，截图备用。

▶ 自定义新样式

07 单击【样式】窗格（见图 2-29）底部的【新建样式】按钮，在【根据格式化创建新样式】对话框中输入名称"MyC2"，样式类型设置为"字符"；在该对话框底部执行【格式】|【字体】命令，在弹出的【字体】对话框中设置字符格式（隶书、小三号、蓝色）；关闭对话框完成设置，观察新产生的样式 MyC2。

08 参照第 7 步，创建样式类型为"段落"名称为"MyP2"的新样式，分别设置其字符格式（幼圆、小五）和段落格式（左缩进 4 字符、右缩进 6 字符，1.5 倍行距）。

09 选取第 1 个"南丁格尔"，将其设置成绿色、华文琥珀、小二号；在【样式】窗格中找到当前选定的样式；单击其尾部箭头，在展开的样式管理菜单（见图 2-30）中执行修改命令，在打开的【修改样式】对话框中指定样式名为"MyX"，观察其样式类型状态。

> MyX 样式默认类型为字符。

▶ 应用新样式

10 选取全部文本，执行【样式】窗格（见图 2-29）中的【全部清除】命令；将光标置于第 1 段，从样式窗格中单击并应用样式 MyP1；选取其他段，再应用样式 MyP2；查找所有"克里米亚"，对第 1 个应用样式 MyC1，对其他的应用样式 MyC2；选取第 1 个"南丁格尔"并应用 MyX。

> 样式利用其内置的格式影响文本外观。

11 在【样式】窗格（见图 2-29）中，鼠标悬于 MyP2 之上，单击其尾部箭头，展开样式管理菜单（见图 2-30），执行【选择所有……实例】命令，观察效果；类似地，再分别借助 MyC2 和 MyX 选择有关样式的实例；取消选择。

12 在样式窗格中，依次任意修改 MyC1、MyC2、MyP1、MyP2、MyX 等样式中的格式，分别观察其所对应内容的格式变化；删除名为 MyX 样式，观察有关内容的格式变化。

 样式是自独立，其实例数可为 0。

13 将备用截图添加到文档中，退出 Word 程序，并提交作业。

任务总结

　　样式是保存有多种基本格式的集合，基于 5 种样式类型，其中字符、段落及链接段落和字符等 3 种类型较为常用。Word 除允许创建新样式外，还允许将现有的格式保存为样式，并可按需进行修改；当需要再次使用该格式时，只需将其对应的样式进行应用即可，从而实现样式的高效复用。

任务验收

知识和技能签收单（请为已掌握的项目画✓）

初识样式功能及工具		应用新样式	
利用现有格式集合创建样式		自定义新样式	

 ## 微任务 **W10** 创建表格

任务简介

认识 Word 表格，学习创建和编辑表格的基本操作。

任务目标

学会插入表格；管理表格；文本转换成表格；选取单元格及区域；绘制表格；插入快速表格。

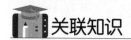关联知识

1．表格概念

基本表格由若干行和若干列构成，行和列交叉形成单元格，如图 2-32 所示。表格中，相邻行边线间的距离是行高，相邻列边线间的距离是列宽。鼠标悬于表格之上时，表格左上角将出现移动图柄图标，右下角出现尺寸控点图标；移动图柄可用于选中表格或移动表格，尺寸控点可用以改变表格的大小。

图 2-32 表格概念示意图

2．创建表格

表格的创建方式有插入表格、绘制表格、快速表格、文本转换成表格等多种方式；创建表格的功能主要集中于【插入】选项卡【表格】组，单击【表格】图标可展开【插入表格】面板，如图 2-33 所示。

该面板中显示的内容为虚拟表格区，只需用鼠标指针在其上滑过，即可在文档中快速呈现一张表格，直到单击鼠标后确定；不过利用虚拟表格插入的表格最多 10 列、最多 8 行。

执行【插入表格】按钮，将打开【插入表格】对话框（见图 2-34），允许用户指定所需要的行数和列数以及进行更多设置。

图 2-33 【插入表格】面板

图 2-34 【插入表格】对话框

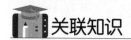任务实施

01 启动 Word 程序并创建一个空白文档，并切换至【插入】选项卡。

▶ 插入表格

02 单击【表格】图标，打开【插入表格】面板（见图 2-33）；用鼠标指针在虚拟表格区滑过 5 行 6 列，单击鼠标以插入表格。

03 在表格下面的空行处再按 Enter 键增加空行；打开【插入表格】面板（见图 2-33），执行【插入表格】命令，在打开的【插入表格】对话框❷中设置行为 5，列为 3，单击【确定】按钮后观察新插入的表格。

第 3 步增加空行是为避免相邻两表"粘连"互扰。

▶ 管理表格

04 将鼠标指针悬于任意表格上，观察其移动图柄和尺寸控点（见图 2-32）；拖曳尺寸控点，将表格高度大约增加 0.5 倍、宽度缩至默认的 3/4；单击移动图柄（或尺寸控点）以选中整张表，拖曳该表的移动图柄并将该表移动到页面的底部；将该表截图备用。

05 右击被移动表格，弹出表格浮动工具栏❷以及表格快捷菜单❷，在菜单中执行【剪切】命令或【删除表格】命令，观察效果；撤销此删除操作，在表格浮动工具栏❷中执行【删除】|【删除表格】命令，观察效果。

06 在唯一的表格中任意输入内容；选中该表格，按下键盘上的 Delete（删除）键，观察现象；重新输入内容并选中表格，按键盘上 Backspace（回删）键，观察效果。

Delete 键仅清空被选区域的内容。

▶ 文本转换成表格

07 在 Word 文档中输入如图 2-35 所示的各数据行（数据间以英文逗号分隔）；选中数据，打开【插入表格】面板（见图 2-33），执行【文本转换成表格】命令，打开【将文字转换成表格】对话框❷，观察该界面理解其中各参数含义，确认后观察新生成的表格。

住院号,姓名,床位费,治疗费,药费,护理费↵
2023010021,张三,50,193,332,60↵
2023010123,李四,100,136,332,120↵
2023010201,王五,50,0,328,80↵

图 2-35　输入各数据行

根据数据特点自动生成容纳数据的表格。

▶ 选取单元格及区域

08 将鼠标指针移至患者费用表上沿，当变成向下的实心箭头❷时，单击姓名列；保持指针状态，水平拖过选中连续多列；取消选择，按住 Ctrl，左键分别点选姓名、治疗费、护理费等列；取消选择，点选姓名列，然后按住 Shift 键，再点选护理费列，观察选择结果。

09 将鼠标指针从张三所在行水平向左移至表格边沿，直到鼠标指针变成向右上的空心箭头❷，单击可选中当前单行；垂直拖曳选择连续多行，再分别按住 Ctrl 键、Shift 键配合选择多行。

10 鼠标指针移到"张三"单元格左边线内侧，指针变成向右上的实心箭头❷，单击选中该

单元格；保持指针状态，拖曳左键连选多个单元格，取消选择；先选取单元格，按住 Ctrl
键，再用鼠标左键点选 193、328 等单元格。

掌握单元格及区域的选取是学习表格操作的基本要求。

▶ **绘制表格**

⑪ 打开【插入表格】面板（见图 2-33），执行【绘制表格】命令，调出画笔（即鼠标指针）；
在患者消费表中，拖曳画笔对任意单元格画对角线，任意画不同长度的横线或竖线，按
键盘 Esc 键取消画笔；对此表截图备用；观察在选项卡中新出现的【表格工具】 及相
关的工具（如橡皮擦）。

⑫ 再调出画笔，拖曳画笔在文档尾部绘制一个矩形，然后在其中任意绘制横线、竖线或对
角线，最后取消画笔。

绘制表格适于绘制不太规则的表格。

▶ **插入快速表格**

⑬ 将插入点置于文件尾，打开【插入表格】面板（见图 2-33），执行【快速表格】|【带副
标题 2】命令，利用模板快速生成表格。

快速表格包含表格结构、格式和内容。

⑭ 将缓存的图片复制到本文档并保存为 W10. docx；退出 Word 程序，并提交作业。

📋 任务总结

　　Word 提供了灵活多样的表格创建方法，既允许指定行列数后新建，也允许利用现有
数据创建，还允许用户手工绘制。另外，Word 2019 还提供了快速表格功能，以方便创
建具有特定格式又包含初始数据的表格。在 Word 中可以选择单个、连续多个、间隔多
个的行（列）或单元格等；选择是继续操作表格的基础。

📖 任务验收

知识和技能签收单（请为已掌握的项目画✓）

插入表格		选取单元格及区域	
管理表格		绘制表格	
文本转换成表格		插入快速表格	

微任务 W11 编辑表格

任务简介

在 Word 文档中插入与删除表格的行、列或单元格，合并与拆分单元格、表格。

任务目标

认识表格管理工具；学会增、删行或列；单元格的插入与删除；单元格的拆分与合并；表格的拆分与合并等操作。

关联知识

表格编辑

在 Word 中，表格编辑的工具主要集中在表格工具栏（见图 2-36）中，当文档中的表格被激活时将会自动出现。

图 2-36 表格工具栏

表格的拆分与合并，单元格的拆分与合并等功能位于【合并】组中，行、列或单元格的增加与删除等功能位于【行和列】组内；此外，【绘图】组中命令也可以完成表格编辑问题。

右击表格时，将出现浮动表格工具栏（见图 2-37），其中的【插入】和【删除】都是表格编辑工具。

右击表格同时也会弹出表格管理快捷菜单（见图 2-38），其中也包括部分表格编辑工具，如其中的【插入】子菜单、【表格属性】命令等。

任务实施

01 启动 Word 程序，在空白文档中插入表格，并录入如图 2-39 所示的数据。

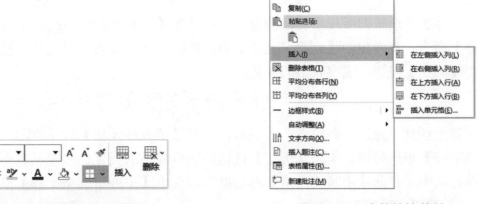

图 2-37 表格浮动工具栏　　　　　　　　　图 2-38　表格快捷菜单

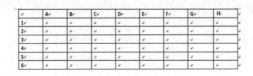

图 2-39　录入数据

▶ 认识表格管理工具

02 保持光标置于表格中，观察选项卡中出现的表格工具栏（见图 2-36）；用鼠标单击表格之外的任意位置，再单击表格中的任意位置，观察该工具栏的变化。

03 鼠标悬于表格之上，右击移动图柄，观察浮动表格工具栏（见图 2-37）和弹出的表格快捷菜单（见图 2-38），观察并识别与表格相关的功能。

表格被激活时将自动显示【表格工具】。

▶ 增、删行或列

04 将光标置入 C2 单元格（即 "2" 所在行与 "C" 所在列的交叉区域，下同）以激活表格，并将表格工具栏（见图 2-36）切换到【布局】选项卡⊘；在【行和列】组⊘中单击【在上方插入】图标，观察新行及其位置；类似地，再将光标置于 C2 单元格中，单击【在右侧插入】图标，观察新列及其位置。

05 将光标置于 "F" 所在单元格，单击【行和列】组⊘右下角的对话框启动器，打开【插入单元格】对话框⊘；选中【整列插入】单选按钮，单击【确定】按钮后观察新增列及其位置。

06 将光标置于 D6 单元格，多次按 Shift+Tab 组合键（按住 Shift 再按 Tab）观察光标的移动；多次按 Tab 键，直到光标到达最后一个单元格；再按 Tab 键，观察表格尾部增加的新行。

07 将光标置于 E4 单元格，在【行和列】组⊘中单击【删除】图标，从展开的【删除】面板⊘中执行【删除行】命令。类似地，再分别删除 B 和 E 所在的列，删除 5 所在的行。

▶ 单元格的插入与删除

08 在表格的最后一个单元格中输入"末尾"，打开【插入单元格】对话框🔍，选中【活动单元格右移】单选按钮后观察表格的变化；接着在【行和列】组中执行【删除】|【删除单元格】命令，在弹出的【删除单元格】对话框🔍中选中【右侧单元格左移】单选按钮，单击【确定】按钮，观察表格的变化。

💡   增删单元格会破坏结构，建议以其他操作替代。

09 光标置于任意单元格中并输入个人姓名，打开【插入单元格】对话框🔍，选中【活动单元格下移】单选按钮，单击【确定】按钮后观察表格的变化；将光标置于个人姓名之上的单元格中，打开【删除单元格】对话框🔍，选中【下方单元格上移】单选按钮并单击【确定】按钮，观察表格变化。

▶ 单元格的拆分与合并

10 拖曳鼠标选中 G2 至 H3 单元格区域，在【合并】组🔍中单击【合并单元格】图标；选中合并后的单元格，再单击【拆分单元格】图标，合理指定行数和列数，还原成初始状态；将光标置于 F2 单元格，单击【拆分单元格】图标，指定拆分的行数为 2、列数为 3，单击【确定】按钮后执行拆分。

11 在【绘图】组🔍中单击【橡皮擦】图标，擦除 D2 和 D3 之间的分割线，观察效果；单击【绘制表格】图标，用画笔将 A2 单元格分拆成 2 行 3 列的 6 个小单元格。

💡   表格绘图工具可实现单元格的拆分与合并。

12 在 D6 中插入一张 2 行 3 列的表格，观察与 F2 和 A2 单元格拆分效果的不同。

💡   在单元格中嵌入表格不同于单元格拆分。

▶ 表格的拆分与合并

13 将光标置于 A3 单元格，在【合并】组🔍中单击【拆分表格】图标，观察表格拆分情况及两表之间的段落标记（回车符）；使用 Delete 键删除两表间的回车符，观察相邻两表的重新合并。

💡   当前或被选单元格被分拆到第二张表中。

▶ 其他编辑操作

14 确认表格位于文档之首🔍，将光标置于第一个单元格内所有内容之前，按 Enter 键，观察光标位置并输入"表格前无段落时强行增加段落"；再如上述重新定位好光标，再按 Enter 键，观察光标新位置，并输入"表格前已存在段落"。

15 将文档保存为 W11.docx，并退出 Word 程序。

任务总结

　　表格的编辑主要包括行和列的插入与删除，单元格的拆分、合并、插入和删除，通过这些基本操作，就可以设计出满足需求的表格结构。另外，表格的编辑还包括以及表格的拆分与合并等。

任务验收

知识和技能签收单（请为已掌握的项目画√）

认识表格管理工具		单元格的拆分与合并	
增、删行或列		表格的拆分与合并	
单元格的插入与删除		—	

微任务 **W12** 格式化表格

任务简介

利用表格格式化工具对表格进行个性化设置。

任务目标

　　学会调整表格单元格大小；对齐方式与文本方向；设置重复标题行；熟悉表格属性对话框。

关联知识

　　表格的格式化仍然主要借助于表格工具实现，在【表设计】选项卡和【布局】选项卡中都有涉及。格式化表格的目的是让表格美观好看，如可设置单元格内文本对齐、设置表格边框和底纹，设置行高、列宽，添加重复标题行等。

1. 对齐方式

单元格是一个矩形容器，文本在单元格中的位置可从水平（左、中、右）和垂直（上、中、下）两个维度考虑，在【布局】选项卡的【对齐方式】组（见图2-40）中的"九宫格"，正好与9种文本对齐方式对应。

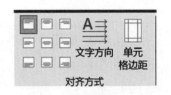

图2-40 【对齐方式】组

2. 边框与底纹

Word 表格由多种边线把表格区域划分成若干个单元格，其边框和底纹的功能较为丰富，既可作用于表格，也可作用于单元格或选定的单元格区域；在【表设计】选项卡中有专用的边框和底纹工具，如图2-41所示。

利用【布局】选项卡的【绘图】组（见图2-42）工具也可设置表格边框，常与【边框】组中的工具配合使用。此外，在【开始】选项卡【段落】组中，【边框】工具也可设置表格的边框和底纹。

图2-41 表格的边框和底纹工具

图2-42 【绘图】组

除表格格式化基本功能外，Word 还在【表设计】选项卡中的【表格样式】组（见图2-43）库中提供了一些常用的表格样式库，以便用户根据工作需要高效地套用格式。

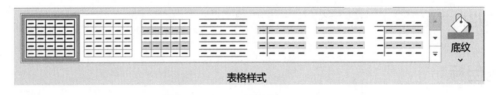

图2-43 【表格样式】组

🚚 任务实施

01 打开 W12A.docx 文档；执行【设计】选项卡|【颜色 】|【Office】命令；拖曳表格尺寸控点，将表格宽度大约缩至原来的3/4；选中表格，执行【开始】选项卡|【居中】命令，将表格水平居中；【表格工具】切换至【布局】选项卡🔍。

▶ 调整行高、列宽

02 用鼠标向下拖曳"丁一"和"小米"两行间的水平边线🔍，观察行高变化；用鼠标向左拖曳"姓名"和"语文"两列间的垂直边线 ，观察列宽变化。

03 选中表格，在【单元格大小】组 的【高度】文本框中输入"6 厘米"后按 Enter 键确认，在【宽度】文本框中输入"3.2 厘米"后按 Enter 键确认；类似地，将光标置于第 1 行并在【高度】文本框中输入"3 厘米"，将光标置于第 1 列并在【宽度】文本框中输入"2.4 厘米"。

▶ 调整单元格

04 选中"李四"两个字，观察选取区域 ，此时拖曳该单元格的右边线，观察列宽变化；向下拖曳其下边线，观察行高的变化。

05 将鼠标指针从"李四"单元格向左移动，直到变成指向右上方向实心箭头 ，单击鼠标左键，观察选取的区域；此时拖曳该单元格的右边线，观察单元格宽度变化。

▶ 对齐方式与文本方向

06 选择表格首行，在【对齐方式】组（见图 2-40）的"九宫格"中，单击【靠上居中对齐】图标；类似地，选择表格首列，将其对齐方式设为"中部左对齐"（或"中部两端对齐"）；表中其他单元格设置为"水平居中"。

07 选取"姓名"所在的单元格，在【对齐方式】组（见图 2-40）中将文字方向由"水平排列"改为"垂直排列"，并观察"九宫格"中各图标名称的变化，并将对齐方式改为"中部居中"。

注意区分表格对齐方式与文本对齐方式。

▶ 设置重复标题行

08 将插入点置于最后一行，并逐行上移，并观察【数据】组 中【重复标题行】的状态；当光标上移到表格的首行时，单击【重复标题行】图标后，分别观察文档各页的表格首行内容。

▶ 自动调整

09 利用【单元格大小】组 ，选中表格，再将行高设置为 0 厘米，观察行高可接受的最小值；第 1、3 行行高分别设置为 1.2 厘米、2.7 厘米，其他行行高任意调整；选取第 2 行到尾行，单击【分布行】图标；单击【自动调整】|【根据内容自动调整表格】命令，拉宽最后一列，选取第 2 列到尾列，单击【分布列】图标。

▶ 设置边框与底纹

10 选择整张表，在【表设计】选项卡的【边框】组（见图 2-41）中单击【边框】按钮，展开【边框】面板 ，执行【边框和底纹】命令，打开【边框和底纹】对话框 ；设置表格外框线为 1.5 磅、蓝色、双实线，内框线为 0.75 磅、红色、单实线；设置首行的下框线为 1.5 磅、蓝色、双实线。

11 选择首行，在【表格样式】组（见图 2-43）中单击【底纹】图标，再在展开的【底纹颜色】面板◎中选择【绿色，淡色 80%】选项；类似地，将其他行设置为"金色，淡色 80%"。

▶ **【表格属性】对话框**

12 右击表格，执行【表格属性】命令，打开【表格属性】对话框◎，单击【边框和底纹】按钮，观察【边框和底纹】对话框后将其关闭。

13 在【表格属性】对话框◎的【表格】选项卡中，单击【选项】按钮，打开【表格选项】对话框◎，截图备用；切换到【行】选项卡，了解各项含义，查看或设置各行信息；类似地，切换到【列】选项卡，查看或设置各列信息；在【单元格】选项卡中单击【选项】按钮，打开【单元格选项】对话框◎，截图备用。

 单元格选项仅对所选的表格区域有效。

14 激活表格，在【对齐方式】组（见图 2-40）中单击【单元格边距】图标，打开【表格选项】对话框◎，将上、下、左、右边距均设为 0.5 厘米，单击【确定】按钮后观察各单元格内容与边线距离◎；打开【表格选项】对话框◎，勾选【允许默认单元格间距】复选框并设置其为 0.1 厘米，单击【确定】按钮后观察各单元格的间距◎。

表格选项影响所有单元格的默认设置。

15 将此前步骤中备用的截图复制到文件尾，保存为 W12B.docx；提交作业。

任务总结

表格的格式化主要包括设置文本对齐方式、自动套用格式、边框与底纹等。对于跨页表格，可以设置重复标题行，使表格内容更清晰。

任务验收

知识和技能签收单（请为已掌握的项目画 ✓）

调整行高、列宽		设置重复标题行	
调整单元格		设置边框与底纹	
对齐方式与文本方向		【表格属性】对话框	

综合实训 W.C 制作学籍档案表

在 Word 文档中创建如图 2-44 所示的学生入学学籍档案表。要求：表格在整张页面中布局合理；利用字符和段落格式化技术进行排版，不得利用空格或空行代替排版。

学生入学学籍档案表

填表日期：　　年　月　日

姓　　名		性　别		出生日期		
曾 用 名		民　族		政治面貌		（贴照片处）
毕业学校				籍　　贯		
家庭详址				邮政编码		

家 庭 主 要 成 员				
称谓	姓名	工作单位	职务	联系电话

个 人 主 要 经 历			
起止年月	工作或学习单位	证明人	联系电话

其他需要说明的问题	
	本人签名： 　　　　年　月　日

图 2-44　学生入学学籍档案表

微任务 W13 处理基本图形对象

任务简介

Word 2019 除了具有丰富的文字处理能力，还具有较强的图形处理能力。本任务将以图片为例，介绍基本图形对象的处理方法。

任务目标

学会在 Word 文档中插入图片；图形基本操作；图形效果格式化；屏幕截图功能。

关联知识

在【插入】选项卡的【插图】组（见图 2-45）中提供了丰富的媒体类型或来源，如图片、联机图片、形状、SmartArt、图表、屏幕截图等。本任务以图片为例学习基本图形的处理方法。

图 2-45 【插图】组

1. 图片分类

Word 支持的图片种类很多，但总体上可以分为点阵图和矢量图两大类。常用的 bmp、gif、jpg 等格式的图形在放大或旋转时容易失真，因为它们是由固定数量的像素点构成的点阵图；cdr、ai、wmf、eps 等格式的图形在被放大或旋转时不会失真，因为它们是根据图像的几何特性计算绘制而成，属于矢量图。

点阵图的图像质量和像素数量是决定图片文件存储容量大小的重要因素。对相同质量的图片，其像素量越多，其所需的存储空间越大。在图像尺寸相同的情况下，图像质量越高，其所占用的存储空间越大。在实际应用中，常常利用图像压缩技术以减小点阵图像的存储空间，既包括保持图像质量的无损压缩（如 png 格式），也包括牺牲图像质量的有损压缩（如 gif、jpg 格式）。bmp 格式可视为无压缩的点阵原图。

2. 插入图片

在【插入】选项卡的【插图】组中，单击【图片】图标，可向文档中插入图片，图源既可以是此设备，也可以是联机图片（需要联机支持）。

在【插图】组中还提供有【屏幕截图】功能，可以智能监视可用的视窗（非最小化的窗口），截取其图像并插入当前文档中；也可以截取任意矩形，方便用户从屏幕图像截取个人关注的区域图像。【屏幕截图】面板如图 2-46 所示。

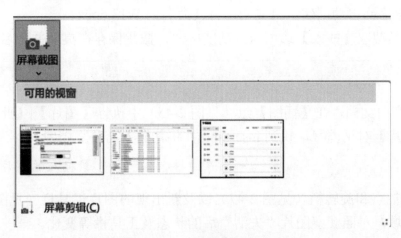

图 2-46 【屏幕截图】面板

此外，借助第三方截图工具或方案，也可将其截取的图像粘贴到当前文档中。

3．图片格式化

激活 Word 文档中的图形对象，如图 2-47 所示，其周边将出现 8 个控点和 1 个圆形旋转柄；拖曳它们，可以改变图片的宽度、高度或旋转角度等。

图形对象被激活，选项卡中将出现【图片工具】工具栏，如图 2-48 所示，利用其中的工具可对图片进行更多设置，如设置样式、调整颜色、设置边框、调整亮度和对比度等。

图 2-47 图形及其激活状态

图 2-48 图片工具栏

任务实施

01 启动 Word 程序并自动创建空白文档,将其命名为 W13.docx。

02 用第三方工具截取【插入】选项卡的功能区⊘,截图保存在桌面并命名为 insert.jpg。

▶ **插入图片**

03 激活 Word 空白文档,在【插图】组(见图 2-45)中执行【图片】|【此设备】命令,打开【插入图片】对话框⊘,找到 insert.jpg 并将其插入当前文档中。

> 新插入的图片将被自动激活。

04 观察图片的控点和旋转柄(见图 2-47)以及新出现的图片工具栏(见图 2-48);单击图片之外的区域,对照观察图片"失活"后的状态及工具栏等变化。

▶ **图形基本操作**

05 单击(激活)图片,任意拖曳其控点以改变图片的大小,拖曳其旋转柄任意将图片旋转。

06 在【大小】组⊘中,在【高度】文本框和【宽度】文本框中分别输入 1.2 厘米和 12.0 厘米,观察效果;单击该组的对话框启动器,打开【布局】对话框⊘,在其【大小】选项卡中取消对【锁定纵横比】复选框的勾选,再输入上述高度和宽度,单击【确定】按钮后观察图片大小。

> 设置宽高时图像的纵横比默认锁定。

07 在【排列】组中⊘,单击【旋转】图标,展开【旋转】面板⊘,将鼠标指针悬动于各选项,观察图片旋转;在【旋转】面板⊘中执行【其他旋转选项】命令,再次打开【布局】对话框⊘,观察或设置其中的旋转参数,确认后观察图片效果。

08 在【大小】组中⊘,执行【裁剪】命令,观察图片周边的裁剪框⊘;拖曳裁剪框刚好包围【插图】组(见图 2-45)的区域;单击图片之外的区域进行确认,观察图片变化;重新执行裁剪命令,拖曳裁剪线还原整个图像,确认后观察效果。

> 裁剪框之外的图像都将被隐藏。

▶ **图形效果格式化**

09 激活图片,在【调整】组⊘中,单击【校正】图标,打开【校正】面板⊘,将鼠标悬停在不同的效果图上观察图片变化;单击自己喜欢的效果。

10 再次打开【校正】面板⊘,执行【图片校正选项】命令,打开【设置图片格式】窗格⊘,观察并设置其中的参数后关闭该窗格;在【调整】组⊘中执行【重置图片】|【重置图片和大小】命令,观察图片变化。

11 参照第 9~10 步,试用【颜色】、【艺术效果】、【压缩图片】等功能;自行调整图片效果截图备用。

12 在【图片样式】组 ⊘ 中，展开【快速样式】面板，用鼠标悬于各样式并观察图片效果；综合利用该组功能，将图片最终设置为棱台透视、浅蓝色 4.5 磅边框、松散嵌入棱台的综合效果，截图备用。

▶ Word 的屏幕截图功能

13 在 Windows 中分别打开记事本、Windows 设置、控制面板（或其他）等多个窗口；激活 Word 文档，单击【插入】选项卡|【屏幕截图】图标，在【屏幕截图】面板（见图 2-46）的【可用的视图】选区中单击"记事本"选项，观察插入的新图片。

> 【可用的视图】应保持非最小化状态。

14 先激活拟截图的界面（如控制面板），再激活 Word 文档；在【屏幕截图】面板中执行【屏幕剪辑】命令，待 Word 当前窗口自动隐藏后，用鼠标左键拖曳截取自己喜欢的小区域图案。

15 将备用图像加入该文档并保存，退出 Word 程序，提交作业。

 任务总结

　　点阵图（如 BMP）是由固定数量的点（像素）组成，矢量图是依据图形特定参数计算后绘制的；在图形被放大或旋转时，前者容易失真、而后者不会失真。点阵图又可分为压缩图片和无压缩图片，压缩图片又可分为有损压缩和无损压缩等格式。

　　对基本图形包括插入、删除、缩放、旋转、对齐等；此外还包括调整各类效果、设置各种样式等。

　 任务验收

知识和技能签收单（请为已掌握的项目画 √ ）

插入图片		屏幕截图	
图形基本操作		图形效果格式化	

 微任务 **W14** 绘制和管理形状

　 任务简介

Word 2019 提供了丰富的形状，方便用户使用。

任务目标

学会在 Word 文档中插入形状；多选形状；组合形状；形状层叠管理；编辑形状样式以及编辑形状等操作。

关联知识

形状

形状也被称作自选图形，形状包括线条、基本几何图案或由它们组合而成的复杂图案。

Word 提供了丰富的形状，在【插入】选项卡的【插图】组中单击【形状】图标，将展开如图 2-49 所示的【形状】面板，主要包括线条、矩形、基本形状、箭头、流程图、星与旗帜和标注等多个类别。

在【形状】面板中，单击某个形状，鼠标指针将变成十字形（+）；用鼠标左键在文档中拖曳，则从拖曳起点绘制形状，其大小以释放鼠标时确认。在绘制形状（如矩形）的过程中，若按住 Shift 键配合，形状的长和宽进行同比例缩放（得到正方形）；若按住 Ctrl 键，形状则以拖曳起点为"中心"进行缩放（得到矩形）；若同时按住 Ctrl+Shift 键，形状则以拖曳起点为"中心"进行同比缩放（得到正方形）。

形状被激活后，与基本图形一样其周边出现 8 个控点和 1 个旋转柄，如图 2-50 所示。部分形状的关键点位可能还会出现黄色圆形的调整柄，拖曳它们可对形状进行局部调整。形状被激活后，选项卡中将出现绘图工具栏（见图 2-51），利用其中的工具可对形状进行更多的管理和控制。

图 2-49　【形状】面板

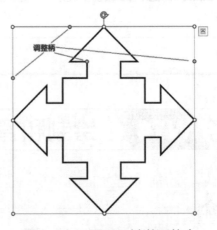

图 2-50　图形及其激活状态

图 2-51　绘图工具栏

　　右击文档中的形状，将弹出其快捷菜单，如图 2-52 所示；同时还会显示浮动工具栏，如图 2-53 所示。用好这些快捷工具有助于提高工作效率。

图 2-52　快捷菜单

图 2-53　形状浮动工具栏

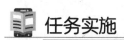 任务实施

01 启动 Word 程序，并将当前空白文档命名为 W14.docx。

▶ 插入形状

02 执行【插入】选项卡|【形状】图标，打开【形状】面板（见图 2-49），从其选用【矩形】形状后观察鼠标指针形状；用鼠标左键在文档中拖画一个长方形区域并释放左键，观察插入的长方形，同时观察绘图工具栏（见图 2-51）。

03 从【形状】面板（见图 2-49）的【箭头汇总】选区中选用【标注：十字箭头】形状，插入后观察并拖曳其黄色的调整柄，观察形状的变化；再插入一张【笑脸】形状，向上拖曳其调整柄，将其变成"哭脸"。

新插入的形状自动处于激活状态。

04 在【形状】面板中选择【矩形】形状，拖画长方形，并继续按住左键；按住 Ctrl 键观察图形变化，再拖曳左键进行缩放并改变纵横比，观察形状"中心"及纵横比等变化；继续按住鼠标左键，但改按 Shift 键，继续任意拖曳鼠标并观察；释放鼠标插入一个正方形；

类似地再插入一个正圆形状。

> 按住 Shift 键可锁定形状纵横比，按住 Ctrl 键可锁定形状中心。

▶ 多选形状

05 单击某个形状，再单击另一个形状，观察选中结果；按住 Ctrl 或 Shift 键，再单击其他形状，观察多个形状同时被选中；用鼠标左键拖曳其中任一个，观察移动效果。

06 在【排列】组中单击【选择窗格】图标，打开【选择】窗格，观察现有形状及其命名。

07 在【选择】窗格中，单击某形状名并观察对应形状的变化；单击形状名右侧的"眼睛"标识，观察隐藏或显示效果；按住 Ctrl 键逐个单击多个形状名，按住 Shift 键逐个单击形状名，分别观察选择效果。

▶ 组合形状

08 保持多个形状被选中，在【排列】组中执行【组合】|【组合】命令，观察组合形状并截图备用；单击文档空白处使其"失活"，再单击组合形状的任意部分并拖曳；再执行【取消组合】命令，观察效果后取消选择。

> 将多个形状组合为一体，方便移动和管理。

▶ 形状叠层管理

09 将正方形、正圆形和笑脸等形状靠近且互有重叠，观察形状层叠关系；单击顶层的形状，在【排列】选项卡中，利用【下移一层】或下拉菜单将其逐层下移直至底层；然后再将该形状逐层向上移动直到顶层。

10 将文档中的笑脸、正方形、正圆、长方形、十字箭头等形状由顶向下逐层排列，将形状层叠效果截图备用；选中所有形状，并将其从文档中删除。

▶ 编辑样式

11 在文档中输入"中国人民解放军"，并设为三号、仿宋体、红色、加粗，段落居中对齐。

12 插入一个五角星，将其长和宽都设置成 6 厘米；在【排列】组中，将形状设置为【水平居中】，观察文字和五角星的位置关系。

13 在【形状样式】组中，执行【形状填充】|【无填充】命令，观察文字和五角星的位置关系；再将五角星设置红色形状填充，4.5 磅、黄色轮廓填充。

14 右击五角星，在弹出的快捷菜单（见图 2-52）中执行【添加文字】命令，在五角星中输入"八一"；在【文本】组中将文字方向设为"垂直"，对齐文本设为"居中对齐"；调整字体大小以便在五角星内容下。

15 选中五角星，在【艺术字样式】组中，将文本填充设为黄色、轮廓效果设为"棱台-圆形"，参考效果如图 2-54 所示。

图 2-54　参考效果

▶编辑形状

16 向文档中插入一个【心形】形状，在【插入形状】组中单击【编辑形状】图标，展开编辑形状菜单，单击【更改形状】|【泪滴形】形状。类似地，再改为【矩形：圆角】。

17 在编辑形状菜单中，执行【编辑顶点】命令，观察形状的编辑状态及编辑顶点；任意拖曳任一顶点，观察形状的变化；在拖曳任意连线，观察形状变化；右击连线或顶点，打开顶点快捷菜单，观察菜单及命令含义，截图备用。

18（选做）在文档中插入一个长:宽≈3:1 的椭圆，利用编辑顶点功能将其改造成简易的葫芦图案或我国宝岛台湾的轮廓图案。

编辑顶点可对形状进行个性化定制。

19 将备用截图插入文档尾部，保存并关闭文档，提交作业。

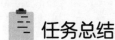 任务总结

形状编辑功能包括插入、添加文字、选取、移动、复制、删除；形状格式功能包括样式、边框、底纹、效果、大小调整、旋转；形状关系功能包括叠放次序、组合、分布与对齐。

📖 任务验收

知识和技能签收单（请为已掌握的项目画✓）

插入形状		形状叠层管理	
多选形状		编辑样式	
组合形状		编辑形状	

 **W15** 编排文本框和艺术字

🖥 任务简介

在 Word 文档中使用和编排文本框和艺术字。

任务目标

学会绘制文本框；插入内置文本框；定制文本框；文本框链接以及插入艺术字。

关联知识

图 2-55 【文本】组

文本框是一种可以容纳图文内容的矩形容器，艺术字是文本框的定制变体，更专注于文本的艺术效果。【插入】选项卡【文本】组（见图 2-55）中的工具就可相应插入文本框和艺术字两种目标对象。

1. 文本框

文本框可在矩形区域内管理图文信息。

在【文本】组中，单击【文本框】图标，展开【文本框】面板（见图 2-56），其中可见Word 内置的文本框模板或 Office.com 文本框模板；必要时，用户也可以自行绘制文本框（横排）或竖排文本框。

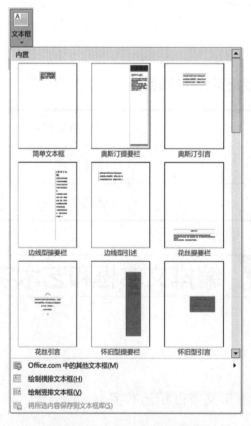

图 2-56 【文本框】面板

文本框也是形状的子类型，在【形状】面板的【基本形状】选区中有【文本框】和【竖排文本框】两种文本框类型；文本框被激活后同样显示【绘图工具】工具栏，右击文本框也会弹出类似的快捷菜单和浮动工具栏。因此对文本框和形状都具有一致性的操作方法，不再赘述。

2．艺术字

艺术字是具有特殊效果的文字，多用于广告宣传、文档标题等，以达到强烈、醒目的外观效果。单击【文本】组（见图2-55）中的【艺术字】图标，将展开【艺术字】面板，如图2-57所示。

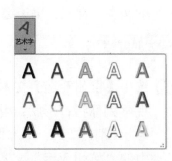

图2-57 【艺术字】面板

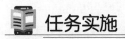 **任务实施**

01 启动 Word 程序，并将其空白文档命名为 W15.docx。

▶**绘制文本框**

02 在【插入】选项卡的【文本】组（见图2-55）中单击【文本框】图标，展开【文本框】面板（见图2-56）；执行【绘制横排文本框】命令，用鼠标拖绘文本框，并在其中输入"第一文本框"；类似地，执行【绘制横排文本框】命令，输入"第二文本框"；选中横排文本框"第二文本框"，在其绘图工具的【格式】选项卡【文本】组⊘中执行【文字方向】|【水平】命令后观察效果。

> 两类文本框的区别在于文字方向不同。 💡

03 单击【插入】选项卡|【插图】组|【形状】图标，在【形状】面板⊘中找到【文本框】和【竖排文本框】图标；插入文本框，将"杭州亚运.txt"文件内容复制于其中，任意设置其字符和段落格式，并在文本尾部追加图片 hongzhou2022.jpg。

> 文本框支持图文信息及格式化。 💡

04 将光标置于"第一文本框"中，再在【插入】选项卡的【文本】组（见图2-55）中单击【文本框】图标，观察展开的【文本框】面板⊘，任选绘制一种文本框。

▶**插入内置文本框**

05 插入点置于文本框之外，展开【文本框】面板（见图2-56），从内置的文本框库中选择【奥斯汀引言】选项，观察其外观及内容格式；为文本框添加蓝色、1磅边线，清除其文本格式，去除其段落边框。

> 内置文本框预制有内容和格式。 💡

▶**定制文本框**

06 单击"杭州亚运"文本框边框，展开【文本框】面板（见图2-56）并执行【将所选内容保存到文本框库】命令，在打开的【新建构建基块】对话框◎中，名称指定为"My 文本框"并单击【确定】按钮（若已存在则将其覆盖）。

07 插入点置于文本框之外，重新打开【文本框】面板，观察其常规区（截图备用）中自定义的文本框样式；单击选用自定义的文本框样式，观察文档变化，撤销本次操作。

▶ 文本框链接

08 选中【杭州亚运】文本框，在其绘图工具的【文本】选项卡◎中单击【创建链接】图标，观察鼠标指针形状；用左键单击"第一文本框"，观察提示信息，按 Esc 键还原鼠标指针形状；清空"第一文本框"，再执行创建链接操作，观察两个文本框内容的变化；调整"链"中的"杭州亚运"文本框的大小，同时观察两个文本框的变化。

> 💡 链接由源文本框到目标文本框。

09 清空"第二文本框"内容，再从原来的"第一文本框"链接到该文本框；分别调整"链"中前面两个文本框的大小，让容纳不下的内容显示在"链"的最后一个文本框中。

10 选中【杭州亚运】文本框，执行【断开链接】命令，观察原"链"中各文本框的变化；缩小原"第一文本框"尺寸并在其中任意输入较多内容，观察其与原"第二文本框"的链接效果。

> 💡 文本框支持多级线型链接。

11 在文档中插入一个圆角矩形；断开"杭州亚运"文本框的原有链接，再创建到圆角矩形的链接，观察提示信息；对圆角矩形执行【添加文本】命令（内容保持为空），再创建链接到圆角矩形，观察结果。

> 💡 形状中添加文本后具有文本框特性。

▶ 插入艺术字

12 在【插入】选项卡的【文本】组（见图 2-56）中单击【艺术字】图标，展开【艺术字】面板（见图 2-57）；从艺术字库中点选个人喜欢的艺术字样式，观察文档中出现的艺术字框，同时观察选项卡中出现的绘图工具栏◎。

13 清空艺术字框中原有内容，并在其中输入"ITabc 自助学习"，再自行设置和调整其格式；将艺术字框中的内容移动到文档中，删除艺术字框；选中刚移出的内容，打开【艺术字】面板（见图 2-57）并选取同样的艺术字样式，观察效果。

14 激活艺术字，将其形状轮廓填充设置 0.5 磅、黑色实线；在【开始】选项卡的【样式】面板◎中执行【清除格式】命令，观察其文本框"面目"；激活该艺术字框，打开【文本效果和版式】面板◎中选取艺术字样式，再设置字号为 36 磅，观察其艺术字"面目"；将艺术字框截图备用。

> 💡 艺术字样式不同于艺术字框。

15 将艺术字框内容清空，从"杭州亚运"文本框向其创建链接，调整文本框大小，让内容在艺术字框中可见，并观察其中图文格式及效果。

艺术字框实质上就是文本框。

16 将备用截图复制到文档尾部；关闭并保存文档，提交作业。

任务总结

　　文本框是形状的子集；文本框一种可以管理图文格式的矩形容器；艺术字是文本框定制的变体，更专注于文本的艺术效果；形状、文本框和艺术字都具有相同的绘图工具栏，其管理和应用都具有较高的一致性。

任务验收

知识和技能签收单（请为已掌握的项目画✓）

绘制文本框		文本框链接	
插入内置文本框		插入艺术字	
定制文本框		—	

微任务 W16　编排公式

任务简介

在 Word 文档中编排公式。

任务目标

学会在文档中插入公式；插入新公式；转换公式格式；手写输入公式。

关联知识

公式

在 Word 文档中经常需要输入公式，Word 应用程序提供了强大的公式处理能力。

单击【插入】选项卡|【符号】组|【公式】图标，将打开如图2-58所示的【公式】面板。其中，内置了系列常用公式，使用时只需单击相似的公式即可将其插到插入点，必要时用户再根据需要进行修改即可。

当【公式】面板中没有现成的公式可用时，只需要执行【插入新公式】命令，文档插入点处将插入公式输入框（见图2-59），等待用户输入公式；选项卡中同步会出现公式工具栏，如图2-60所示，以帮助用户输入或编辑公式。

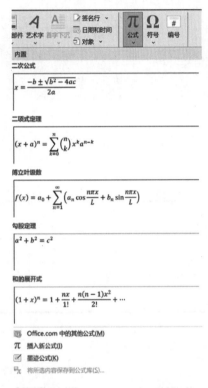

图 2-58　【公式】面板　　　　　　　图 2-59　公式输入框

图 2-60　公式工具栏

在【公式】面板中单击【墨迹公式】命令，打开【数学输入控件】面板（见图 2-61），用户可在其中手写输入公式；单击【插入】按钮，则可将系统识别后的公式插入文档中；另外，从 Windows7 起，其附件中都提供了具有类似功能的数学输入面板工具。

图 2-61　【数学输入控件】面板

任务实施

01 启动 Word 程序并自动创建空白文档。

▶ 插入公式

02 单击【插入】选项卡|【公式】图标，打开【公式】面板（见图 2-58）；单击【勾股定理】公式，观察新增的公式框及其公式，同时观察窗口顶部出现的公式工具栏（见图 2-60）；将插入点置于公式尾部，按 Enter 键以结束公式编辑。

新插入的公式自动被激活。💡

▶ 插入新公式（勾股定理斜边公式）

03 打开【公式】面板（见图 2-58），执行【插入新公式】命令，用键盘输入 "c="；在【结构】选项卡🔍中执行【根式】|【平方根】命令；在公式框中单击根号下的方框以定位输入点，再执行【上下标】|【上标】命令；在上标的大框中输入 a，按键盘中的→键，在小框中输入 2；按→键后再输入 "+"，类似地再用【上下标】工具输入 b 和 2。

▶ 转换公式格式

04 激活公式，单击公式输入框（见图 2-59）右下箭头，展开公式选项菜单🔍；执行【对齐方式】|【左对齐】命令并观察效果；在公式选项菜单🔍中，执行【线性】命令，观察效果；再执行【专业】命令，观察效果。

05 同样方法，输入氢气燃烧公式 $2H_2 + O_2 = 2H_2O$；输入万有引力公式 $F = G\dfrac{M_1 M_2}{\gamma^2}$；输入男性肾小球滤过率公式 $CFR = \dfrac{(140 - 年龄) \times 体重(kg)}{72 \times 血Cy}$ 等。

▶ 手写输入公式

06 在【公式】面板（见图 2-58）中执行【墨迹公式】命令，则打开【数学输入控件】对话框（见图 2-61），手写输入圆面积公式🔍，正确识别后插入 Word 文档中。

07 （选做）打开 Window 开始菜单，在其附件中找到【数字输入】面板（Math Input Panel）工具，手写输入水分解公式 $2H_2O = 2H_2 + O_2$。

08 将文档保存为 W16.docx，并退出 Word 程序。

 任务总结

　　Word 的公式编辑器，提供了丰富的公式组成部件，将这些部件适当地组合在起来，就很好地解决了复杂公式的输入问题。Word 公式有专业型和线性两种呈现方式，其中线型公式占用一个文本行，方便利用键盘直接输入。

📖 **任务验收**

知识和技能签收单（请为已掌握的项目画✓）

插入公式		手写输入公式	
插入新公式		转换公式格式	

微任务 W17 图文混排

🖥 **任务简介**

在 Word 文档中设置图形、表格、公式等块状结构与文本的位置关系，实现图文混排。

🖋 **任务目标**

学会将图片、形状、文本框、艺术字、表格以及公式等块状结构与文本流有机地结合到一起。

🎓 **关联知识**

图文混排

在 Word 文档中，图片、形状、图表、艺术字、SmartArt、文本框等都是图形对象；图形对象、Word 表格和公式等都是块状结构，将它们与文本流有机地结合到一起，这就涉及到混合排版问题。

通常情况下，块状结构的高度与文本行的高度经常不一致。当前者不大于后者时，块结构嵌入文本行中不影响排版效果；当前者远大于后者时，将块结构直接嵌入文本流中将会影响排版效果。

Word 较好地解决了上述图文混排问题。对图片、形状等图形对象，在其工具栏的【格式】选项卡的【排列】组中，一般都备有【环绕文字】面板（见图 2-62）和【位置】面板（见图 2-63），可用以设定图形对象与文本流的混排方式。

对 Word 表格，其【属性】对话框（见图 2-64）中的【文字环绕】选区可以设置文本对表格的环绕方式。

公式与文本之间主要有内嵌和显示两种混排方式，主要通过公式选项菜单（见图 2-65）

中的【更改为…】命令进行改变。

图 2-62 【环绕文字】面板

图 2-63 【位置】面板

图 2-64 【表格属性】对话框

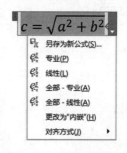

图 2-65 公式选项菜单

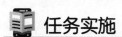 **任务实施**

01 启动 Word 程序，打开文档 W17A.docx，并另存为 W17B.docx，并将全文字体设置为楷体、四号。

▶ **图片与文字混排**

02 在文档中插入 Tulips.jpg 图片，改变图片大小至原来的 1/6 左右；在图片工具栏 ⊕ 的【格式】选项卡【排列】组中，单击【环绕文字】图标，打开【环绕文字】面板（见图 2-62），查看图片目前的环绕文字方式；用鼠标左键拖曳图片至文本的不同位置，图片与文本流的排列关系。

新插入的图片默认嵌入文本流中。

03 激活图片,在【环绕文字】面板(见图2-62)中,将其环绕方式改为【上下型环绕】,观察混排效果;拖曳图片到不同的行位置,观察效果;再改为【浮于文字上方】,再拖曳改变图片位置,观察效果。

04 激活图片,在【环绕文字】面板中单击【其他布局选项】,在【布局】对话框中观察【环绕方式】,选择【四周型】选项,并适当修改"环绕文字"和"距正文",观察混排效果。

▶ 形状等与文字混排

05 在文档中插入任意形状(如七角星),观察其默认混排方式,打开其环绕文字面板(见图2-62)予以确认;在【排列】组中,单击【位置】图标,展开【位置】面板(见图2-63),并从中选择【底端居左,四周型文字环绕】选项,观察效果。

06 在文档中插入一个文本框,观察其默认混排方式,打开【布局】对话框确认混排信息;打开其位置面板,并从中选择【顶端居右,四周型文字环绕】选项,观察效果。

形状和文本框默认背景色不同。

07 插入一个艺术字,观察其默认混排方式、背景色;在其中输入"图文混排",并将其设置成"中部居中,四周型文字环绕",观察效果。

艺术字背景默认无颜色。

▶ 表格与文字混排

08 在文档中创建一个2行2列的表格,列宽均设为2.4厘米,行高均设为1.2厘米;打开【表格属性】对话框(见图2-64),观察默认的文字环绕设置后,关闭该对话框。

新插入的表格默认无文本环绕。

09 把表格在文本流中拖曳,观察其环绕效果;再打开【表格属性】对话框(见图2-64),观察文字环绕设置发生的变化;对齐方式设置为居中,单击【确定】按钮后看效果。

新插入表格被拖曳后默认变为文本环绕。

10 打开【表格属性】对话框,单击【定位】按钮,打开【表格定位】对话框,观察表格定位设置信息;将水平方向设置为相对于【页面】和【右侧】位置,将垂直方向设置为相对于【页边距】和【底端】位置,观察定位效果。

▶ 公式与文字混排

11 在文本行中插入勾股定理公式,打开公式选项菜单(见图2-65);将该公式设置为【内嵌】和【线性】,观察混排关系;再设置为【显示】、【专业】和【右对齐】,观察混排关系。

12 在空白行中插入任意公式,观察其环绕方式;用鼠标左键按住公式框左上角的拖曳柄,并将其移动到文本行中,观察其环绕方式的变化;再次其移动到空白行中,再观察其环绕方式。

 公式移入文本行自动变为内嵌，移入空白行自动变为显示。

▶ **结束任务，提交作业**

13 保存 W17B.docx 文档，并将其提交作业。

 任务总结

　　在 Word 文档中插入图形对象、Word 表格和公式等块状结构时，就需考虑它们与文本之间的混合排版（简称图文混排）问题。但对不同类型的块状结构，处理混排的处理方式也不尽相同：图形类对象（如图片、形状、文本框和艺术等）由其相应工具栏中的【环绕文字】等设置，表格由其属性对话框中的【文字环绕】设置，公式则由其【公式选项】菜单设置。

任务验收

知识和技能签收单（请为已掌握的项目画√）

图片与文字混排		公式与文字混排	
形状与文字混排		文本框与文字混排	
表格与文字混排		艺术字与文字混排	

微任务 **W18** 页面设置

任务简介

在 Word 文档中进行页面设置。

任务目标

学会设置纸张大小；设置纸张和文字方向；分别使用标尺和对话框设置页边距。

关联知识

文本框页面设置

页面设置旨在完成页面层次的格式化，即页面的外观，也可简单地理解为文档打印到纸面上的页面效果。

页面格式主要包括纸张方向、纸张大小、文字方向、页边距、页面边框和颜色、垂直对齐方式、页眉和页脚、分栏状态、页码编排、脚注和尾注等，本任务主要涉及页边距、纸张大小和纸张方向和文字方向等基本设置，可利用【布局】选项卡中【页面设置】组实现，如图 2-66 所示。

在【设计】选项卡的【页面背景】组（见图 2-67）中，可设置页面水印、页面颜色和页面边框等

图 2-66　【页面设置】组

图 2-67　【页面背景】组

水平标尺的左边距和右边距、垂直标尺中的上边距和下边距也可以辅助调整页边距，如图 2-68 所示。

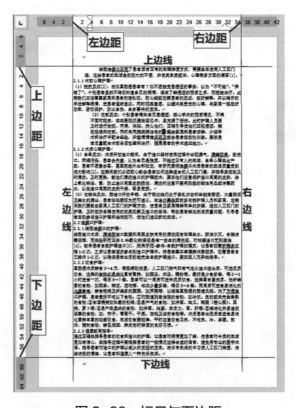

图 2-68　标尺与页边距

　　单击【页面设置】组中右下角的对话框启动器，可打开【页面设置】对话框（见图 2-69），以方便用户实施更丰富、更精准的页面设置

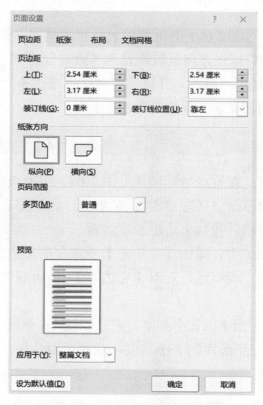

图 2-69 　【页面设置】对话框

任务实施

01 打开 W18A.docx 文件，并另存为 W18B.docx；在【视图】选项卡⊘中，将页面设置为"页面视图"，将缩放改为"单页"以便整页可见；勾选【标尺】复选框以便标尺可见。

02 观察相邻两页之间的页间空白区⊘，鼠标置于其上并观察提示信息；多次双击该空白区并观察变化；最后设置为显示页间空白⊘。

▶设置纸张大小

03 切换到【布局】选项卡⊘，在【页面设置】组（见图 2-66）中，单击【纸张大小】图标，展开【纸张大小】面板⊘，单击某些类型（如 A5、16 开等），观察纸张变化。

> 纸张大小的类别与默认打印机的配置有关。 💡

04 在【纸张大小】面板⊘中，执行【其他纸张大小】命令，打开【页面设置】对话框⊘，在【纸张】页面中，将宽度和高度分别设置为 24 厘米和 32 厘米，同时观察预览图的变化。

▶设置纸张和文字方向

05 在【页面设置】组（见图 2-66）中执行【纸张方向】|【横向】命令，观察页面变化。

06 单击【文字方向】图标，展开【文字方向】面板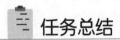，执行【垂直】命令，观察文字方向变化；在【文字方向】面板中执行【文字方向选项】命令，打开【文字方向】对话框，观察更多的文字方向。

07 单击【页面设置】组（见图 2-66）右下角的对话框启动器，打开【页面设置】对话框，在【页边距】选项卡中将纸张方向区域设置为"横向"，在【文档网格】选项卡中将文字排列设置为"垂直"，观察预览图，并将当前对话框截图备用。

08 将纸张方向恢复为横向，文字方向恢复为水平。

▶ 设置页边距（标尺法）

09 观察页面四角的直角线；观察水平标尺（见图 2-68）中的灰白分段；鼠标指针悬于左段灰白分隔线上，观察提示信息（左边距）；类似地，再观察右段灰白分隔线（右边距）。同样地，在垂直标尺中，找到上边距和下边距。

10 在水平标尺（见图 2-68）上，单击【左边距】观察页面左边线，并观察其与页面左上、左下两个直角线的关系；类似地，观察【右边距】，显示右边线，并观察其与页面右上、右下两个直角线的关系。

11 在水平标尺中，拖曳左边距约 10 个刻度，右边距约 16 个刻度；在垂直标尺中，拖曳上边距约 14 个刻度，拖曳下边距约 8 个刻度；观察页面效果。

> 标尺可粗略调整页边距。

▶ 设置页边距（精确）

12 在【页面设置】组（见图 2-66）中，单击【页边距】图标，展开【页边距】面板，观察当前页边距设置；分别设置为"窄"和"宽"，分别观察页面上、下、左、右边距变化。

13 打开【页面设置】对话框，在【页边距】选项卡中，将页码范围设置为普通多页，页边距的上、下、左、右分别设置为 3 厘米、4 厘米、5 厘米和 2 厘米，装订线在左侧 1 厘米；确认后观察页边距变化。

14 打开【页面设置】对话框，在【版式】选项卡中将页面的垂直对齐方式设置为"居中"，单击【确定】按钮后观察各页（特别是最后一页）文字的垂直居中效果。

> 【页面设置】对话框及拓展工具可精确设置页边距。

15 将备用截图添加到 W18B.docx 文档尾部；保存、关闭该文档并提交作业。

📋 任务总结

　　纸张和页边距设置都属页面格式化范畴，通过页面视图中水平标尺和垂直标尺中的灰白分界线就可直观观察到页面边界位置，通过拖曳分界线可以大致调节面边距，利用【页面设置】对话框则可精确设置页边距。

任务验收

知识和技能签收单（请为已掌握的项目画✓）

设置纸张大小		设置页边距（精确）	
设置纸张和文字方向		设置页边距（标尺法）	

综合实训 W.D 制作中国式现代化宣传页

请自行收集中国式现代化的相关资料，并利用 Word 软件为制作一张关于中国式现代化的宣传画。内容自拟，要求主题突出、内容鲜明、图文并茂、简洁大方。

微任务 W19 文档分页

任务简介

为 Word 文档分页。

任务目标

学会在文档中插入、删除分页符；插入空白页、封面页。

关联知识

分页

Word 具有自动分页功能，当文档的内容超过一页时，系统会自动在文档中插入一个自动分页符（俗称软分页符），并将内容显示在新的一页。另外，用户还可以在文档中任意位置插入分页符（俗称硬分页符）以便强制分页。

在【布局】选项卡【页面设置】组中，单击【分隔符】图标，可展开【分隔符】面板（见图 2-70），执行其中的【分页符】命令，将在当前插入点位置插入一个分布符，分页符之后的内容将被强行分布到下一页。

在 Word 中，按 Ctrl+Enter 组合键可以插入强制分页符，另有部分操作也会自动插入强制分页符；在 Word 的【插入】选项卡【页面】组（见图 2-71）包含专用的页面工具，其中的命令都具强制分页的功能。

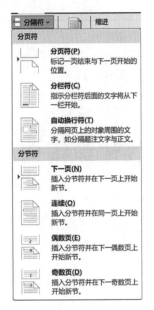

图 2-70　【分隔符】面板

图 2-71　【页面】组

在 Word 文档中，分页符是一个特殊标记，代表一个页面的结束。在显示编辑标记时，在草稿视图下可直接查看自动分页符和强制分页符，如图 2-72 所示，在页面视图中可查看强制分页符。

图 2-72　分页符

强制分页符可被删除，意味着将取消其对应的强制分页；自动分页符只能由系统自动增删调整。

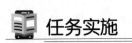 **任务实施**

01 打开 W18A.docx 文件，并另存为 W19B.docx。

02 右击 Word 状态栏空白处，在弹出的状态栏快捷菜单中选择【页码】选项，并观察状态栏中页码信息；将全文设置为"宋体、小四号字，首行缩进 2 个字符，1.25 倍行距"，再观察状态栏中页码信息变化。

03 将文档切换至【草稿】视图，并观察自动分页符；将文档恢复为页面视图。

▶ 插入分页符

04 将光标定位在"Abstract"之前，在【布局】选项卡的【页面设置】组⊘中单击【分隔符】按钮，展开【分隔符】面板（见图 2-70），单击【分页符】命令，观察分页效果及状态栏中的分页信息。

05 插入点置于"前言"前，按"Ctrl+Enter"组合键，再观察分布效果后撤销此操作；插入点置于"【KeyWords】"所在段的段尾，再按"Ctrl+回车"组合键，观察比较两次分页的差异。

> 段首分页与段尾分页的略有差异。

06 将插入点置于"致谢"前；在【插入】选项卡的【页面】组（见图 2-71）中，单击【分页】图标并观察分布效果。

> 【分页】命令的本质就是插入强制分页符。

07 在页面视图中，在【开始】选项卡的【段落】组⊘中，多次执行【显示/隐藏编辑标记】命令，观察分页符的显示或隐藏。

08 隐藏编辑标记，切换到【草稿】视图中查看分页符标记；返回页面视图，显示编辑标记，选中插入的分页符并逐个删除，再观察状态栏中页数信息变化。

▶ 插入整页

09 插入点置于"前言"前，在【页面】组（见图 2-71）中单击【分页】图标，观察新增的分页符数及分页效果；撤销【分页】操作，再单击【空白页】，观察插入的分页符数及分页效果。

> 【空白页】命令插入两个强制分页符。

10 在【页面】组（见图 2-71）中单击【封面】图标，展开【封面】面板⊘；单击【花丝】封面，观察新增的首页及相应的分页符；再插入【积分】封面，观察文档首页的变化；执行【删除当前的封面】命令，观察首页变化后撤销此操作。

> 【封面】独自占有首页位置。

▶ 综合性训练

11 在【视图】选项卡的【缩放】组⊘中，选用【多页】模式；单击【缩放】图标，打开【缩放】对话框⊘，将显示比例设置为 20%，观察文档的多页缩略图，截图备用；将页面缩放比恢复为 100%。

12 重新打开 W18A.docx 文件，并另存为 W19C.docx；添加"离子（浅色）"封面，在"前言"前插入空白页；令"1 临床资料"、"2 护理体会"、"3 并发症的护理"、"参考文献"和"致谢"等都始于新页。

13 在文档尾部添加一个空白页，将备用的截图添加到空白页中。

> 约 10 页

14 保存并关闭 W19C.docx 文件，将其提交作业；删除其他文档。

任务总结

　　Word 具有自动分页功能，当输入的文档内容满一页时，系统会自动换到下一页，并在文档中插入一个自动分页符（软分页符）。除自动分页外，还可以插入分页符（硬分页符）以强制分页。

任务验收

知识和技能签收单（请为已掌握的项目画 ✓）

插入分页符		插入封面	
综合性训练		插入整页	

微任务 W20 文档分节

任务简介

为文档分节，并以节为单位设置纸张方向、页面边框、页边距等基本页面格式。

任务目标

学会为文档分节，并为其设置基本页面格式。

关联知识

　　基本的页面格式已介绍，不再赘述。本任务主要涉及分节对纸张方向、页面边框、页边距等页面格式的影响。

节和分节符

　　节是 Word 页面格式化的基本单位，每个文档至少都有一个节，每个节都可以有独立的页面格式。在 Word 文档中按需分成多节，每节按需设置各自独立的页面格式，以实现丰富多彩的排版效果。

在【页面设置】对话框的布局页面中可设置节的起始位置（即分节符类型），如图 2-73 所示；在【布局】选项卡的【页面设置】组中单击【分隔符】图标，可展开【分隔符】面板，其中的分节符即为常用分节符（见微任务 W19 中的图 2-72）。

分节符是一个节的结束标记，它保存当前节的所有页面信息；文档的最后一个回车符兼具分节符性质，它保存着最后一节的页面格式信息。

在显示编辑标记时，在页面视图中可直观观察分节符及类型，如图 2-74 所示；选中分节符将其删除，将相邻两节合并采用后节的页面格式。

图 2-73　设置节的起始位置

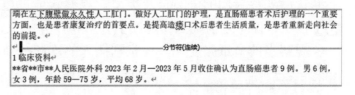

图 2-74　分节符

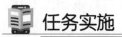 **任务实施**

01 打开 W18A.docx 文件，并另存为 W20.docx。

02 右击 Word 状态栏空白处，在弹出的状态栏快捷菜单⊘中选择【节】和【页码】选项，并观察状态栏中的节信息；保持文档为页面视图。

> 每个文档至少包含一个节。

▶ **插入分节符**

03 将插入点置于"Abstract"前，在【布局】选项卡的【页面设置】组⊘中单击【分隔符】图标，展开【分隔符】面板⊘，单击【连续】分节符，观察文档变化；分别将插入点置于"Abstract"前、后的段落中，观察节信息的变化。

04 在页面视图中，在【开始】选项卡的【段落】组⊘中，多次单击【显示/隐藏编辑标记】图标，观察分节符的显示或隐藏；隐藏编辑标记，切换到【草稿】视图中查看分节符标记；返回页面视图，显示编辑标记，选中插入的【连续】分节符并将其删除，再观察节信息的变化。

▶ 节的应用

05 在"前言"前插入【下一页】类型的分节符；将插入点置于第 2 节中；利用【页面设置】组☉将文字方向设置为【垂直】，观察文档文字方向的变化；将插入点置于第 1 节中，将纸张方向改为【横向】，观察文档变化。

06 插入点置于第 2 节；在【页面设置】组☉中，单击【行号】图标，展开【行号】面板☉，从中分别选用【连续】、【每页重编行号】和【每节重编行号】，分别编辑文档中行号变化的规律。

07 插入点置于第 1 节，在【行号】面板☉中执行【行编号选项】命令，打开【页面设置】对话框（见图 2-73），选择应用于【本节】；单击【行号】按钮，打开【行号】对话框☉，选中【添加行编号】，起始编号为 101，每节重新编号，确定后观察效果。

> ☀ 【页面设置】对话框中的【布局】页面又为【版式】页面。

08 将第 1 节页边距设置为【窄】，将第 2 节页边距设置为【宽】，观察文档各部分的页边距；将插入点置于"参考文献"前，打开【页面设置】对话框☉；将页边距的上、下、左、右均设置为 6 厘米，单击【应用于】列表并观察其选项，选择应用于【插入点之后】，确认后观察新增的分节符及类型，观察新节页边距表现。

09 在"致谢"之前插入【连续】分节符，并将"致谢"所在节的纸张大小改为"大 32 开"，观察当前节纸张变化，观察刚插入的连续分节符的类型变化。

▶ 设置页面颜色和水印

10 将插入点置于第 2 节；在【设计】选项卡☉的【页面背景】组☉中，单击【页面颜色】图标，展开【页面颜色】面板☉，将鼠标指针悬于主题颜色上，观察页面背景颜色变化。

11 在【设计】选项卡☉的【文档格式】组中，展开【主题颜色】面板☉，更改主题颜色，观察【页面颜色】面板☉中主题颜色的变化；将页面背景设置为【白色背景 1 深色 15%】。

> ☀ 页面颜色并不局限于节。

12 在【页面背景】组☉中，单击【水印】图标，展开【水印】面板☉，分别【选用机密 2】、【严禁复制 1】，观察页面效果。

13 在【水印】面板☉中执行【自定义水印】命令，打开【水印】对话框☉；选中【文字水印】单选按钮，将文字水印为"第 2 节"、斜式版式、仿宋字体、蓝色半透明，单击【确定】按钮后观察水印效果；类似地，再选中【图片水印】单选按钮，使用 Tulips.jpg 图片，设置图片缩放 300%、冲蚀，单击【确定】按钮后观察效果。

> ☀ 水印不受节的限制。

▶ 设置稿纸格式

14 （选做）在【布局】选项卡☉中，单击【稿纸设置】图标，打开【稿纸设置】对话框☉，在其中选择【外框式稿纸】、24×25、深蓝网格线，单击【确认】按钮后观察效果。

稿纸格式不受节的限制。

15 将文档保存并退出 Word 程序。

任务总结

　　节是页面格式化的基本单位，以分节符为结束标记，分节符保存着节内的页面格式信息，因此节的页面格式由节尾的分节符决定。文档中最后一个段落标记兼有分节符的功能，Word 文档至少包含一个节。

　　在文档中插入分节符，可将当前节拆分成相邻的两个节；删除分符节，则意味着该节将合并到其后续的节内，并自动调整为后续节的页面格式。

任务验收

知识和技能签收单（请为已掌握的项目画✓）

插入分节符		设置稿纸格式	
节的应用		设置页面颜色和水印	

微任务 **W21** 设置分栏

任务简介

为 Word 文档分栏并设置分栏效果。

任务目标

学会为整篇文档分栏；插入分栏符调整分栏；为多节文档分栏。

关联知识

分栏和分栏符

　　在 Word 文档的页面视图中，文本通常是通栏（即一栏）排列，即文本流由页面由左边距填充到右边距，换行后继续填充，依次类推，直到显示所有文本。当页面较宽时，通栏排列可能会导致文本行过长,不方便人眼阅读。为了提高阅读效果,可将通栏排列改为两栏或多栏排列,如图 2-75 所示。文本流在栏内换行,可以缩短文本行,更利于"目不转睛"地阅读文字;文本流在首栏充满后,再转到次栏继续填充,依次类推,直到显示全部文本。

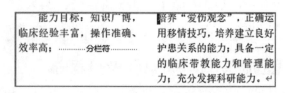

图 2-75　分栏效果

在【布局】选项卡的【页面设置】组中,单击【栏】按钮,展开【栏】面板,如图 2-76 所示。执行【更多栏】命令,弹出【栏】对话框,如图 2-77 所示。

图 2-76　【栏】面板

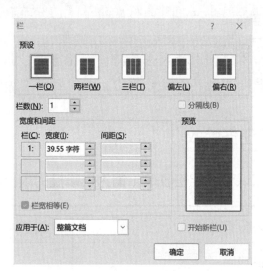

图 2-77　【栏】对话框

分栏符是栏结束标记(见图 2-75),以便灵活控制文档分栏。利用【分隔符】面板可在文档中插入分栏符以结束当前栏,随后并启新栏。

🚆 任务实施

01 打开 W21A.docx 文件,并另存为 W21B.docx;在 Word 窗口中显示标尺工具,在状态栏中显示【节】信息,并观察当前文档的总节数。

▶ **文档分栏**

02 将光标定位到文档任意位置,在【页面设置】组中,单击【栏】图标,展开【栏】面板(见图 2-76),执行【两栏】命令,观察文档分栏效果及水平标尺变化。

💡　　　　　　　　　　　　　　　　　　　　　　　　　　　　　分栏将影响水平标尺分段。

03 类似地,再分别执行【三栏】、【偏左】和【偏右】命令,并观察效果;将文档切换成【一栏】观察效果。

04 将光标定位到文档任意位置,在【栏】面板(见图 2-76)中执行【更多栏】命令,打开【栏】对话框(见图 2-77),选择【三栏】选项,勾选【分隔线】和【栏宽相等】复选项,观察【应用于】列表及默认选项，单击【确定】按钮后观察分栏效果及水平标尺变化。

05 在水平标尺中，分别拖曳左栏的【左边距】和【右边距】，调整栏宽，同时观察其他栏的变化；将光标定位到文档任意位置，在【栏】对话框（见图2-76）中取消对【栏宽相等】复选框的勾选，并自行调整两栏宽度后，观察分栏效果。

> 每栏都具有独立的左边距和右边距。

06 打开【页面设置】对话框，在【文档网格】选项卡中观察当前文档的栏数，将其设置为2，单击【确定】后观察现象（打开【栏】对话框并查找缘由）。

> 该步结果只显示多栏中的前2栏。

▶ 插入分栏符

07 利用【栏】面板（见图2-76）将文档恢复为【两栏】，观察现象；将插入点置于"目前"前，打开【分隔符】面板并执行【分栏符】命令，观察文档的分栏变化；类似地，再分别在"（一）"前、"（二）"前插入分栏符。

08 将文档切换为草稿视图，观察插入的"分栏符"；返回页面视图，在【开始】选项卡的【段落】组中，多次单击【显示/隐藏编辑标记】按钮，观察分栏符的显示或隐藏；显示分栏符标记，观察插入的分栏符；分别选中插入分栏符将其删除，观察文档分栏变化。

▶ 多节文档分栏

09 将整篇文档恢复为【一栏】；在"目前"前插入分节符（连续），在状态栏中观察当前文档的总节数；将第1节分成【两栏】，将第2节设置【偏左】分栏。

> 分栏效果局限于文档节。

10 将插入点置于"（一）"前，打开【栏】对话框（见图2-77），设置两栏、加分隔线，应用于"插入点之后"，单击【确定】按钮后观察文档分栏效果及节的变化；撤销此操作，重新打开【栏】对话框（见图2-77），重复上述设置，并勾选【开始新栏】复选项，单击【确定】按钮后比较两次分栏效果，再观察当前文档分节变化。

> 在插入点位置自动插入一个分节符。

11 选中文档的"（二）"部分的多段文本，打开【栏】对话框（见图2-77），设置【三栏】，加【分隔线】，【应用于】|【所选文本】，确定后观察文档分栏效果，同时观察分节和节数变化。

> 在所选文字前后各插入一个分节符。

12 将插入点置于第4节，打开【栏】对话框（见图2-77），观察【应用于】列表及默认选项含义，关闭对话框；打开【页面设置】对话框，在【文档网格】选项卡中观察【应用于】列表及其默认选项含义，然后关闭对话框。

13 选取第3节中的部分任意文本，重新打开【栏】对话框（见图2-77），观察【应用于】列表及其默认选项，设置为"所选节"，预设偏右分栏，添加分隔线，单击【确定】按钮后观察分栏影响范围及效果。

14 保存并关闭文档，提交作业。

任务总结

> 分栏是一种页面格式，分栏效果受文档节的限制。文档默认被分栏后，文档内容将按文字方向的顺序从首栏开始逐栏填充各栏，直到节内文档内容全部填充完毕。在文档中插入分栏符，以示当前栏结束，其余的内容将从新的一栏开始继续填充。

任务验收

知识和技能签收单（请为已掌握的项目画✓）

会对文档分栏		会设置分栏格式	
掌握分栏符的功能		为多节文档分栏	

微任务 W22　设置页眉、页脚和页码

任务简介

为文档插入页眉、页脚和页码，并对页眉和页脚进行格式设置。

任务目标

学会在文档中插入页眉、页脚和页码；使用奇偶页不同等多样页眉、页脚和页码。

关联知识

在页面视图中，可将页面划分为正文区和辅助编辑区。正文区位于页面的上、下、左、右边距围成的矩形区域内，主要用于编排文档正文；此外的其他区域可被视为辅助区，主要用于编排文档辅助信息。

1. 页眉和页脚

页眉位于是页面上边距之上的"上眉"处，页脚位于页面下边距的"下脚"位，如图2-78

所示。在页眉和页脚中通常用于显示文档的一些辅助信息（如章节名、页码等），可有效丰富页面信息。

在【插入】选项卡的【页眉和页脚】组（见图 2-79）中，单击【页眉】图标，将对应展开【页眉】面板，如图 2-80 所示，面板的上部区域为内置的页眉基本样式，单击即可对应插入该样式的页眉。

图 2-78　页眉页脚效果图

图 2-79　【页眉和页脚】组

类似地，在【页眉和页脚】组（见图 2-79）中单击【页脚】图标，将对应展与图 2-80 类似的页脚面板。

在文档中插入页眉或页脚后，页眉或页脚区将成为可编辑区，而正文区则临时进入不可编辑的锁定状态，如图 2-81 所示。

当编辑页眉或页脚时，页眉和页脚工具栏将被自动激活，如图 2-82 所示；页眉或页脚编辑完毕，执行【关闭页眉和页脚】命令后，页眉和页脚区将变为不可编辑的锁定状态，而正文区则恢复为可编辑状态。

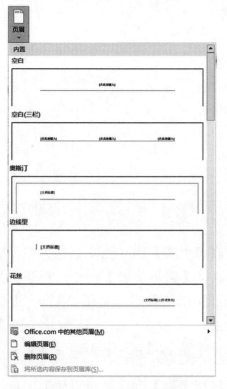

图 2-80　【页眉】面板

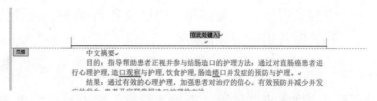

图 2-81　编辑态的页眉区和锁定态的正文区

图 2-82　页眉和页脚工具栏

2．设置页码

页码通常可被插入页眉或页脚区内，但 Word 软件强化了页码功能，除可插入页面指定位置外，还可灵活插入文档的任意位置，且内置有丰富的页码格式。在【页眉和页脚】组（见图 2-79）中单击【页码】图标将展开页码菜单和面板，如图 2-83 所示。

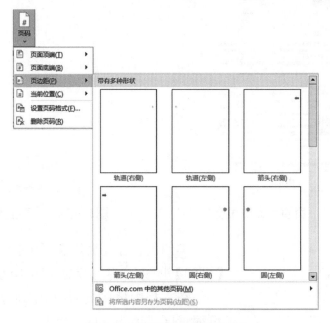

图 2-83　页码菜单和面板

 **任务实施**

01 打开 W18M.docx 文档，并另存为 W22.docx。

▶ **插入页眉或页脚**

02 观察当前插入点的位置；在【插入】选项卡中的【页眉和页脚】组（见图 2-79）中，单击【页眉】图标，展开【页眉】面板（见图 2-80），执行【编辑页眉】命令，观察页面中的页眉区、正文区和页脚区及各自状态，观察页眉和页脚工具栏（见图 2-82），并将其截图备用。

编辑页眉或页脚时，其工具栏被自动激活。

03 观察插入点的位置，查看【导航】组 ，分别单击【转至页脚】和【转至页眉】图标，观察插入点位置变化；在页眉中输入"毕业论文"，滚动页面并观察各页中页眉的内容；

在任意页面的页眉中，将页眉内容改为蓝色加粗、右对齐，再观察各页页眉的变化。

04 执行【关闭页眉和页脚】命令，分别观察页面中的页眉、正文和页脚等各区域的变化；在页面中，双击页眉区，观察页面中各区域的变化；再双击正文区后观察变化，双击页脚区后再观察变化。

> 💡 双击页眉、页脚或正文区可对应激活相关区域。

05 在【页眉和页脚】组（见图 2-79）中单击【页脚】图标，展开【页脚】面板🔍，并选择【花丝】样式，观察页眉、页脚和正文区变化，观察插入点位置；滚动页面并观察各页中页脚；关闭页眉和页脚，再插入【边线型】页脚，观察各页页脚及页码变化。

06 在【位置】组🔍中，将【页眉顶端距离】改为 0.5 厘米、【页脚底端距离】改为 2.75 厘米，分别观察各页页眉和页脚距页边线的距离变化；打开【页面设置】对话框，🔍切换到【版式】选项卡，观察【页眉和页脚】选区，截图备用，并理解其中选项和设置与工具栏的对应关系。

▶ 插入页码

07 在【页眉和页脚】组（见图 2-79）中单击【页码】图标，展开【页码】面板（见图 2-83），分别展开【页面顶端】、【页面底端】、【页边距】和【当前位置】等子面板并观察其简单页码格式。

> 页面顶端和页面底端分别对应页眉区和页脚区。

08 在【页码】面板（见图 2-83）的【页边距】子面板中，执行【圆（左侧）】命令，观察页眉和页脚状态，观察各页的页码效果🔍；单击页边距中添加的页码编辑区，打开【段落】对话框🔍，特殊缩进设为无，观察页码区变化；双击正文，观察页码区效果。

09 类似地，再将页边距中的页码更改为【箭头（右侧）】，观察新、旧两种页码的变化；双击正文区以关闭页眉和页脚；双击页码区，观察可否进入页码编辑状态；双击页眉区或页脚区，激活页眉和页眉编辑状态，单击页码区，观察页码区的编辑状态。

> 激活页眉或页脚可间接激活页码编辑状态。

10 打开【页码】面板（见图 2-83），执行【设置页码格式】命令，打开【页码格式】对话框🔍，将其【起始页码】设置为 101，确认后分别观察页码区和页脚区中页码变化；激活页码编辑区并选中页码，将其设置为 Arial Blank 字体、14 磅、浅蓝色、首行缩进 1 字符，调整箭头大小及其他控点，以令其中页码正常显示。

▶ 多样页眉、页脚和页码

11 激活页脚，在其工具栏的【选项】组🔍中，两次反选【显示文档文字】，观察正文区变化；激活页边距中的页码编辑区并将其删除。

> 💡 激活页眉控制【显示文档文字】时偶有报错。

12 滚动文档，浏览各页的页眉和页脚区；在【选项】组🔍勾选【奇偶页不同】复选框，再分别观察【奇数页页眉】、【奇数页页脚】、【偶数页页眉】和【偶数页页脚】及其内容；在【偶数页页眉】和【偶数页页脚】中分别输入"偶页眉"和"偶页脚"，分别观察各页的页眉和页脚。

13 插入点置于奇数页页眉或页脚，在其页边距中插入【圆（右侧）】页码；插入点置于偶数页页眉或页脚，在其页边距中插入【圆（左侧）】页码；观察各页页码。

14 在【选项】组 再勾选【首页不同】复选框，观察首页（即第 1 页）中的【首页页眉】和【首页页脚】及其内容，并在其中分别输入"首页眉"和"首页脚"，浏览其他页的【奇数页页眉】、【奇数页页脚】、【偶数页页眉】和【偶数页页脚】及其内容。

15 利用【视图】选项卡中的【显示比例】组 ⊘，将多个页面显示在同一窗口并截图备用 ⊘；恢复正常页面显示，在【选项】组 ⊘ 中取消对【奇偶页不同】复选框的勾选，观察各页页眉和页脚的变化；再取消对【首页不同】复选框的勾选，再观察各页眉和页脚变化。

💡 文本流和块对象格式在页眉、页脚中通常适用。

16 将备用图片插入 W22.docx 文档中，保存并关闭后将其提交作业。

📋 任务总结

　　页眉、页脚和页码都属于页面格式，同样以节作为有效范围；通常，无特别设置时，同一节文档中各页的页眉、页脚完全一致，页码格式也相同；当然通过页眉和页脚的首页不同、奇偶页不同等设置，可将节内有关页的页眉、页脚和页码有所不同。通过分节，每一节内的页眉页脚可以独立设置。

　　根据编辑区域的切换情况，可将文档页面划分成正文区和边缘区，其中前者用于正文的编排，而后者则用于页眉、页脚和页码的编排。正文区与边缘区的编辑状态恰好互补，其中在编辑边缘区时正文区内容还可隐藏；通过双击可快速切换两个区域的编辑状态。

📖 任务验收

知识和技能签收单（请为已掌握的项目画✓）

会编辑页眉或页脚		会设置首、奇、偶页眉和页脚	
会在页面中插入页码		在文档分节前提下管理页眉和脚	
会设置页码格式			

微任务 W23 使用脚注、尾注和题注

任务简介

为文档内容添加脚注和尾注，为图形、表格、公式等添加题注。

任务目标

学会为文档插入脚注和尾注并进行设置；为图片和表格插入题注并进行设置。

关联知识

1. 脚注和尾注

脚注和尾注都是对文档内容的注释说明。脚注一般位于页面的底部，尾注一般位于文档的尾部，二者都可对文档内容进行注解或标注。

脚注和尾注除所处位置有所区别外，在功能或用途上并没有明显区别，实际上二者时常可以进行相互转换。

脚注和尾注都包括引用标记和相应的注释内容两个关联的部分。默认地，Word 自动为引用标记编号，当然也可指定自定义标记。

将插入点置于需要标注的文本尾部。打开【引用】选项卡，如图 2-84 所示，在其【脚注】组中单击【插入脚注】按钮，插入点处将出现引用标记（见图 2-85），可在其中编排脚注内容及格式，如图 2-86 所示。

图 2-84 【引用】选项卡

图 2-85 引用标记

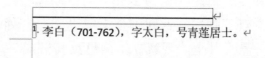

图 2-86 脚注编辑区

尾注的使用方法与脚注类似，所不同的是尾注内容位于文当尾部。

2. 题注

在文档中使用表格、图形、图表、公式等块状项目对象时，常常需要在其上方或下方添加题注，题注信息通常由标签、编号、标题等信息组成，如"图2引用选项卡"，其中"图"是标签（通常代表类型）、"1"是编号，"引用选项卡"是图的标题。

在文档中选中某块状项目对象，在【题注】组中单击【插入题注】按钮，打开【题注】对话框，如图2-87所示。【选项】选区的标签代表类型，一般应与所选项目的类型匹配，【位置】用于指定题注的位置；Word中内置有部分标签，用户也可以单击【新建标签】和【删除标签】按钮等进行管理；单击【编号】按钮，可对编号格式进行定制。【题注】文本框中的标签和编号会自动生成，用户只需在其后输入题注标题（如"引用选项卡"）即可。单击【确定】按钮，定制的题注信息将被添加到所选项目的相应位置上。

图2-87 【题注】对话框

📇 任务实施

01 打开W23A.docx文件，并另存为W23B.docx；

02 在文档中两处"译诗"前分别插入一个分页符，在"回乡偶书"前添加一个分节符（下一页）；Word程序切换至【引用】选项卡（见图2-84），并在状态栏中显示【节】信息。

▶ **插入脚注**

03 将光标置于"李白"文本后；在【脚注】组🔍中执行【插入脚注】命令，在当前页底部的脚注编辑区（见图2-86）的自动编号后输入"唐代著名诗人"，并将其格式设置为蓝色、双下画线；返回到正文中"李白"处，观察其后的引用标记（见图2-85）；将鼠标指针悬于其上，观察提示信息及其格式。

04 类似地，为"孟浩然"添加脚注，内容为"唐代著名的山水田园派诗人，李白的好友。"，格式为楷体、11磅、红色；为"贺知章"添加脚注，内容为"武则天证圣时进士，后迁太子宾客、秘书监，故称贺监。"，字体设置为"宋体、五号"。

▶ 插入尾注

05 将光标移至"广陵"后，在【脚注】组🔍中，执行【插入尾注】命令，在文档尾部的尾注区，观察其编号并在其后输入"李白送别孟浩然所作的诗"；返回"广陵"处，观察其后的引用标记；将鼠标指针悬于其编号之上，观察其提示信息及格式。

06 类似地，将光标置于"回乡偶书"后，为其添加尾注，内容为"贺知章晚年辞官还乡之时的感慨之情"，格式设置为"黑体、倾斜"；回到"回乡偶书"处，观察其引用标记编号及提示信息。

▶ 设置脚注和尾注

07 单击【脚注】组🔍的对话框启动器，打开【脚注和尾注】对话框🔍；在【位置】选区中选中【脚注】单选按钮并设置为"文字下方"，单击【插入】按钮后观察各脚注位置变化；将脚注位置改回"页面底端"，再观察各脚注位置变化。

08 打开【脚注和尾注】对话框🔍，在【位置】选区选中【脚注】单选按钮，将脚注布局改为 2 列、脚注的编号格式调整为"a、b、c⋯"，起始编号改为"b"，单击【应用】按钮后观察各脚注的编号。

09 打开【脚注和尾注】对话框🔍，将【尾注】位置设置为"节的结尾"，编号格式改为"①、②、③⋯"观察各尾注编号及位置变化；将尾注设置改回默认值，再观察变化。

▶ 插入题注

10 在文档中选择第 1 幅插图，在【题注】组🔍中，执行【插入题注】命令，打开【题注】对话框🔍，在【标签】处选取"图"（若不存在则自行创建），在【位置】处选取【在所选项目下方】，在【题注】处输入"李白把酒问天"；单击【确定】按钮，观察图片的题注效果。

11 在文档中选中第 2 幅插图，打开【题注】对话框🔍，观察【题注】处的标签和自动编号"图 2"，并输入"贺知章画像"，确定后观察题注效果。

▶ 设置题注

12 截取【题注】组🔍图片并插入两幅插图之间；选中该图片，打开【题注】对话框🔍，观察【题注】处的内容；单击【新建标签】，在弹出的对话框中输入"图片"并确定，分别观察【标签】和【题注】处的内容变化；单击【关闭】按钮后确认操作。

13 重新打开【题注】对话框🔍，【标签】处选取"图片"，观察【题注】内容变化；在【标签】处选取"图"，再观察【题注】内容变化；在【题注】处输入"无题图片"，让题注位于【所选项目上方】，确定后观察效果；将图片及其题注居中对齐。

14 在文档中，任意插入两张表格，分别将其题注设置为"表一第 1 张表格"和"表二第 2 张表格"（若"表"标签不存在则自行创建），题注均位于表格上方，确定后观察效果。

▶ 提交作业

15 将备用截图插入 W23B.docx 中，将其关闭、保存并提交作业。

 任务总结

> 　　脚注和尾注是对正文内容的补充，用于对特定内容进行注释说明。脚注默认位于页面底部或文字下面，编号时可连续编号、每节重新编号或每页重新编号；尾注可位于文档结尾或节的结尾，编号时可连续，每节重新编号。
>
> 　　题注可为图形、图表、表格等添加标签和编号；用户可以自定义标签并设置编号；每种标签都可以分别生成题注目录。

任务验收

知识和技能签收单（请为已掌握的项目画✓）

插入脚注		插入题注	
插入尾注		设置题注	
设置脚注和尾注		—	

综合实训 W.E 制作国宝级科学家宣传稿

　　自新中国成立以来，我国涌现出一批国宝级的伟大的科学大家，他们为国家富强、民族复兴等做出了巨大贡献。现请您自行收集某位科学家的相关资料，利用 Word 为其制作专题宣传稿，以宣传他们的突出贡献及感人事迹。

　　制作要求：利用封面强调科学家的突出贡献，利用正文稿介绍科学家的生平信息、感人事迹和主要成就。正文稿要求图文并茂，页面美观大方，行距适中；灵活利用页眉、页脚、分栏、脚注、尾注和题注等页面格式功能排版；正文稿一般不少于 2 页。

微任务 W24 插入目录

任务简介

　　为文档创建目录。

任务目标

认识目录编辑区；会为文档手动编辑目录；为文档添加自动目录；利用样式自定义目录。

关联知识

目录

论文、课题报告、书籍等文档内容一般都较长，滚动翻阅内容时比较费时费力，无论作者还是读者，都难以高效地掌握其结构和内容；若能从文档中提炼生成文档目录，如图 2-88 所示，就能较容易快捷了解文档结构和内容，且便于快速查找和定位到所需信息。

在【引用】选项卡的【目录】组中，单击【目录】图标，展开【目录】面板，如图 2-89 所示。其中，【目录】面板提供有手动目录、自动目录和自定义目录等功能。

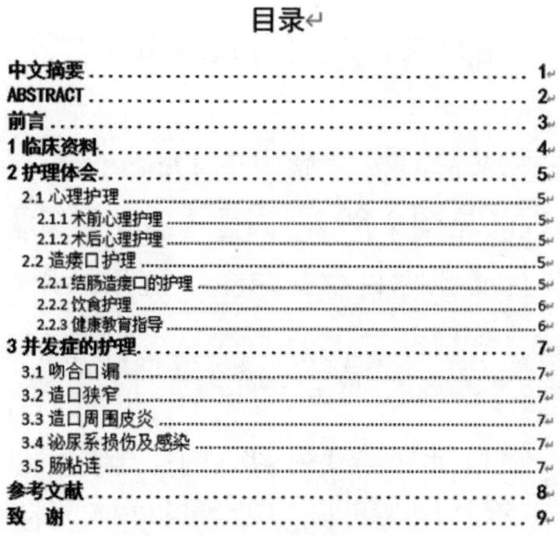
目录
中文摘要……1
ABSTRACT……2
前言……3
1 临床资料……4
2 护理体会……5
2.1 心理护理……5
2.1.1 术前心理护理……5
2.1.2 术后心理护理……5
2.2 造瘘口护理……5
2.2.1 结肠造瘘口的护理……5
2.2.2 饮食护理……6
2.2.3 健康教育指导……6
3 并发症的护理……7
3.1 吻合口漏……7
3.2 造口狭窄……7
3.3 造口周围皮炎……7
3.4 泌尿系损伤及感染……7
3.5 肠粘连……7
参考文献……8
致 谢……9

图 2-88　目录实例

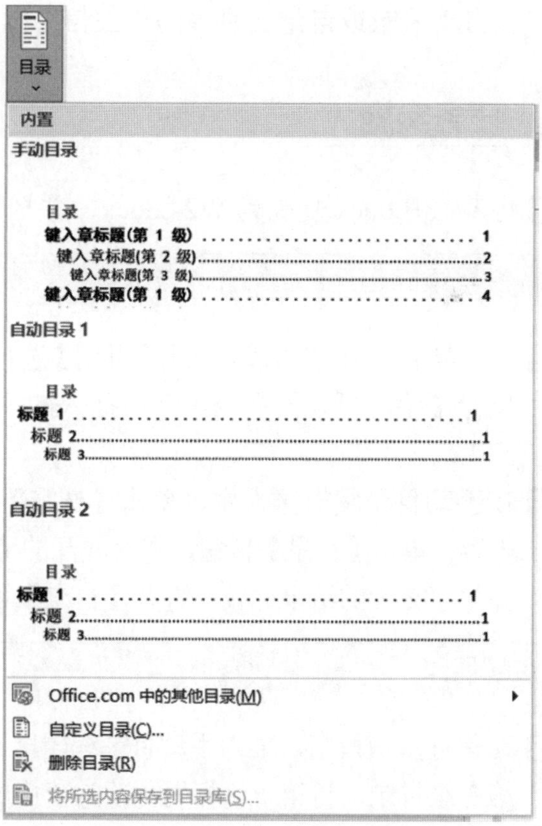

图 2-89　【目录】面板

对手动目录，需要用户逐项手动输入目录；自动目录可将依据内置的目录生成规则（如应用“标题 n”样式的段落）自动产生目录；自定义目录则先由用户定制目录产生规则，然后再自动生成个性化目录。在【目录】面板中，执行【自定义目录】命令，将打开【目录】对话框，如图 2-90 所示，由此可定制目录等的产生规则。

图2-90 【目录】对话框

当自动目录或自定义目录的相关信息发生变化时，需用户手动予以更新。

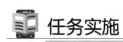 任务实施

01 将 W18B.docx 复制为 W24.docx，并打开后者。

▶ 认识目录编辑区

02 在文档首添加空白段，单击【引用】选项卡|【目录】图标，打开【目录】面板（见图2-89），执行【手动目录】命令，观察插入的手动目录；单击目录，观察目录编辑区⊘及其顶部工具。

03 在手动目录编辑区⊘中，单击【选取】按钮，观察现象，按键盘中的 Delete 键，清除其内容；单击【目录】按钮，观察展开的【目录】面板（见图2-89），执行【手动目录】命令，并与第2步的结果比较；打开【目录】面板⊘，执行【删除目录】命令，观察结果。

▶ 手动目录

04 在首行空白段中，插入手动目录编辑区⊘，在第一组目录（第1~3级）中，删除第2级和第3级目录，将第1级标题更改为"中文摘要"，再将其尾部页码更改为其实际所在页码。

05 在"中文摘要"目录后添加1个空段，并将该目录复制到该空段，再将新目录标题更改为"ABSTRACT"、将页码更新为"Abstract"所在的页码。

【字体】对话框的【全部大写字母】可控制字母大小写状态。

06 在目录编辑区⊘之后插入一个分页符，观察正文区中"中文摘要"和"Abstract"对应内容的页码变化，并在目录目中对应更新各自的页码，以反映正文内容位置的变化。

07 （选做）手动完成本文档中其他各页主题的目录条目，体验手动创建目录的烦琐。

> 手动创建或编辑目录耗时、效率、易错。

▶ 自动目录

08 打开【目录】面板（见图 2-89），执行【自动目录 1】命令，观察结果；删除目录编辑区，再执行【自动目录 2】命令，观察结果；删除目录编辑区。

> 此处二者都将报错且信息相同。

09 除首页外，分别为文档中的"中文摘要""Abstract""前言"等八个主标题应用"标题 1"样式；插入点置于首行，打开【目录】面板（见图 2-89），执行【自动目录 1】，观察新插入的目录区域及目录效果；单击激活目录编辑区，鼠标指针悬于某目录项目上，观察提示信息；按住 Ctrl 键，再单击该目录项，观察插入点位置的变化。

> Ctrl+目录项：定位到相应的正文起点。

10 将文档中"x.y"级别的小节标题（如 2.1 心理护理，类推）应用"标题 2"样式；右击目录编辑区，在弹出的目录编辑快捷菜单中执行【更新域】命令，打开【更新目录】对话框，选择【更新整个目录】，确认后观察目录条数和原有页码的变化。

11 将"x.y.z"级别的小节标题应用"标题 3"样式；删除"中文摘要"前的分页符；单击目录编辑区的【更新目录】图标，在打开的【更新目录】对话框中执行【更新整个目录】命令，确认后观察目录条数和原有页码的变化。

▶ 利用样式自定义目录

12 在当前文档中分别创建三个样式：论文一级标题（黑体、三号、加粗、水平居中、段前 15 磅、段后 15 磅）、论文二级标题（黑体、小三号、加粗、左对齐、段前 10 磅、段后 10 磅）、论文三级标题（黑体、四号、加粗、左对齐、段前 8 磅、段后 8 磅）。

13 在文档中，分别将"论文一级标题"、"论文二级标题"和"论文三级标题"样式分别应用于文档的主标题、"x.y"级别的小节标题、"x.y.z"级别的小节标题。

14 在【目录】面板（见图 2-89）中执行【自定义目录】命令，打开【目录】对话框（见图 2-90），观察【打印预览】选区效果及其下各选项的含义；单击【选项】按钮，打开【目录选项】对话框；在有效样式列表中，观察含对号标记的样式及其后的【目录级别】，了解其推荐的目录构成。

15 在【目录选项】对话框的有效样式区中，清空所有【目录级别】文本框中的数字；然后分别在"论文一级标题"、"论文二级标题"和"论文三级标题"之后的【目录级别】文本框中分别输入 1、2 和 3；依次确认关闭所有对话框，观察自定义目录效果。

16 保存并关闭 W24.docx 文档，提交作业。

任务总结

内置样式、自定义样式等都可作为 Word 文档生成目录的依据。对欲添加进入目录的标题，只需将其设置成特定样式，便可通过插入目录功能自动生成目录；当对目录有特殊要求时，只需要利用【目录】对话框进行设置即可。

任务验收

知识和技能签收单（请为已掌握的项目画✓）

认识目录编辑区		利用样式自定义目录	
手动插入目录		自动插入目录	

综合实训 W.F 长文稿排版

某高校拟举行大学生普法宣传周活动。为便于向师生普法和大学生参加国家安全法知识竞赛，现需要印发《中华人民共和国国家安全法》全文。现请你利用 Word 软件对该法全文进行排版，具体要求如下。

1. 默认：宋体、小四号，行高 1.15 倍，各段首行缩进 2 个字符。

2. 纸张：A4、纵向，左、右边距 2.8 厘米，上、下边距 2.5 厘米，左侧装订，装订线靠左 1 厘米。

3. 将法案通过信息（即原文第 2 行）设置为小五号，居中对齐；为修订信息列表应用项目符号■。

4. 创建下列样式并应用到相应内容。

（a）文标题：段落类型，黑体、二号，无缩进，居中对齐、段前 1.5 行、段后 1.5 行。文标题样式应于法律名称。

（b）章标题：段落样式，黑体、小三号，无缩进，左对齐，段前 1.0 行、段后 1.0 行。章标题样式应用于"【修订信息】"和各章标题。

（c）条编号：字符样式，字体加粗、单下画线；条编号样式应用于各法条编号（选做）。

5. 在文件首插入分节符（下一页类型）；第 1 节中，添加空白页以设计封面，在第 2 张空白页中创建包含"文标题"和"章标题"样式的二级目录；该节页眉和页脚保持为空。

6. 为第 2 节设置页眉、页脚和页码。

（a）设置页码编号起始于 1。

（b）设置页眉：微软雅黑、五号、居中、无缩进，首页页眉为空，奇数页眉为"中华人民共和国国家安全法"，偶数页页眉为"第十二届全国人民代表大会常务委员会"

（c）设置页脚：添加"第 x 页 ／ 共 y 页"格式页码，要求宋体字（英文 Arial）、10.5 磅大小；首页和奇数页页脚左对齐，偶数页页脚右对齐。

微任务 W25　审阅文档

任务简介

对 Word 文档进行批注或修订，再由作者根据批注意见或修订内容对文档进行更改。

任务目标

学会在修订模式下修改文章；对文章进行批注；会观察审阅信息；处理修订结果；设置修订选项。

关联知识

审阅，是指审查阅读，即对文档进行阅读并进行批改。Word 提供了"标注"和"修订"两种审阅方法，其中前者不会更改文档内容，而后者则在修改文档内容的同时进行跟踪记录；被修订的文档，需要通过"更改"功能进行最终确认，以形成最终文档。【审阅】选项卡中的相关工具如图 2-91 所示。

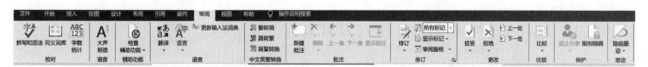

图 2-91　【审阅】选项卡中的相关工具

1. 批注

批注原指阅读文稿时在文中空白处对文章进行批阅和注解，一方面可帮助读者掌握文中的内容，另一方面也可与他人交流意见或建议。

MicrosoftWord 提供了批注功能，先选择待批注内容，再执行【新建批注】命令后将插入批注，在批注内容框中添加批注信息即可，如图 2-92 所示。若新建批注时未选定内容，Word 将会自动选择当前词作为被批注对象；若批注并不针对特定内容，通常在待批注位置插入空格并对其创建批注即可；当然对已存在的批注，也可进行编辑或删除。

图 2-92　批注标记和批注框

2．修订

在 Word 中启用修订功能后，用户对文档的修改一般都会自动以批注等形式记录跟踪，修订记录可随同文档一并保存。

在【修订】组（见图 2-93）中，单击【修订】按钮将开启修订功能，并由此跟踪文档内容变化，直到再次单击【修订】按钮则停止跟踪；修订停止后，已有的修订记录和信息仍将保留。

在【修订】组的右列由上向下依次为：【显示以供审阅】下拉列表，可控制查看修订记录的方式；【显示标记】下拉列表，可控制修订信息的显示内容；【审阅窗格】下拉列表，可控制修订窗格的呈现方式。修订记录信息如图 2-94 所示。

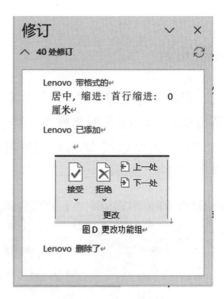

图 2-93　【修订】组　　　　　　　　　　图 2-94　修订记录信息

3．更改

被修订的文档记录着文档被修改的跟踪信息，尚不是最终文档。送审者收到修订后的文档，在【更改】组（见图 2-95）中利用【接受】或【拒绝】按钮逐条确认是否接受修订意见，处理后其相应的跟踪记录将被自动清除。

图 2-95　【更改】组

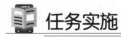 任务实施

01 启动 Word 程序，将"MyFamily.txt"中的小作文内容输入或复制到空白文档中；将其保存为 MyFamily.docx 文档，并模拟提交给语文教师批阅。

▶ 教师对作文进行修订

02 打开 MyFamily.docx 文档，切换至【审阅】选项卡（见图 2-91），在【修订】组（见图 2-93）中单击【修订】图标，启动修订模式。

03 直接修改小作文：改英文冒号为中文冒号，观察文档变化；接着删除"年纪很大"；改"身体仍然很健康"为"但是身体很健康"，观察现象。

> 修订模式将跟踪文档的主要修订过程。

04 接着修订为"日理万机"加双引号，之后的逗号改句号；"温习温习"改成"温习功课"；将"贝壳"移动到"五颜六色的"之后，将其后的逗号改成句号；在"在一次区……运动会"之前加"我"。

05 再次单击【修订】关闭修订模式；在文档尾添加一个空格，观察有无修订跟踪。

> 关闭修订模式后将停止文档修订跟踪。

▶ 教师对作文进行批注

06 将插入点置于文档首，在【批注】组中执行【新建批注】命令，观察批注标记（见图 2-92），并在批注编辑框中输入"文章叫啥名？"。

07 选中文档尾的空格，再执行【新建批注】命令，并输入"（1）病句较多。（2）注意标点的使用：每个成员介绍完后该用句号；介绍完爸爸白天工作，加分号后再介绍晚上活动；爸爸是普通干部，不可能真的日理万机，应加引号。（3）其他小问题自己再查。"

08 保存并关闭该文档，再将其转发给小作文作者。

▶ 学生观察审阅信息

09 在【修订】组（见图 2-93）中，执行【审阅窗格】|【垂直审阅窗格】命令，观察打开的【修订】窗格（见图 2-94）及其中的修订记录；浏览当前文档的所有批注；激活第一个批注，在【批注】组中执行【删除】|【删除】命令。

10 在【修订】组（见图 2-93）中，单击【显示标记】图标，展开显示【标记】面板◎，执行【批注框】|【在批注框中显示修订】命令，浏览文档的批注变化；再改为【以嵌入方式显示所有修订】，观察文档中嵌入状态，并试着理解修订状态的含义；将【批注框】设置恢复默认设置（即原状）。

> 显示标记主要控制批注信息的组成。

11 在【修订】组（见图 2-93）中，确认【显示以供审阅】当前状态为【所有标记】；单击其

图标展开显示以供审阅面板，选择【简单标记】选项，观察文档中批注的简单标记图标；单击其图标，观察其批注变化；再次单击图标，再观察变化。

12 展开显示以供审阅面板，选用【原始版本】，观察小作文初始内容；选用【无标记】观察小作文内容；最后恢复默认的【所有标记】。

> 💡 显示以供审阅用于控制修订标记方式。

▶ 学生确认更改

13 单击【审阅窗格】图标，打开【修订】窗格（见图 2-94），并观察其中的统计信息；在【更改】组（见图 2-95）中单击【拒绝】图标的下拉箭头按钮，展开并观察【拒绝】面板，理解其中命令含义；类似地，展开【接受】面板，观察并理解其项目含义。

14 观察当前的修订或批注，单击【接受】按钮或执行【接受】面板中的【接受并移至下一外】命令，观察作文内容变化以及【修订】窗格（见图 2-94）中的统计数据变化；依次类推，继续单击【接受】或【拒绝】按钮，直到所有修订处理结束，观察批注框和【修订】窗格（见图 2-94）中信息变化，关闭【修订】窗格。

> 💡 学生可选择接受或拒绝教师的修订。

▶ 修订选项设置

15 （选做）单击【修订】组（见图 2-93）中的对话框启动器，打开【修订选项】对话框，观察理解各选项含义后关闭；单击【高级选项】按钮，打开【高级修订选项】对话框，观察理解各选项含义后关闭。单击【更改用户名】按钮，打开【Word 选项】对话框，观察并理解【对 Microsoft Office 个性化设置】选区内的各选项含义。

> 💡 对修订和批注进行更多配置。

16 保存文档并提交作业。

📋 任务总结

　　批注可对文档内容、格式或操作等进行注解、诠释，或提出意见和建议。修订则是直接修改内容、格式或进行相关操作，同时对修改过程和痕迹进行跟踪记录。

　　批注不影响文档原有内容和格式，但可补充对待批注内容的注解或解释，目的是交由他人阅读和处理。修订直接修改文档，修订的结果有待他人确认，但不能对修改作出解释或说明。批注和修订两种方式配合使用审阅效果或许更佳。

　　修订过程中，新插入的内容（包括文本和嵌入型对象）表现为带下画线红字，删除的对象表现为加删除线红字，其他的修改都以红色虚线加红标注框显示。对非嵌入型图形，除删除操作外，Word 不会记录其他变化，而只是保留最终状态。

任务验收

知识和技能签收单（请为已掌握的项目画 √）

对作文进行修订		根据修订更改文章	
对作文进行批注		修订选项设置	
观察审阅信息		—	

微任务 W26 打印文档

任务简介

打印 Word 文档。

任务目标

学习和掌握 Word 文档的打印和设置方法。

关联知识

编辑好一篇文档后，一般都需要打印出来。文档打印前最好进行打印预览，防止因为文档设置不合适造成打印浪费。

1. 打印

打开需要打印的 Word 文档，单击【文件】菜单 | 【打印】图标，打开【打印】面板，如图 2-96 所示。其中，面板右部即为预览区，以方便用户预览打印结果。若对预览结果满意则可直接打印，否则返回文档继续编辑修改。

在【打印】面板中列区域主要用于选择打印机或设置打印参数，如指定打印份数、纸张大小、纸张方向、页面边距等。

打印文档时，默认打印整个文档，实际上更多的时候需要指定打印范围，例如打印当前页、奇数页、偶数页等，此外还可自定义打印范围。

对单节文档，只需在页数框中输入页码范围即可，如"1，5-8"表示打印第 1 页、第 5 页到第 8 页。

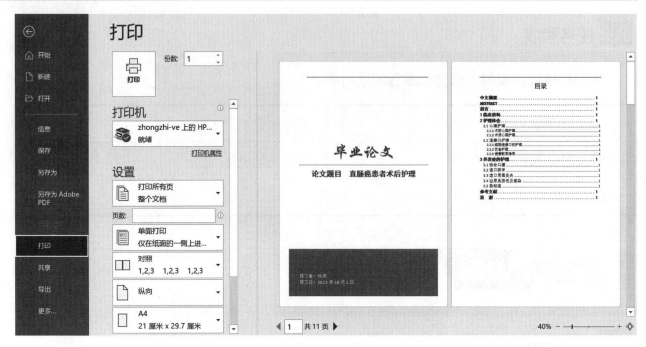

图 2-96　【打印】面板

对多节文档，指定范围的基本格式为 "PmSn"，意指第 n 节（Section）内页码为 m 的页（Page），其中的 m 以节内的实际页码为准。例如，"P1S2" 表示第 2 节 1 页，"P3S1-P5S1" 表示第 1 节 3~5 页，"P2S1-P6S1，P1S2-P3S2" 表示第 1 节 2~6 页和第 2 节 1~3 页。

2．虚拟打印

如果计算机配置有打印条件，当需要打印时就可直接将文档打印到纸面上。不过真实打印的过程中定会产生纸张、印墨等成本和打印设备损耗。虽然打印预览有利于用户事先预览打印结果，但与真实的打印效果还有一定的差距。

虚拟打印可把 Word 文档、图片等打印生成 PDF 文件。一方面用户可以比较真实地模拟体验打印设置过程，另一方面用户通过预览 PDF 文档可以相对准确地观察打印效果。

Windows 10 中内置有 Microsoft Print to PDF 虚拟打印机，用户只需要在打印文档（见图 2-96）时，选择该虚拟打印机，设置好打印参数，再执行打印命令。虚拟打印前，系统会提示指定 PDF 文件名和存储位置，确认后即可虚拟打印。打开生成 PDF 文件，即可观察虚拟打印结果。

若 Windows 平台未提供 Microsoft Print to PDF 虚拟打印机，推荐安装使用免费开源的福昕 PDF 阅读器，既能阅读 PDF 文件，又能提供虚拟打印支持。

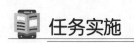 任务实施

01 打开 W18B.docx 文件，浏览其多页内容，核查其节数和页数。

▶ 打印预览

02 执行【文件】菜单|【打印】命令，打开【打印】面板（见图 2-96），观察其左、中、右三列界面；其中中列为打印设置区，右列为打印预览区。

03 在打印预览区，观察其左下角的页码信息和页码切换工具，并利用左、右箭头翻页预览各页的打印效果；观察预览区右下角的显示比例控制工具，自行调整显示比例以便预览页面的局部或全貌。

▶ 打印设置

04 在打印设置区中，展开【打印机】列表，并从中选择拟使用的打印机（如 Microsoft Print to PDF）；展开【打印范围】面板⊘，选择默认的【打印所有页】选项。

05 展开【单面打印】面板⊘，观察该打印机的双面打印功能；选择默认的【单面打印】。

06 展开【对照】面板⊘，观察当打印多份文件时打印页（页码）的输出模式；选择【对照】模式（默认）。

07 展开【每版打印页数】面板⊘，观察每个打印版面版（纸张）可以打印的页数；选择默认的【每版打印 1 页】。

▶ 虚拟打印

08 选择 Microsoft Print to PDF 打印机，指定打印 1 份，执行【打印】命令；在打开的【打印输出另存为】对话框⊘，指定文件名（如 1.pdb）和存储位置（如桌面）；单击【保存】按钮，观察产生的 PDF 文件并将其打印，观察虚拟打印结果。

Microsoft Print to PDF 是虚拟打印机。

09 在【打印范围】面板⊘内设置为【打印奇数页】，在页数输入框中输入"1-8"；观察利用预览区是否可以预览打印效果，再执行【打印】命令进行打印，打开虚拟打印生成的 PDF 文件，观察打印结果。

若无法打开 PDF，请安装相关阅读器。

10 选择【打印所有页】选项，并设置为【手动双面打印】，执行【打印】命令；当首次弹出【打印输出另存为】对话框⊘时，指定文件名（如"首面.pdf"）以接收首页打印结果；再次弹出该对话框时，指定新文件名（如"次面"）以接收次面打印结果。

双面虚拟打印将产生两份打印文件。

11 观察虚拟打印生成的两个文件（"首面.pdf"和"次面.pdf"），分别打开该两个文件，观察各面打印结果。

▶ 物理打印

12 （选做）选择真实存在的可用打印机，设置打印 1-2 页、双面打印、打印 1 份。

13 退出 Word 程序，将"首面.pdf"文件提交作业。

任务总结

　　打印 Word 文档本身比较简单；无特别设置时，默认单面打印所有页并打印 1 份。但在很多情况下，用户需要订制打印文档，如单双页打印、奇偶页打印及指定打印页码范围等，对初学者而言有一定难度，且不易达到预期打印效果。建议在正式打印之前先打印预览或采用虚拟打印机进行试验性打印。

任务验收

　　知识和技能签收单（请为已掌握的项目画√）

会按需选用打印机		会设置打印参数	
会打印预览或模拟打印		会将文档打印到纸面上	

微任务 **W27** 使用邮件合并

任务简介

　　利用邮件合并功能批量生成"健康查体通知"。

任务目标

　　学会基本的邮件合并操作；插入规则域；合并文档以及选用其他数据源。

关联知识

邮件合并

　　在日常生活中，我们常见的邀请函、通知单、工资条、成绩单等，大量文档的格式和内容基本相同，但具体内容略有差异；也可以理解为同一批文档来自相同的模板，但各文档中的具体数据不同，如图 2-97 所示的《健康查体通知》。对这类文档，如果采用传统的复制、粘贴再编辑的方法，效率显然低下，且易出错。

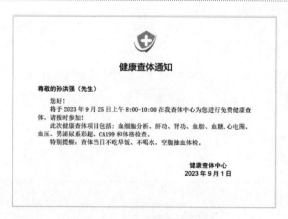

图 2-97　健康查体通知

Word 应用对批量合成文档的任务理解为批量发送邮件，为此在【邮件】选项卡（见图 2-98）中提供了强大的邮件合并功能。首先需要采集各文档所需数据（如姓名、时间）并存储为数据源，再利用 Word 强大的排版功能制作主文档，最后利用邮件合并功能将数据源中的数据嵌入主文档相应的位置，批量生成所需要的合并文档。

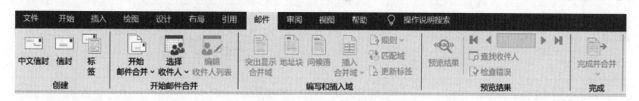

图 2-98　【邮件】选项卡

在【开始邮件合并】组中，单击【选择收件人】图标，展开【选择收件人】面板，如图 2-99 所示，用以选择数据源。数据源一般采用二维数据表格，由若干行和若干列数据组成，其中第一行被称为字段，其他行为被称为记录，Word 表格数据、Excel 表格数据、文本文档等都可以作为数据源，关系数据库（Access、MySQL）中的数据表也可以作为数据源，也可从 Outlook 联系人中选择。

在【开始邮件合并】组中，单击【开始邮件合并】图标，展开【开始邮件合并】面板，如图 2-100 所示，其中前 6 项为用于指定主文档类型，也即邮件模板类型，主要用以编排邮件中固定不变的部分。

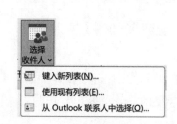

图 2-99　【选择收件人】面板

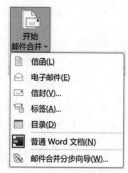

图 2-100　【开始邮件合并】面板

执行【邮件合并分步向导】命令，将打开邮件合并窗格，并引导用户完成邮件合并过程。

任务准备

查看数据源及主文档等素材文件的属性并为其解除锁定，以免在任务实施过程受 Windows 安全设置的影响。

任务实施

▶ 准备数据源

01 启动 Word 程序并创建空白文档，把"数据源.checkuplist.txt"的内容复制于其中；将新文档保存为"数据源.文本.docx"，再另存为"数据源.表格.docx"；将"数据源.表格.docx"中的文本数据转换成表格后保存文档；关闭所有数据源文件。

> 为邮件合并准备多种数据源。

▶ 准备主文档

02 打开"主文档.查体通知.docx"文档，将其设置为 A5 纸张、横排，再参照图 2-97 进行排版。

▶ 邮件合并分步向导

03 在【开始邮件合并】组⊙中单击【开始邮件合并】图标，展开【开始邮件合并】面板（见图 2-100）；执行【邮件合并分步向导】命令，打开邮件合并分步向导。

04 在第 1 步窗格⊙中设置主文档类型为"信函"；在第 2 步窗格⊙中将开始文档设为"使用当前文档"。

05 在第 3 步窗格⊙中，将收件人设为"使用现有列表"，单击【浏览】按钮，选择打开"数据源.checkuplist.txt"，在弹出的【文件转换】对话框⊙中观察数据正常显示；单击【确定】按钮，打开【邮件合并收件人】对话框⊙，若收件人列表无异常，单击【确定】按钮；继续观察其余步骤窗格，直到完成；关闭向导窗格。

> 至此数据源与主文档完成连接。

▶ 插入合并域

06 在【编写和插入域】组⊙中单击【插入合并域】图标，观察展开的【插入合并域】面板⊙，其中可见与数据源对应的数据项。

07 将插入点置于姓名空白处，打开【插入合并域】面板⊙并选用【姓名】，观察【姓名】域的特殊格式；单击【姓名】域，观察其显示状态；类似地，分别在年、月、日前的空白处对应插入【年】、【月】、【日】域。

08 在【预览结果】组⊙中，单击【预览结果】图标，观察文档中域的变化；单击【下一条】图标，观察域信息变化；继续导航到【尾记录】、【首记录】、第 8 条记录等，观察域信息变化；在合并域附近适当增删文本保证语句通顺，自行调整格式维护文档格式。

▶ 插入规则域

09 在文档中选取括号内的"先生/女士"，单击【编写和插入域】组中的【规则】按钮，展开【规则域】面板，执行【如果…那么…否则】命令，打开【插入 Word 域：如果】对话框；在【域名】处选择【性别】选项，在【比较条件】处选择【等于】，在【比较对象】框中输入"男"，在之下的【则…】和【否则…】两个输入框中分别输入"先生"和"女士"，确定后导航到不同的记录以观察规则域的信息变化。

10 将插入点置于"和"之前；同样打开【插入 Word 域：如果】对话框，在其中设定对【性别】等于"男"的显示"、男泌尿系彩超、CA199"，否则显示"、妇科彩超、妇科+ICT、CA125"，确认后观察不同性别的记录信息变化；保存当前主文档；

▶ 合并文档

11 在【完成】组中，单击【完成并合并】图标，展开【完成并合成】面板；执行【编辑单个文档】命令，打开【合并到新文档】对话框；选择【全部】选项，单击【确定】按钮后等待并观察合成文档（信函）；分别查看并确认邮件合并涉及的三类文档：数据源、主文档和合并文档，并关闭所有文档。

▶ 选用其他数据源

12 重新打开主文档，观察弹出的【同步打开数据源】对话框，单击【是】按钮后，打开数据源；利用【预览结果】组预览邮件合并结果。

13 在【开始邮件合并】组中，单击【选择收件人】图标，展开【收件人】面板，执行【使用现有列表】命令，选用"数据源.文本.docx"文档，预览邮件合并效果；类似地，再选用"数据源.表格.docx"作数据源，再预览效果。

14 保存并关闭"主文档.查体通知.docx"，提交作业。

 ## 任务总结

　　邮件合并提供了批量合成文档的能力，功能强大且实用；邮件合并要以数据源和格式模板为基础，并通过为格式模板指定数据源将二者有机关联；向格式模板插入数据域后，便可将数据源数据逐条与格式模板合并从而批量生成文档内容。

📖 **任务验收**

知识和技能签收单（请为已掌握的项目画√）

准备数据源和主文档		插入规则域	
数据源与主文档连接		合并文档	
插入合并域		选用其他数据源	

综合实训 W.G **批量制作荣誉证书**

学院成功举办某专业技能大赛，约有数十名同学获奖；学校为您提供了获奖者姓名、比赛项目和奖项等清单，现请您帮忙为获奖者们准备荣誉证书。荣誉证书参考样式如图 2-101 所示。

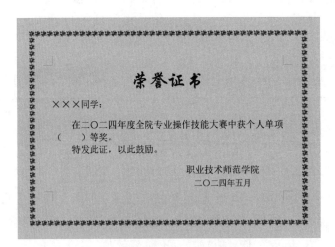

图2-101　荣誉证书参考样式

项目 3

Excel 2019 电子表格

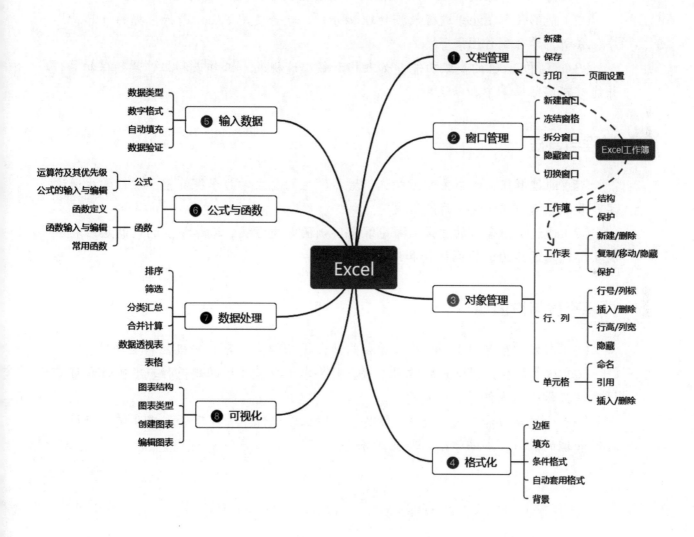

- ❶ 文档管理
  - 新建
  - 保存
  - 打印 —— 页面设置

- ❷ 窗口管理
  - 新建窗口
  - 冻结窗格
  - 拆分窗口
  - 隐藏窗口
  - 切换窗口

- Excel工作簿

- ❺ 输入数据
  - 数据类型
  - 数字格式
  - 自动填充
  - 数据验证

- ❻ 公式与函数
  - 公式
    - 运算符及其优先级
    - 公式的输入与编辑
  - 函数
    - 函数定义
    - 函数输入与编辑
    - 常用函数

- Excel

- ❸ 对象管理
  - 工作簿
    - 结构
    - 保护
  - 工作表
    - 新建/删除
    - 复制/移动/隐藏
    - 保护
  - 行、列
    - 行号/列标
    - 插入/删除
    - 行高/列宽
    - 隐藏
  - 单元格
    - 命名
    - 引用
    - 插入/删除

- ❼ 数据处理
  - 排序
  - 筛选
  - 分类汇总
  - 合并计算
  - 数据透视表
  - 表格

- ❽ 可视化
  - 图表结构
  - 图表类型
  - 创建图表
  - 编辑图表

- ❹ 格式化
  - 边框
  - 填充
  - 条件格式
  - 自动套用格式
  - 背景

学习目标

知识与技能

（1）掌握 Excel 的基本功能和操作；理解工作簿、工作表和单元格的基本概念；学会工作簿和工作表的管理、单元格的编辑、公式和函数的使用等基本操作。

（2）能够使用 Excel 进行数据处理和分析；学会使用 Excel 进行数据的计算、排序、分析，学会制作图表等。

（3）了解 Excel 的高级功能，如表格和数据透视表、工作表和工作簿的保护等，并能够在实际场景中加以运用。

过程与方法

（1）通过微任务的自主学习模式，培养学生的自主学习和探究能力，让学生通过实践和探索来掌握 Excel 的使用技巧。

（2）通过小组合作的方式，探究综合实训的解决方案，培养学生的创新思维和解决实际问题的能力，提高协作和沟通能力。

情感态度与价值观

（1）激发学生学习 Excel 的兴趣和热情，提高学生学习的积极性和主动性。

（2）培养学生严谨细致的学习态度，引导学生重视数据的规范性、准确性和可靠性，增强学生的责任感和使命感。

（3）通过学习和应用 Excel，帮助学生树立现代信息管理理念，提高学生数据处理和管理的能力，加强学生的职业竞争力。

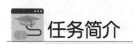 **Excel 2019 概述**

任务简介

启动和退出 Excel 2019，在熟悉 Excel 2019 工作界面的基础上进行工作簿的基本操作。

任务目标

熟悉 Excel 2019 的工作界面，掌握工作簿的基本概念，学会 Excel 2019 的启动和退出，学会管理工作簿和工作簿的基本操作。

关联知识

1. Excel 2019 的启动与退出

Excel 2019 的启动与退出与 Word 2019 基本相似。执行【开始】菜单|【Excel】命令，或者双击 Excel 2019 程序图标等，都可以打开 Excel 2019 应用程序，其工作界面如图 3-1 所示。

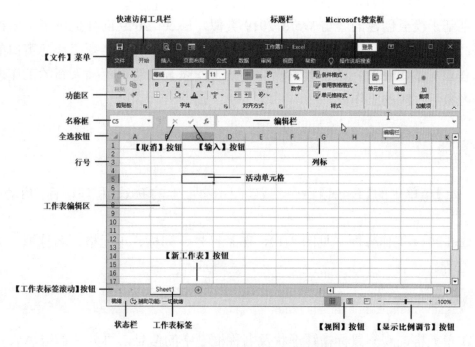

图 3-1　Excel 2019 工作界面

执行【文件】菜单|【关闭】命令，或者单击 Excel 窗口右上角的【关闭】按钮，都可以退出 Excel 应用程序。

2. Excel 2019 工作界面

Excel 的主工作区以二维表格的形式呈现，被称作工作表。工作表由行和列构成，表中的每一行都用数字编号标识（行号），每一列都用字母或字母组合标识（列标）。Excel 2019 中的每张工作表最多可有 1048576 行，16384 列。

行与列交叉形成的小方格被称为单元格，单元格名称默认以其所在位置的列标和行号标识；单击单元格可将其激活成活动单元格，同时其名字显示在名称框内，其内容显示在编辑栏中，如图 3-1 所示的 C5 单元格。

向活动单元格输入数据，将进入单元格编辑状态；按 Enter 键（回车键）表示确认输入，按 Esc 键表示放弃输入。双击单元格或单击编辑栏，都可进入单元格的编辑状态。当单元格处于编辑状态时，名称框右侧会出现【取消】和【输入】两个按钮，其功能分别与按 Esc 键和 Enter 键的功能相对应。

工作表左上角（行号区与列标区相邻）的小格是一个全选按钮，单击它可选中整张工作表；单击行号可选择相应的行，单击列标可选择相应的列。

3. 工作簿

工作簿是指由 Excel 程序创建或编辑的文件，其扩展名默认为.xlsx。在 Excel 2003 及之前的版本，默认扩展名为.xls。

工作簿是基于模板创建的。与 Word 2019 类似，Excel 2019 同样提供了可用模板，启动 Excel 程序时，系统默认利用"空白工作簿"模板创建空白工作簿。新工作簿窗口的左下角默认有 1 个工作表标签 Sheet1，单击其右侧的【新工作表】按钮，可插入新的工作表，单击工作表标签即可激活对应的工作表。

🚊 任务实施

01 执行【开始】菜单中的【Excel】命令，或者双击桌面上的 Excel 程序图标，启动 Excel 2019 程序。

02 观察 Excel 2019 工作界面（见图 3-1），熟悉行号、列标、单元格、名称框、编辑栏、工作表标签等。

▶ 激活单元格

03 单击 C3 单元格，观察鼠标指针形状及名称框⊘中的信息，再分别单击 A5、D6 等单元格，分别观察上述信息。

04 多次按 Enter 键，观察活动单元格的变化方向；多次按 Tab 键，观察活动单元格的变化方向；再按 Shift+Tab 组合键，观察活动单元格的变化方向；按键盘中的↑、↓、←、→等方向键，观察活动单元格的变化方向。

> 编辑单元格前，应先将其激活。

▶ 编辑单元格内容

05 双击 C3 单元格，观察鼠标指针形状及名称框右侧的取消（×）和输入（√）两个按钮的变化，将鼠标指针分别悬于其上并观察提示信息。在 C3 单元格中输入"单元格"并观察编辑栏中的内容变化，单击【取消】按钮并观察变化；再任意输入内容，观察编辑栏中的内容变化，单击【输入】按钮并观察变化。

> 双击单元格可进入其编辑状态。

06 双击 A1 单元格并在其中输入"学号"，按 Enter 键确认输入，观察该单元格的变化；在 A2 单元格中输入"1601"，按 Enter 键确认输入，并观察光标变化。类似地，在 A3 单元格中输入"1602"，在 A4 单元格中输入"1603"。双击 A3 单元格，将其内容修改为"2016"，按 Esc 键放弃修改。

07 双击 B1 单元格并在其中输入"姓名"，双击 B2 单元格，在编辑栏中输入"张三"，观察 B2 单元格的内容变化。在 B3 和 B4 单元格中分别输入"李四""王五"。

> 既可在单元格中编辑信息，也可在编辑栏中编辑信息。

▶ 认识工作表

08 观察 Excel 窗口（见图 3-1）底部的工作表标签区，并观察其中的 Sheet1 工作表标签，单击【新工作表】按钮，观察新建的工作表标签及其工作表（默认为空白表）。在新建的工作表的任意单元格中输入"工作表 2"；分别单击 Sheet1 和 Sheet2 工作表标签，观察工作表及其内容变化。

▶ 工作簿操作

09 执行【文件】菜单|【保存】命令，保存至目录"D:\学生.xlsx"；执行【文件】菜单|【关闭】命令，观察当前文档和 Excel 程序窗口的变化。

> 执行【文件】菜单|【关闭】命令，仅关闭当前工作簿，而非退出 Excel 程序。

10 执行【文件】菜单|【新建】命令，展开【新建】面板，单击【空白工作簿】选项，观察默认文件名及工作表数量。单击快速访问工具栏中的【新建】图标，观察新建工作簿的默认文件名和工作表数量。

> 工作簿中至少包含一个工作表。

11 打开"D:\学生.xlsx"文件，观察当前工作簿；在【视图】选项卡的【窗口】组中，单击【切换窗口】图标，展开工作簿列表，选择【工作簿 2】选项，再观察当前工作簿。

12 在【窗口】组 🔍 中单击【隐藏】图标，观察窗口变化。用类似的方法隐藏【学生】工作簿。单击【取消隐藏】图标，打开【取消隐藏】对话框 🔍，在【取消隐藏工作簿】列表中选中【学生】选项并单击【确定】按钮，用类似的方法取消对工作簿 2 的隐藏。

▶ 使用模板创建工作簿

13 执行【文件】菜单|【新建】命令，展开【新建】面板 🔍，在模板区中单击某个模板（如"学生课程安排"），即可创建新工作簿，观察新工作簿名及其内容。

14 保存"学生.xlsx"工作簿，关闭但不保存其他工作簿，提交作业。

📋 任务总结

Excel 具有强大的数据处理能力，它可以创建和编辑 Excel 工作簿文档。Excel 工作簿由若干个工作表构成，工作表又由若干行和列构成，行和列交叉形成存储和管理数据的单元格。

🎓 任务启示

Excel 作为一款电子表格处理软件，其功能全面、强大，为人们日常学习及工作过程中的表格设计、制作及数据处理提供了强有力的帮助。我们应从 Excel 的体系中学习严谨、缜密的工作态度，认真对待工作和学习中的每一项事务，这是今后变得强大、迈向成功的基石。

📖 任务验收

知识和技能签收单（请为已掌握的项目画 √）

知道 Excel 程序的主要用途		认识 Excel 窗口的主要组成	
认识工作簿和工作表		会工作簿的基本操作	
会在单元格中输入编辑数据		—	

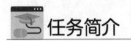

微任务 X02 认识单元格区域

任务简介

认识单元格区域，练习单元格区域的管理。

任务目标

理解单元格、单元格区域的概念，掌握选择、命名和定位单元格区域的方法。

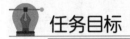

1. 单元格区域

在 Excel 中，单元格区域实际就是若干个单元格的集合，既可以是连续区域，也可以是非连续区域。

连续区域可以是一个单元格，也可以是单元格矩形区域、整行、整列、整表等。对于单个单元格，可用其单元格名称表示，如 C5 表示 C 列第 5 行的单元格；对于单元格矩形区域，可用其对角的两个单元格名称对表示，如图 3-2 所示的单元格矩形区域，可用 B2:C6 表示（以 B2 和 C6 为顶点）；对于整行，可用其所在行号表示，如 8:8 表示第 8 行，6:9 表示第 6 至 9 行；对于整列，可用其所在列标题表示，如 C:C 表示第 C 列，C:D 表示第 C 列至第 D 列。

不连续区域可被视为由若干个连续单元格区域组成：不同的单元格区域用英文逗号隔开，表示单元格区域的并集，如"B2:D5,C4:E6"表示"B2:D5"和"C4:E6"的并集，如图 3-3 所示的虚线框区域；不同的单元格区域用空格隔开，表示区域的交集，如"B2:D5 C4:E6"表示"B2:D5"和"C4:E6"的交集，即"C4:D5"，如图 3-3 的所示的实线框区域。

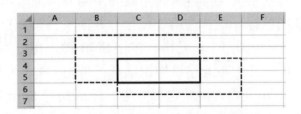

图 3-2　单元格矩形区域 B2:C6　　　　图 3-3　单元格区域的并集与交集

2．单元格区域的基本操作

单击单元格可选中单个单元格，名称框中显示该单元格地址；单击行号可选中单行，选择过程中名称框显示 1R（1Row）；单击列标可选中单列，选择过程中名称框显示 1C（1Column）。在拖曳鼠标选择矩形区域的过程中，名称框中显示 mR×nC 以表示区域为 m 行 n 列的单元格矩形区域。另外，按住 Ctrl 键，可选择任意不连续的单元格、行、列或单元格区域；按住 Shift 键，可选择连续的单元格、行、列等。

在选择单元格区域的基础上，单元格区域的基本操作主要包括插入、删除、合并、显示和隐藏等，所需的工具主要集中在【开始】选项卡，如图 3-4 所示。用户可以向工作表中插入（或删除）行、列、单元格，可以设置隐藏（或显示）行或列，可以将连续单元格合并为一个单元格，或者取消已合并的单元格区域。

图 3-4 【开始】选项卡

右击单元格区域，在弹出的快捷菜单中也会出现与单元格区域相关的操作命令，不再赘述。

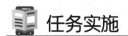

任务实施

01 启动 Excel 程序，并在当前工作表中录入数据（见图 3-5），将当前工作簿保存为"课程表.xlsx"。

图 3-5 录入数据

▶ **选取单元格或区域**

02 单击 C2 单元格，观察名称框中的名称；单击第 5 行行号，用鼠标左键按住第 5 行行号，分别观察名称框中的信息变化；类似地，分别单击 C 列的列标和按住 C 列的列标，再观察变化。

03 用鼠标左键从 C3 单元格拖选到 E7 单元格，观察名称框中的信息变化，释放鼠标左键再观察变化；再从对角线的不同方向拖选出这个矩形区域，观察名称框中信息的不同。

04 用鼠标左键按住第 3 行行号并拖曳到第 6 行行号；按住 Ctrl 键，分别单击 B 列和 D 列列标；单击 F3 单元格，按住 Shift 键，再分别单击 B 列和 D 列标题，随后松开 Shift 键并单击任意单元格以撤销选择；单击 C3 单元格，按住 Shift 键，单击 E8 单元格后再单击 F6 单元格，观察选择效果，随后松开 Shift 键并单击任意单元格以撤销选择。

05 在名称框中输入"D7"并按 Enter 键，观察选中的单元格区域；类似地，再分别在名称框中输入"3:5"、"C:D"和"C3:F6"，分别观察选中的单元格区域。

06 向右拖曳名称框与编辑栏之间的分隔线，以改变名称框的宽度。单击 A1 单元格左上角的全选图标，观察效果；按住该全选图标，在名称框中观察工作表的最大行数和列数。

▶ 单元格的合并与取消

07 单击 D5 单元格，在【开始】选项卡的【单元格】组◎中，依次执行【插入】|【插入工作表行】命令、【删除】|【删除工作表行】命令、【插入】|【插入单元格】命令，在打开的【插入】对话框中选中【活动单元格下移】单选按钮，并单击【确定】按钮。执行【删除】|【删除单元格】命令，在打开的【删除】对话框中选中【下方单元格上移】单选按钮，并单击【确定】按钮。观察对应执行过程的表格变化。

08 选择 H1:H7 单元格区域，在【对齐方式】组◎中单击【合并后居中】图标并观察合并效果。单击【合并后居中】图标右侧的下拉箭头按钮，展开【合并后居中】面板◎，执行【取消单元格合并】命令并观察取消效果；再执行【跨越合并】命令并观察合并效果；再执行【取消单元格合并】命令。

> Excel 单元格只能取消合并而不能拆分。 💡

09 选择 A2:C3 单元格区域，单击【合并后居中】图标右侧的下拉箭头按钮，展开【合并后居中】面板，执行【跨越合并】命令，观察结果。随后选择 A4:C5 单元格，执行【合并单元格】命令。

> 跨域合并即把矩形区域内的同行单元格合并。 💡

▶ 单元格的批注

10 单击 C6 单元格，在【审阅】选项卡的【批注】组◎中单击【新建批注】按钮，在批注框中输入"第 5 周周二"；单击 A1 单元格，观察 C6 单元格右上角的批注标记；鼠标指针悬于 C6 单元格之上，观察其批注信息。

11 在 A1 单元格中输入"节次"并添加批注"2023-2024-1 课程表"；在【批注】组◎中单击【显示所有批注】图标并观察效果，再次单击该图标将隐藏所有批注；激活 C6 单元格并删除其批注。

▶ 可见性设置

12 激活 E5 单元格，单击【开始】选项卡|【单元格】组|【格式】图标，打开【格式】面板◎；执行【隐藏和取消隐藏】|【隐藏列】命令，观察 E 列变化；选中 D:F 单元格区域，执行【隐藏和取消隐藏】|【取消隐藏列】命令，再观察 E 列变化。

13 隐藏第 5 行，观察第 4 和第 6 行号分隔线◎；将鼠标指针放到分隔线上，待鼠标指针变成双线双箭头时，按住鼠标左键并向下拖曳，直到显示出被隐藏的行。

14 保存并关闭工作簿，提交作业。

 任务总结

　　单元格是最小的单元格区域，由其所在列标和行号标识其地址。若将两个单元格地址用冒号分隔（如"C3:G9"），则表示以此两个单元格为对角线的单元格矩形区域；对多个单元格区域，若以英文逗号分隔（如"C3:G9,E5:K12"），则表示多个区域组合的并集；若以空格分隔（如"C3:G9 E5:K12"），则表示多个区域组合的交集。

选择单元格区域是进行单元格管理的基础操作，包括选择（激活）单元格、选择行、选择列，还可以连续选择、间隔选择等。

单元格的合并包括合并后居中、跨域合并等。单元格只可被合并，不可被拆分。但对已合并的单元格可以取消合并。

在 Excel 中可以插入、删除、隐藏行或列，也可插入或删除单元格，还可对单元格进行批注等。

任务验收

知识和技能签收单（请为已掌握的项目画✓）

知道单元格和单元格区域的概念		会命名单元格和单元格区域	
会选择单元格和单元格区域		会合并单元格	
会行和列的基本操作		—	

微任务 X03 输入数据

任务简介

向 Excel 单元格中输入常用格式的数据。

任务目标

理解 Excel 中的各种数据类型，掌握不同类型数据的基本输入方法，学会向 Excel 单元格中正确输入数据。

关联知识

数据类型

在 Excel 窗口的【开始】选项卡【数字】组的【数字格式】面板中，提供了数字、货币、会计专用、短时期、长时期、时间、百分比、分数、科学记数和文本等 10 种数字格式基本类型，如图 3-6 所示。其中的"常规"选项不代表任何特定格式，而是会根据用户输入数据的特点自动识别为上述的数字格式基本类型。

实际上，Excel 中的数据总体上可以分为数值和文本两大类型。

（1）数值型数据

数值型数据本质上是数值，可以进行数学运算，如价格、数量等。在 Excel 中，数值型数据可以表现为多种具体的数据形式，如数字、百分数、分数、科学记数、会计专用、货币、日期（从1900 年 1 月 1 日当天算起的天数，整数，当天为 1）、时间（小数，从 0 时起经过的秒数）等。数值型数据在单元格中默认为右对齐。

（2）文本型数据

文本型数据本质上是指不能进行数学运算的数据，如文字、符号、字母、姓名、民族、地址等。默认状态下，文本型数据在单元格中以左对齐方式呈现。

图 3-6 【数字格式】面板

需要特别说明的是，有些数据虽然全部由数字构成，如区号（010）、电话号码（12306）或身份证号码等，其各数字位一般都具有特定含义，它们在本质上并不是"数值"，而应归为"文本"，否则容易出错。

任务实施

01 启动 Excel 程序，新建空白工作簿并将其保存为"X03.xlsx"；在 B1 单元格内输入"星期三"并按 Enter 键。

▶ **输入普通数据**

02 将鼠标指针悬于 B1 单元格之上，观察单元格及鼠标指针状态；单击 B1 单元格，观察单元格选择状态⌖及鼠标指针形状；双击 B1 单元格，观察单元格编辑状态⌖，将其中的"三"改为"五"。

> 单元格具有选中、活动、编辑和普通四种状态。

03 从 B2 单元格开始向下依次输入"a"、"12345"、"#8"、"一"、"b3"、"3.14"、"365.25"和"护理 1 班"，观察各种数据的默认对齐方式。

> 数值型数据默认右对齐，文本型数据默认左对齐。

04 继续向下输入"2008-08-08"、"1900/1/1"、"1949 年 10 月 1 日"和"1-Aug-1927"，观察数据在单元格与编辑栏中显示的差异。继续向下输入"11:11pm"、"下午 5 时 25 分"和

"2008-5-12 14:28:04"，观察单元格中可能出现的一串"#"号，拉大 B 列宽度，直到"#"号消失。

> 列宽不足时，单元格的数值型数据将显示为一串"#"号。

05 在 B17 单元格中，按"Ctrl+;"组合键，将输入当前日期；在 B18 单元格中按"Ctrl+Shift+;"组合键，将输入当前时间；继续向下依次输入"-5""(5)""(-5)"，分别对应观察编辑区中的数据。

> 数字写在括号内表示负数。

▶ 输入特殊数据

06 从 B23 单元格起向下依次输入"2.0"和"012345"，观察单元格中的数字显示；在 B25 单元格中输入"370101999911112222"，分别观察单元格和编辑栏中的数据变化。

07 从 B26 单元格起向下依次输入"2/3"、"3/2"和"13/15"，分别观察各个单元格及对应编辑栏中的数据。

> 默认地，部分特殊数据无法完整保留输入的信息。

▶ 修正特殊数据

08 在 C24 单元格中输入"'012345"（英文单引号开头），并与 B24 单元格对照观察效果。类似地，在 C25 单元格中输入"'370101999911112222"后观察效果。

> 单引号开头可将"数值型数据"强制转换为"文本型数据"。

09 观察 C24 单元格左上角的绿色三角形标记，单击 C24 单元格，观察其左侧出现的黄色警告按钮，将鼠标指针悬于其上，观察提示信息。单击警告按钮，观察弹出的快捷菜单，执行"转换为数字"命令，观察结果，随后撤销以上操作。

> Excel 自动识别文本格式的数值并警示。

10 在 C26 和 C27 单元格中分别输入"0□2/3"（□表示空格）、"0□3/2"，分别观察单元格中的数据；在 E27 单元格中输入"5□1/2"，观察单元格中的数据。

> 输入分数时，先输入整数，按空格后再输入分子除以分母。

11 在【开始】选项卡的【数字】组⊙中，单击【数字格式】下拉箭头按钮，展开【数字格式】面板（见图 3-6），观察其中的数据格式；单击 D24 单元格，在【数字格式】面板中选择【文本】格式，在该单元格中输入"012345"，观察效果。

12 类似地，分别将 D25、D26、D27 设置为"文本""分数"等格式。

> 对于特殊数据，建议先设置数字格式，然后再输入数据。

▶ 改变数据格式

13 单击 B11 单元格并将其数字格式设置为"常规"。类似地，单击 B23 单元格，将其数字格式依次设置为"短日期"、"长日期"、"科学记数"和"数字"，分别观察编辑区和单元格中的数据变化。

同一数值可有不同的显示格式。

14 在 D23 单元格中输入"2.000"，将其数字格式设置为"数字"，观察数据变化；在【数字】组中，任意单击【增加小数位数】或【减少小数位数】图标，观察数字变化；设置该单元格中的数据最终显示为"2.000"。

15 观察【数字】组中的其他工具并理解其含义。设置 B3 单元格中的数据显示为"￥12,345.000"，B8 单元格中的数据显示为"3.6525E+02"，C26 单元格中的数据显示为"66.6667%"。

▶ 单元格内强制换行

16 在 C1 单元格中输入"学生姓名"，在单元格编辑状态，将光标置于文本中间，按 Alt+Enter 组合键后观察效果。向下拖曳编辑栏的下边缘以增加其高度，观察编辑栏内的全部内容；单击编辑栏尾部的【折叠编辑栏】箭头，观察编辑栏变化。

Alt+Enter 组合键，可实现单元格内数据的强制换行。

17 保存文件并退出 Excel，提交作业。

任务总结

Excel 中的单元格具有选中状态、活动状态、编辑状态和普通状态。在编辑状态时，可更改单元格内容，向活动状态的单元格中直接输入内容，单元格自动变为编辑状态。

Excel 中的数据主要分为数值和文本两大类型，前者在单元格中默认右对齐，后者在单元格中默认左对齐。数值型数据可有多种显示格式，用户可根据实际需要设置其显示格式。

输入数据时，Excel 自动识别并显示默认的数据格式。对于部分特殊格式（如分数、数值形式的文本），建议先设置数字格式，然后再输入数据。

任务启示

数据可以在医疗保健、零售和营销、制造等行业的决策中发挥重要作用。如果数据不可靠，那么它就是没有用的，甚至可能会导致严重的问题。例如，医学上不正确的数据可能会导致诊断错误，医生和专业人员依据错误的诊断开展相关治疗，可能会影响患者的治疗效果。

数据的大小、类型、来源、准确性等都有可能影响数据的可靠性，Excel 作为一款电子表格处理软件，拥有强大的数据处理能力，对数据的准确性和可靠性具有极高的要求，同学们在学习和工作中，要熟练掌握 Excel 的数据类型及其特征，秉持严谨、细致的学习和工作态度，保证数据的真实性、准确性和可靠性。

任务验收

知识和技能签收单（请为已掌握的项目画✓）

理解 Excel 中的数据类型		掌握普通数据的输入方法	
掌握特殊数据的输入方法		会设置数据的格式	
会单元格内强制换行		—	

综合实训 X.A 制作简单的数据表格

参照图 3-7，在 Excel 中录入数据，并对数据及所在区域进行格式化。

2024级大数据技术与应用专业 奖学金参评学生信息表							
序号	学号	姓名	性别	出生日期	班级	量化成绩	民主测评支持率
1	202402235	赵依依	女	2005-01-25	24大数据1班	89.50	87.13%
2	202402265	李尔	男	2005-08-12	24大数据2班	92.37	79.90%
3	202402301	苏一山	男	2005-11-02	24大数据3班	92.54	88.25%

图 3-7 制作简单的数据表格

微任务 X04 自定义数据格式

任务简介

在工作簿中自定义数据格式。

任务目标

了解 Excel 中的数字、日期、时间等数据格式及其定义方法。

关联知识

自定义格式

在【开始】选项卡的【数字】组中，单击其对话框启动器（或按 Ctrl+1 组合键），打开【设置单元格格式】对话框，如图 3-8 所示。对话框左侧的分类列表与常用数字格式基本一致，用户可以在常用数字格式的基础上对数据格式进行再定义，也可以直接在自定义界面中进行全新定义。

图 3-8 【设置单元格格式】对话框

良好的自定义数字格式可以让数据以恰当的形式呈现在用户面前，增强数据的可读性和可视化效果。

任务实施

01 启动 Excel 程序并创建空白文档；在当前工作表的 A1:F1 单元格区域中依次输入"日期""时间""普通数值""正负数""金额""特殊"，将文档保存为 X04.xlsx。

▶ 调整 Windows 日期和时间格式

02 按 "Ctrl+;" 组合键，在 A2 单元格中输入当天日期；按 "Ctrl+Shift+;" 组合键，在 B2 单元格中输入当前时间。选择 A2:B2 单元格区域并将其复制到 A3:B3 单元格区域中，分别将 A3 单元格和 B3 单元格的数字格式设置为"长日期"和"时间"，观察 A2:B3 单元格区域的数据格式与 Windows 状态栏中的日期和时间⊘格式是否一致。

03 右击 Windows 状态栏中的日期和时间⊘，在弹出的快捷菜单中执行【调整日期/时间】命令，打开【日期和时间设置】窗口⊘，在【相关设置】栏中继续执行【日期、时间和区域格式设置】|【更改数据格式】命令，打开【更改数据格式】窗口⊘。

04 X04.xlsx 窗口和【更改数据格式】窗口◎同时可见；在后者窗口中分别更改短日期格式、短时间格式、长日期格式和长时间格式，观察状态栏中日期和时间格式的变化。单击 X04.xlsx 窗口，观察其中日期和时间格式的变化。

> 💡 Excel 的日期和时间格式，受 Windows 日期和时间格式影响。

▶ 设置日期和时间格式

05 单击 A3 单元格，单击【开始】选项卡【数字】组的对话框启动器，打开【设置单元格格式】对话框（见图 3-8）。单击【分类】列表中的【日期】选项◎，随后在【类型】列表中浏览常见日期格式（部分格式前缀为*），从中选择中文全日期，在【示例】区预览后单击【确定】按钮，观察 A3 单元格的显示结果。

> 💡 前缀*的日期格式随 Windows 设置而变。

06 单击 B3 单元格，按 Ctrl+1 组合键，打开【设置单元格格式】对话框（见图 3-8），在【时间】分类中浏览【类型】列表，从中选择 12 小时制的双位时分秒格式，单击【确定】按钮后观察显示效果。

07 在 A4 单元格中输入 "2008-8-8"，按 Ctrl+1 组合键，打开【设置单元格格式】对话框，单击【分类】列表中的【自定义】选项，随后在右侧的【类型】列表中观察当前的自定义类型，尝试理解 y、m、d 的各自含义。

> 💡 在日期中，y、m、d 分别代表年、月、日的值。

08 在【类型】输入框中，将 "m" 变为 "mm"，将 "d" 变为 "dd"，将 "yyyy" 变为 "yy"，分别观察示例变化。将 yy、mm、dd 之间的分隔符分别改为 "年"、"月" 和 "日"，单击【确定】按钮后观察结果。

> 💡 利用 y、m、d 等可自定义日期格式。

09 在 B4 单元格中输入 "1:2:3"，打开【设置单元格格式】对话框，在【自定义】分类界面中观察当前自定义类型（如 "h:m:s"），将时、分、秒数值之间的分隔符更改为 "="，观察示例变化；再将其格式变更为 "m's " 后观察示例变化，再更改为 "【m】's"，单击【确定】按钮后观察 B5 单元格的时间格式。

> 💡 在时间中，h、m、s 分别代表时、分、秒的值。

▶ 设置数值格式

10 在 C2 单元格中输入 365.2429，打开【设置单元格格式】对话框，在【自定义】分类界面清空【类型】输入框中的内容并输入 "0.00000"，同步观察示例变化；在小数点之前逐字增加 4 个 "0"（自定义格式变为 "00000.00000"），观察示例变化。

> 💡 以 0 占位时，整数或小数位数不足时补 0，小数超长时舍入。

11 清空【类型】输入框中的内容并逐字输入 "#####.#####"，同步观察示例变化。类似地，重新输入自定义格式"0#####.00000",观察示例变化;重新输入自定义格式"0######.######0",再观察示例变化。

以#占位时,整数或小数位数不足时不补 0,小数超长时舍入。

12 在 D2 单元格中输入"123456",打开【设置单元格格式】对话框(见图 3-8)的【数字】选项卡🔍,在其【分类】列表中选择【数值】选项,在【负数】列表中选择任意选项,观察示例变化;勾选【使用千分位分隔符】复选框,设置 1 位小数位数,再观察示例变化;在该对话框的【分类】列表中选择【自定义】选项,观察其自定义格式,单击【确定】按钮后观察数据格式。

13 在 D3 单元格中输入"-12345",再打开【数值】分类界面🔍,选择红色、小括号类型,观察示例格式;打开【自定义】分类界面,观察其自定义格式,单击【确定】按钮后观察数据格式。

▶ 设置其他数据格式

14 在 E2 和 E3 单元格中分别输入"123.45",并将 E2 单元格的数字格式设置为货币格式、将 E3 单元格的数字格式设置为会计专用格式;在 E4 单元格中,计算用 E2 单元格中的人民币金额兑换成美元的金额(设 1 美元兑 7.15 元人民币);打开【货币】分类界面🔍,选取"$"货币符号,单击【确定】按钮后观察数据格式。

15 在 F2:F4 单元格区域中分别输入 123;单击 F2 单元格,打开【特殊】分类界面🔍,将其设置为"邮件编码",单击【确定】按钮后观察结果;类似地,将 F3 和 F4 单元格分别设置为"中文小写数字"和"中文大写数字",分别观察结果。

16 保存并关闭工作簿,提交作业。

🔋 任务总结

　　Excel 内置了部分常用数据格式,基本能够满足日常数据处理需要,但有时为了满足特殊需要,需要专门为单元格或区域定制数据格式。

📖 任务验收

知识和技能签收单(请为已掌握的项目画✓)

会设置内置的数字格式		会自定义数字格式	
会设置内置的日期和时间格式		会自定义日期和时间格式	
会设置特殊的数字格式		—	

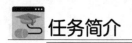 微任务 **X05** 自动填充和自定义序列

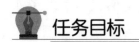

任务简介

利用填充功能为单元格批量填充数据，设置自定义序列。

任务目标

掌握 Excel 自动填充功能的基本用法，学会使用自定义序列进行填充。

关联知识

1. 自动填充

除了以手工方式逐个向单元格输入数据，还可将有规律的数据自动填充到单元格中，以减少重复操作，提高工作效率。

在 Excel 中，活动单元格的右下角都有一个方点（见图 3-9），被称作填充柄；把鼠标指针指向填充柄，当指针变成"十"字形时，按下鼠标左键对其拖曳，可实现自动填充。

图 3-9　填充柄

利用【开始】选项卡中的【填充】面板（见图 3-10）也可以实现填充功能，执行其中的【序列】命令，将打开如图 3-11 所示的【序列】对话框。其中，"行"和"列"表示填充的方向，"步长"表示每次填充的变化间隔，"终止值"表示填充的上限值。

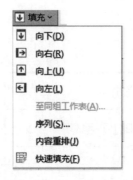

图 3-10　【填充】面板

图 3-11　【序列】对话框

2．自定义序列

序列是有顺序的文本型数据的集合，如星期一到星期日，一年十二个月份名称等，都可以定义为序列。单击【文件】菜单|【选项】|【高级】|【常规】|【编辑自定义列表】按钮，打开如图 3-12 所示的【自定义序列】对话框，可查看并定义 Excel 的新序列。

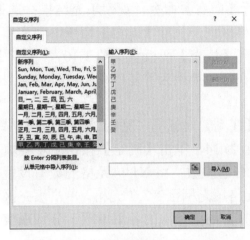

图 3-12　【自定义序列】对话框

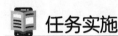 **任务实施**

01 启动 Excel 程序，并将创建的空白工作簿保存为 X05.xlsx。

▶ **手工填充数据**

02 在当前空白工作表的 A9:G9 单元格区域中依次输入"第一组"、"第二组"、"第三组"、"第四组"、"第五组"、"第六组"和"第七组"。

▶ **自动填充数据**

03 在 A1 单元格中输入 1，拖曳其填充柄（见图 3-9）向右至 D1 单元格；单击 A1 单元格，拖曳其填充柄到 A7 单元格；单击 B1 单元格并按住 Ctrl 键，拖曳其填充柄至 B7 单元格，比较 A、B 两列填充结果。

04 在 C2 单元格中输入 3，选择 C1:C2 单元格区域，观察该区域的填充柄；拖曳该填充柄至 C7 单元格；在 D2 单元格中输入 3，选择 D1:D2 单元格区域，按住 Ctrl 键并拖曳其填充柄至 D7 单元格，比较 C、D 两列填充结果。

关注数值的自动填充规律。

05 在 E1:H1 单元格区域的各单元格中输入"一"，在 G2:H2 单元格区域的各单元格中输入"三"；从 E1 单元格填充至 E7 单元格；按住 Ctrl 键，从 F1 单元格填充至 F7 单元格，比较 E、F 两列填充结果；选择 G1:G2 单元格区域，拖曳其填充柄至 G7 单元格；选择 H1:H2 单元格区域，按住 Ctrl 再拖曳其填充柄至 H7 单元格，比较 G、H 两列填充结果。

关注文本的自动填充规律。

▶ **命令填充数据**

06 在 I1 单元格中输入 1；单击 J1 单元格，在【开始】选项卡的【编辑】组⊙中单击【填充】图标，展开【填充】面板（见图 3-10），执行【向右】命令。类似地，依次单击 K1、L1、M1 单元格，并分别执行【向右】命令，观察填充结果；选择 K1:M1 单元格区域并清空内容；选择 J1:M1 单元格区域并执行【向右】命令，观察填充结果。

07 选择 J1:M1 单元格，展开【填充】面板（见图 3-10），执行【序列】命令，打开【序列】对话框。设置序列产生在行，类型为等差序列，步长值为 2，单击【确定】按钮后观察填充结果。

08 单击 J1 单元格，打开【序列】对话框（见图 3-11），设置序列产生在列，类型为等差序列，步长值为 3，终止值为 14，单击【确定】按钮后观察填充结果。

09 在 N1:N3 单元格中输入任意整数，将 N1 单元格的数值设置为红色、加粗、居中对齐、黄色填充；拖曳 N1 单元格填充柄至 N7 单元格，单击填充区域右下角出现的自动填充选项图标⊙；依次试用所打开的菜单中的各菜单项，分别观察填充变化；对自动填充选项图标及其菜单截图备用。

▶ **自定义序列**

10 在 A12:A20 单元格中依次输入"一月"、"星期一"、"第 1 组"、"甲"、"第一组"、"第甲组"、"赵"、"A"和"a"；选择 A12:A20 单元格区域，拖曳其填充柄填充至 N 列，分别观察各行结果并研究其填充规律；按住 Ctrl 键重新进行填充，观察填充结果，随后撤销本次填充。

文本的自动填充并非都可递变。

11 打开【Excel 选项】对话框⊙并单击【高级】选项卡，在【常规】选区中单击【编辑自定义列表】按钮，打开【自定义序列】对话框（见图 3-12），观察其中已有的自定义序列。从【自定义序列】列表中选择某个序列，并在【输入序列】文本框中观察其内容及状态。

内置的自定义序列不可被编辑。

12 在【自定义序列】对话框（见图 3-12）中，将光标置于对话框底部的单元格引用框内，再从工作表中选择 A9:G9 单元格区域，单击【导入】按钮，观察自定义序列中新建的"第×组"序列。

13 关闭【自定义序列】对话框，清空 A9:G9 单元格区域中的数据后再将其打开；从【自定义】列表中选择【第×组】序列；在【输入序列】文本框尾部添加"第 8 组"新项，单击【添加】按钮。

导入的自定义序列不依赖于数据源。

14 在【自定义序列】对话框的【自定义序列】列表中选择【新序列】选项，在【输入序列】文本框中逐项输入 a、b、c、d、e、f、g（每项占一行）；单击【添加】按钮后逐级关闭对话框。

15 选取 A16:A20 单元格，并将其填充至 N 列，逐行对比观察自动填充的数据变化；打开【自定义序列】对话框（见图 3-12），删除自己定义的序列，重新执行填充操作，观察自动填充结果。

包含在自定义序列中的数据自动填充时可以递变。

16 将备用的截图插入当前工作表中，保存并关闭工作簿，提交作业。

 任务总结

　　利用填充柄进行填充时，文本型数据和数值型数据的填充效果各不相同。对数值型数据，默认为复制填充，按下 Ctrl 键配合则为递变填充；当拖曳单元格区域的填充柄时，Excel 将自动判断数据之间的规律进行填充。对于自定义序列中的文本型数据，默认按序列递变填充，按 Ctrl 键配合时则复制填充；对于非自定义序列中的文本型数据，均为复制填充；对文本与数值的混合型数据，默认为自动递变填充，按 Ctrl 键配合时则为复制填充。

　　利用填充菜单提供的功能也可进行数据填充，其【序列】对话框主要用于数值型数据的填充。

 任务验收

知识和技能签收单（请为已掌握的项目画√）

会自定义序列		会使用填充柄自动填充数据	
会使用填充命令填充数据		熟悉各种数据的填充规律	

微任务 **X06** 设置单元格格式

 任务简介

为单元格及单元格中的数据设置格式。

任务目标

　　掌握行、列、单元格基本格式的设置方法；学会设置行高和列宽，以及单元格中字符、边框、底纹等格式。

关联知识

单元格格式

Excel 单元格格式与 Word 单元格格式有类似之处，如字体格式、对齐方式、数字格式、样式、行高和列宽等，其主要功能主要集中在【开始】选项卡，如图 3-13 所示。

图 3-13 【开始】选项卡

单击【开始】选项卡|【单元格】组|【格式】图标，展开如图 3-14 所示的面板，利用其中的【单元格大小】中的命令可设置行高和列宽。

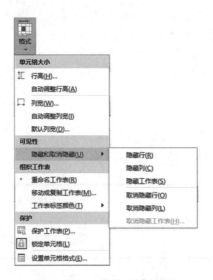

图 3-14 【格式】面板

执行【设置单元格格式】命令（或按 Ctrl+1 组合键），打开【设置单元格格式】对话框，可在其中进行更多的单元格格式设置。

任务实施

01 打开"住院费.xlsx"文件，并另存为 X06.xlsx。

▶ 设置行高和列宽

02 在【开始】选项卡的【单元格】组🔍中，单击【格式】图标，展开【格式】面板（见图 3-14）；执行【默认列宽】命令，在打开的【标准列宽】对话框中设置标准列宽为 9，单击【确定】按钮后观察默认列宽的变化。

默认列宽只影响未调整过宽度的列。

03 在列标区，拖曳 A 列右边线并将其列宽调整为 5.00。类似地，调整 B 列宽度为 6.00、C 列宽度为 5.00；右击 D 列列标，在弹出的快捷菜单^中中执行【列宽】命令，设置列宽为 11。

04 右击第 1 行行号，在弹出的快捷菜单中执行【行高】命令，将其设置为 32；向下拖曳第 2 行的下边线，并将其高度调整为 24；选择第 3 到 6 行，右击并执行【行高】命令，设置行高为 24。

可手动设置行高和列宽。

05 选择 A1:J1 单元格区域，设置字号 14 磅、加粗、居中，并在【对齐方式】组中设置自动换行；观察 E1 单元格内容，调整 E 列宽度直到"押金总额"文本显示在同行。

06 选择 A2:J6 单元格区域，将其字号设为 14 磅，观察 D 列数据；单击显示为一串"#"的单元格，打开单元格格式菜单（见图 3-14），执行【自动调整列宽】命令，观察 D 列数据。

可根据内容自动调整行高和列宽。

▶ 设置边框和底纹

07 选择 A1:J6 单元格区域，单击【字体】组的对话框启动器，打开【设置单元格格式】对话框；在【边框】选项卡中，设置内边框为浅蓝色细实线、外边框为深蓝色粗实线，单击【确定】按钮后观察所选区域的边框效果。

08 选择 A2:J2 单元格区域，在【字体】组中单击【填充颜色】的下拉箭头按钮，展开【填充颜色】面板，并将其主题颜色设为"白色，背景 1，深色 15%"。打开【设置单元格格式】对话框，在【填充】选项卡中将图案样式设置为"6.25% 灰色"。

▶ 设置数据格式

09 在第 1 行前插入新行，行高设置为 54；选择 A1:J1 单元格，单击【开始】选项卡|【对齐方式】组|【合并后居中】图标；设置字体为黑体、20 磅，并输入"住院消费汇总表"，将光标移至需换行的文字左侧位置，按 Alt+Enter 组合键强行换行，设置宋体 12 磅后输入"（单位：元）"。

10 选中"性别"所在的单元格，在【对齐方式】组中单击【方向】图标，展开【方向】面板，选择【竖排文字】选项，观察效果。类似地，将治疗费列中的"30"和"120"分别设置为"向上旋转文字"和"向下旋转文字"，分别观察两个数据的方向。

文字方向可通过旋转角度来调整。

11 打开【设置单元格格式】对话框，分别观察各页面的选项功能并理解其含义。利用该对话框将"押金总额"所在的单元格设置为黄色填充、垂直对齐靠上、缩小字体填充、方向 60 度。

【设置单元格格式】对话框集多功能于一体。

12 保存并关闭文件，提交作业。

任务总结

　　Excel 中的文字格式、对齐方式、边框及底纹的设置方法与 Word 类似，通过设置单元格格式可以使表格更加实用、美观。

任务验收

知识和技能签收单（请为已掌握的项目画✓）

会设置单元格内字符的格式		会设置单元格内数据的段落格式	
会设置单元格的边框和底纹		会设置行高和列宽	

综合实训 X.B 制作学期周历表

　　参照图 3-15，利用 Excel 的自动填充、自定义格式等功能，制作当前学期的周历表。

第XX学期周历

周次	日	一	二	三	四	五	六
1	[09]	04	05	06	07	08	09
2	10	11	12	13	14	15	16
3	17	18	19	20	21	22	23
4	24	25	26	27	28	29	30
5	[10]	02	03	04	05	06	07
6	08	09	10	11	12	13	14
7	15	16	17	18	19	20	21
8	22	23	24	25	26	27	28
9	29	30	31	[11]	02	03	04
10	05	06	07	08	09	10	11
11	12	13	14	15	16	17	18
12	19	20	21	22	23	24	25
13	26	27	28	29	30	[12]	02
14	03	04	05	06	07	08	09
15	10	11	12	13	14	15	16
16	17	18	19	20	21	22	23
17	24	25	26	27	28	29	30
18	31	[01]	02	03	04	05	06
19	07	08	09	10	11	12	13
20	14	15	16	17	18	19	20

图 3-15　学期周历表参照图

（1）日期均采用两位数值表示，所有单元格数据水平和垂直方向均居中。

（2）将每月第 1 天改为月份，并有别于普通日期进行突出显示。

（3）除月份外，对规律排列的其他数据尽可能利用填充功能填写。

微任务 X07 使用条件格式

任务简介

为单元格设置条件格式，使单元格满足条件时能够自动按指定格式显示。

任务目标

理解条件格式的概念，熟悉条件格式的效果形式，掌握条件格式的设置方法。

关联知识

条件格式

所谓条件格式，是指单元格格式可以根据条件变化而变化。利用条件格式，可以帮助用户突出显示所关注的单元格或区域。另外，数据条、颜色刻度和图标集等也可直观显示数据。

单击【开始】选项卡【样式】组中的【条件格式】图标，展开如图 3-16 所示的【条件格式】面板，除了为单元格提供多类预制的条件格式，还可通过管理规则实现条件格式。

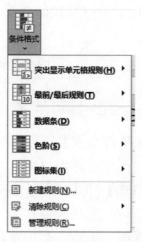

图 3-16　【条件格式】面板

在【条件格式】面板中执行【管理规则】命令，打开如图 3-17 所示的【条件格式规则管理器】对话框，已建立的条件格式规则会位列其中。在【条件格式规则管理器】对话框中，单击【新建规则】按钮，将打开如图 3-18 所示的【新建格式规则】对话框。利用该对话框，用户可以根据需要设置必要的规则条件及相应格式，创建新的格式规则。

图 3-17　【条件格式规则管理器】对话框　　　　图 3-18　【新建格式规则】对话框

条件格式基于条件会自动更改单元格区域的外观。如果条件为 True，则按指定格式更改；如果条件为 False，则保持原格式不变。

 任务实施

01 打开"住院费.xlsx"文件，并另存为 X07.xlsx，单击【开始】选项卡。

▶ **认识条件格式**

02 选择 F3:F7 单元格区域，单击【样式】组◎中的【条件格式】图标，展开【条件格式】面板（见图 3-16）；单击【突出显示单元格规则】选项，观察突出显示类型。执行【介于】命令，打开【介于】对话框◎，观察并理解各选项含义，设置单元格规则后单击【确定】按钮。

 　　　　　　　　　　　　　　　　符合特定条件的数据将按设定的格式显示。

▶ **管理条件格式**

03 选择 F3:F7 单元格区域，展开【条件格式】面板（见图 3-16），执行【管理规则】命令，打开【条件格式规则管理器】对话框（见图 3-17），并在其中观察第 2 步创建的规则。将鼠标指针悬于其【规则】、【格式】和【应用于】列，分别观察其提示信息并理解其各自含义。

04 在【条件格式规则管理器】对话框（见图 3-17）中，选中当前唯一的规则，单击【编辑规则】按钮，打开【编辑格式规则】对话框，观察其中的选项并理解其含义；将【介于】改为【未介于】，并逐步单击【确定】按钮返回工作表，观察条件格式效果。

05 选取 B3:B7 单元格区域，在【条件格式】面板中打开【突出显示单元格规则】菜单◎，执行【文本包含】命令，并在打开的对话框中输入"赵"，单击【确定】按钮后观察条件格式效果。

06 选取 C3:C7 单元格区域，打开【条件格式规则管理器】对话框（见图 3-17），观察其规则列表；展开【显示其他格式规则】列表并将其改为"当前工作表"，再观察规则列表；删除当前所有规则，单击【确定】按钮后观察效果。

▶ 多规则应用

07 选择 H3:H7 单元格区域并设置条件格式：对小于 7200 的单元格突出显示；对大于 6000 的单元格自定义格式，要求字体"加粗倾斜"并以"细 对角线 条纹"图案样式填充，逐步确认并返回工作表，观察条件格式效果。

08 选择 H3:H7 单元格区域，打开【条件格式规则管理器】对话框（见图 3-17），观察其中的两条规则及排列顺序；分析被选中单元格区域的条件格式效果。

> 新建的规则默认排在顶部；格式效果由规则从上向下叠加而成。

09 勾选第一条规则的【如果为真则停止】复选框，单击【应用】按钮，观察和分析条件格式效果；单击【下移】按钮，仅勾选第一条规则的【如果为真则停止】复选框，单击【应用】按钮后观察并分析条件格式效果。

> 【如果为真则停止】表示，若符合条件就停止叠加后续规则。

▶ 更多类别条件格式

10 选择 F3:F7 单元格区域，打开【条件格式】面板（见图 3-16），执行【最前/最后规则】|【前 10%】命令，在打开的【前 10%】对话框中单击【确定】按钮，关闭对话框。类似地，执行【最前/最后规则】|【前 10 项】命令，在打开的对话框中依次设置数值为 1、2、3 等，并预览效果，单击【确定】按钮后观察结果。

11 选择 F3:F7 单元格区域，单击【样式】组|【格式选项】|【最前/最后规则】|【高于平均值】选项，打开【高于平均值】对话框，单击【确定】按钮后观察结果。类似地，再单击【低于平均值】选项，单击【确定】按钮后再观察结果；打开【条件格式规则管理器】对话框（见图 3-17），观察其中规则列表，分析 F3:F7 单元格格式产生的原因，删除"高于平均值"规则，单击【确定】按钮后观察结果。

> 每次应用预制的条件格式时都会自动产生新规则。

12 选择 I3:I7 单元格区域，展开【条件格式】面板，选择【数据条】选项，展开【数据条】面板，将鼠标指针悬于各图标，预览各数据条效果，选择橙色、渐变填充，观察结果。

> 利用数据条的长短直观表达数值大小。

13 选择 E3:E7 单元格区域，展开【条件格式】面板，选择【色阶】选项，展开【色阶】面板；将鼠标指针悬于各图标，预览各色阶效果；选择红白色阶，观察结果。

> 利用色阶的颜色可直观表达数值大小。

14 选择 G3:G7 单元格区域，展开【条件格式】面板，选择【图标集】选项，展开【图标集】面板；将鼠标指针悬于各图标集，预览各自效果；选择"五等级"图标，观察结果。

利用图标形状直观表达数值大小。

▶ 自定义条件规则

15 选择 D3:D7 单元格区域；在【条件格式规则管理器】对话框（见图 3-17）中，单击【新建规则】按钮，打开【新建格式规则】对话框：在【选择规则类型】列表中选择【仅对高于或低于平均值的数值设置格式】选项；在【编辑规则说明】选区中设置【高于】，单击【格式】按钮，并将单元格填充的背景色设为黄色，单击【确定】按钮后返回工作表。类似地，将低于平均值的单元格格式设为绿背景，逐步确认返回工作表后观察结果。

16 保存并关闭工作簿，提交作业。

任务总结

　　设置单元格区域的条件格式时，符合特定条件的情况下才会更改为指定格式，以便突出异常数据、典型数据，或者通过数据条、颜色刻度和图标集等直观显示数据。
　　设定条件格式的条件基于逻辑或关系表达式，设定的格式包括数据格式和单元格格式等。

任务验收

知识和技能签收单（请为已掌握的项目画✓）

理解条件格式的含义及作用		会定义单元格区域的条件格式	
会管理条件格式		理解多规则条件格式的应用原则	
会自定义条件规则		—	

综合实训 X.C 美化表格

　　打开"成绩单.xlsx"文件，并按下述要求对表格及其数据进行美化，最终的表格美化效果如图 3-19 所示。

2024级大数据技术与应用专业成绩单							
学号	姓名	班级	Word	Excel	PowerPoint	OneNote	总评
202402235	赵依依	24大数据1班	92	79	95	86	352
202402265	李尔	24大数据2班	87	71	68	67	293
202402301	苏一山	24大数据3班	100	90	98	96	384
202402173	刘思思	24大数据1班	67	57	72	75	271
202402163	丁武	24大数据2班	60	48	75	86	269
202402281	王璐	24大数据2班	89	84	92	81	346
202402318	张启明	24大数据1班	42	43	68	77	230
202402239	辛欣	24大数据3班	75	62	95	93	325
202402302	陆明	24大数据1班	50	85	94	87	316
202402296	李立	24大数据3班	75	69	43	43	230

图 3-19　最终的表格美化效果

（1）为表格添加如图 3-19 所示的标题，为标题行添加灰色底纹。

（2）为表格添加边框，设置外边框为粗实线，内边框为细实线，标题行下框线为双实线。

（3）使用条件格式突出显示各科不及格成绩，并为总评添加数据条。

微任务 X08 管理工作表

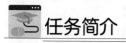

任务简介

对 Excel 工作簿中的工作表进行个性化管理。

任务目标

掌握工作表新建、复制、移动、删除等基本操作，学会管理和维护工作表。

关联知识

工作表管理

工作表的管理主要包括新建、移动、复制、隐藏/显示、重命名和更改表标签颜色等。

工作表管理工具主要分布在【开始】选项卡的【单元格】组中，如图 3-20 所示，在【插入】、【删除】和【格式】等面板内都有涉及。

工作表管理栏位于工作簿文档底部（状态栏之上），如图 3-21 所示，其中显示当前工作簿中可见工作表的标签（如 Sheet1）。

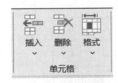
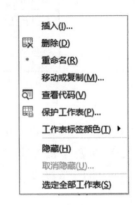

图 3-20 【单元格】组   图 3-21 工作表管理栏

单击【新工作表】图标，可创建新的工作表，右击工作表标签将弹出工作表管理快捷菜单，如图 3-22 所示，以此可对工作表进行多方位管理。

管理工作表时，单击工作表标签可选中对应的工作表；按住 Ctrl 键，可选中多个非连续工作表；按住 Shift 键，可选中多个连续工作表。当多个工作表被同时选中时，Excel 标题栏中将显示"组"字样。

任务实施

图 3-22 工作表管理快捷菜单

01 启动 Excel 程序，观察新建的空白工作簿中的工作表数量。

▶ 设置默认工作表数

02 打开【Excel 选项】对话框，在【常规】选项卡的【新建工作簿时】选区中，设置包含的工作表数为 8；单击【确定】按钮，新建一个空白工作簿，在工作表管理栏中观察其默认工作表的数量，并将其保存为 X08.xlsx。

03 打开【Excel 选项】对话框，将包含的工作表数设置为 255，观察效果；再试图增加该数值，观察效果；单击【确定】按钮后返回工作簿，新建一个空白工作簿，观察其工作表的数量。

04 在工作表管理栏（见图 3-21）内，将鼠标指针悬于各导航箭头🔍，并观察提示信息。按住 Ctrl 键并单击▶图标，观察最后一张表及默认表名，再单击【新工作表】图标，观察结果；按住 Ctrl 键并单击◀图标，观察现象；关闭并放弃保存该工作簿，将【包含的工作表数】恢复为 1。

💡   Excel 2019 新建工作簿最多包含 255 张工作表。

▶ 选择工作表

05 返回 X08.xlsx 工作簿，在 Sheet1、Sheet3 工作表的 A1 单元格中分别输入"表一""表三"；先选中 Sheet2 工作表，按住 Ctrl 键后再选中 Sheet4 工作表，在 A1 单元格中输入"表 2+4"；类似地，选择 Sheet5 至 Sheet8，在 A1 单元格中输入"表 5-8"；逐个观察各表中 A1 单元格的值。

💡   可在工作表组内各表的相同单元格中同时输入相同内容。

▶ 管理工作表

06 右击 Sheet1 工作表，展开工作表管理快捷菜单（见图 3-22），执行【重命名】命令并将表名改为"学生"；双击 Sheet2 工作表名并将其改为"第 1 学期"。类似地，将 Sheet3 工作表名改为"量化汇总"，Sheet4 工作表名改为"第 2 学期"，Sheet5 工作表名改为"成绩汇总"。

07 右击 Sheet7 工作表，执行【删除】命令，同时选定 Sheet6 工作表和 Sheet8 工作表，再将它们删除。

08 右击【量化汇总】工作表，执行【插入】命令，打开【插入】对话框⊘，选择【工作表】图标后单击【确定】按钮，观察新工作表名及位置，并重命名为"其他"；单击【新工作表】按钮，并将新工作表命名为"新表"。

> 执行【插入】命令，将在当前工作表之前插入新表。 🔅

09 右击【新表】工作表并执行【隐藏】命令。类似地，再隐藏【量化汇总】工作表；右击任意表标签并执行【选定全部工作表】命令，再右击任意表名并执行【隐藏】命令，观察出错信息后单击【确定】按钮；右击任意表名，执行【取消隐藏】命令，打开【取消隐藏】对话框，选中【新表】选项，随后单击【确定】按钮后观察变化。类似地，取消【量化汇总】工作表的隐藏。

> Excel 工作簿至少有一张可见工作表。 🔅

10 右击【第 1 学期】工作表并执行【移动或复制】命令，打开【移动或复制工作表】对话框⊘，在工作表列表中选择【成绩汇总】选项并勾选【建立副本】复选框，单击【确定】按钮后将新表命名为"第 3 学期"；再次右击【第 1 学期】工作表并执行【移动或复制】命令，将其移动到【量化汇总】工作表之后。

▶ 用鼠标移动或复制工作表

11 用鼠标左键拖曳【成绩汇总】工作表，观察新出现的白色小图标和黑色三角箭头，当黑色三角箭头指到"第 1 学期"前，松开鼠标左键，观察移动效果。类似地，拖曳【第 1 学期】工作表到【第 3 学期】工作表之后，按住 Ctrl 键，观察白色小图标内部的+号；先松开鼠标左键再释放 Ctrl 键，观察复制得到的新表并将其表名改为"第 4 学期"。

▶ 工作簿间移动或复制工作表

12 右击【量化汇总】工作表并执行【移动或复制】命令，打开【移动或复制工作表】对话框⊘；观察工作簿列表，从中选择【新工作簿】选项，同时勾选【建立副本】复选框，单击【确定】按钮后观察新建工作簿的默认名称及复制的工作表。

13 返回 X08.xlsx 工作簿。类似地，将【成绩汇总】工作表复制到刚刚新建的工作簿，将【新表】和【其他】工作表也移动到该工作簿内。返回 X08.xlsx 工作簿并执行保存命令。

▶设置标签颜色

14 右击【学生】工作表标签，从工作表管理快捷菜单（见图 3-18）中单击【工作表标签颜色】选项，展开【主题颜色】面板⊘；从中选择红色，观察标签颜色变化。类似地，再将【量化汇总】【成绩汇总】工作表标签设置为蓝色，将各学期成绩表标签设置为绿色。

15 保存 X08.xlsx 工作簿并提交作业。

任务总结

　　工作表管理包括新建、移动、复制、隐藏/显示、重命名和设置表标签颜色等。实施管理前，一般需要先选中工作表，然后再实施管理操作。

　　Excel 提供了快速管理工作表的方法：双击表标签可重命名；拖曳表标签可移动，按住 Ctrl 键可配合复制，按 Shift+F11 组合键可追加；被同时选定的多个工作表构成形成工作组，可一次性同时向各表同一位置的单元格中输入数据。

任务验收

知识和技能签收单（请为已掌握的项目画✓）

会设置默认工作表数量		理解默认工作表数对工作簿的影响	
会选择工作表		理解工作表组的含义及用法	
会移动、复制、重命名工作表		会插入、隐藏工作表	
会设置工作表标签颜色		—	

微任务 X09 管理窗口

任务简介

使用 Excel 的窗口管理功能。

任务目标

理解 Excel 多窗口管理的意义，掌握多窗口管理的方法。

关联知识

窗口管理

Excel 窗口管理与 Word 窗口管理类似，包括窗口的拆分、隐藏、并排查看、新建窗口和切换窗口等。另外，Excel 还具有自身特色的窗口管理功能，其窗口管理工具主要集中在【视图】选项卡的【窗口】组中，如图 3-23 所示。

图 3-23 【窗口】组

冻结窗格和拆分功能主要针对工作表，方便用户更好地观察和比较行或列较多的工作表。被拆分窗格的控制既具有独立性，也具有联动性，但由于各窗格的内容皆源自同一张工作表，故各窗口的数据又具有一致性。

同样，为方便用户观察和比较大型工作簿，同一个工作簿可创建多个窗口，内容具有一致性；各窗口之间具有独立性，同步滚动可使其具有联动性。

任务实施

01 打开"销售报表.xlsx"文件并另存为 X09.xlsx，切换至【视图】选项卡，确认第 1 行和第 A 列在当前窗口中可见。

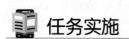 冻结窗格

02 单击 C3 单元格，单击【窗口】组（见图 3-23）中的【冻结窗格】图标，展开【冻结窗格】面板◎，执行【冻结首行】命令，观察首行下出现的分隔实线（冻结线）。拖曳垂直滚动条并观察行的冻结效果，拖曳水平滚动条以测试列的冻结效果。

03 展开【冻结窗格】面板◎，执行【取消冻结窗格】命令，垂直滚动窗口并使第 15 行成为可见的首行；再展开【冻结窗格】面板◎并执行【冻结首行】命令，观察冻结线并测试行的冻结效果。

仅冻结可见的首行，与所选区域无关。

04 取消冻结窗格，滚动窗口并使 A1 单元格可见；单击 C3 单元格，展开【冻结窗格】面板◎并执行【冻结首列】命令；观察首列右边出现的冻结线，分别测试行和列的冻结效果。

05 取消冻结窗格，水平滚动窗口并使 B 列成为可见的首列；展开【冻结窗格】面板◎并执行【冻结首列】命令，观察冻结线并测试列的冻结效果。

仅冻结可见的首列，与所选区域无关。

06 选择 C3:D6 单元格区域，展开【冻结窗格】面板◎并执行【冻结窗格】命令，观察冻结线位置，分别测试行和列的冻结效果。类似地，再基于 C2 单元格冻结窗格，并测试行和列的冻结效果。

> 💡 以所选区域的左上角边线作为冻结线。

07 单击 C1 单元格或选择第 C 列，展开【冻结窗格】面板◎并执行【冻结窗格】命令，观察冻结线并测试行和列的冻结效果。类似地，单击 A6 单元格或选择第 6 行，再执行【冻结窗格】命令，观察冻结线并测试行和列的冻结效果，随后取消冻结窗格。

> 💡 利用冻结窗格可实现冻结多行或多列。

▶ 拆分窗格

08 单击 C15 单元格，在【视图】选项卡的【窗口】组（见图 3-23）中单击【拆分】图标，观察水平拆分线和垂直拆分线的位置，同时观察由此被拆分的四个小窗格。分别拖曳水平和垂直拆分线，以便使各窗格的大小大致相等。

09 激活左上角窗格中的任意单元格；拖曳该窗格的垂直滚动条，观察左上、右上两个窗格内容垂直联动效果；拖曳其水平滚动条，观察左上、左下两个窗格内容水平联动效果。

> 💡 被拆分的窗格具有独立性、联动性。

10 让各窗格的 A1 单元格可见；在左上角窗格中激活任意单元格，观察各窗格中的活动单元格；将 C2 单元格的值更改为"-1234"后再撤销更改，观察各窗格中数据的同步变化。

> 💡 被拆分的窗格具有数据一致性。

11 在【窗口】组（见图 3-23）中，再次单击【拆分】图标来取消拆分；选择第 15 行，再执行拆分命令，观察水平拆分线及形成的上、下两个窗格；类似地，选择第 C 列后执行拆分命令，观察形成的左、右两个窗格；选择 C15:F20 单元格区域，并依此对当前工作表进行拆分，观察拆分结果。

▶ 新建窗口

12 在【窗口】组中单击【切换窗口】图标，观察展开的窗口项目列表◎；单击【窗口】组中的【新建窗口】图标，再观察窗口项目列表◎；在【窗口】组中单击【全部重排】图标，打开【重排窗口】对话框◎，选中【水平并排】单选按钮，单击【确定】按钮后观察效果。

13 滚动当前窗口内容，观察另一个窗口内容变化；单击【并排查看】图标（【同步滚动】图标会处于选中状态）后，滚动当前窗口内容并观察另一个窗口；取消同步滚动，再测试两个窗口的同步效果；在任意一个窗口的 G1 单元格中输入"合计"，观察另一个窗口变化。

14 再创建新窗口，打开【重排窗口】对话框◎，选中【垂直并排】单选按钮，单击【确定】按钮后观察排列效果；单击【并排查看】图标，打开【并排比较】对话框◎，从中选择任意一个窗口，单击【确定】按钮后观察效果。

▶ 隐藏和关闭窗口

15 在【窗口】组（见图 3-23）中单击【隐藏】图标，观察窗口项目列表🔍，再设置【垂直并排】，观察效果；在【窗口】组执行【取消隐藏】命令，打开【取消隐藏】对话框🔍，选择被隐藏的窗口项目，单击【确定】按钮后观察结果。

16 单击当前窗口的【关闭】按钮，观察现象。类似地，关闭另外一个窗口，观察现象；再关闭最后一个窗口，根据提示保存文件，并提交作业。

任务总结

　　Excel 窗口管理包括多文档的多窗口（打开的多个文档）管理、同文档的多窗口（新建窗口）管理，前者是打开多个文档产生的效果，后者则是对当前文档创建新窗口产生的效果。Excel 打开多个窗口时，可以进行切换窗口、并排查看和全部重排等窗口操作。

　　同一窗口可被拆分为多个窗格，以便同时观察同一窗口中的不同部分。另外，在 Excel 中，可以从指定位置冻结顶部的部分行或左侧的部分列，被冻结部分在窗口滚动时可保持不动。

任务验收

知识和技能签收单（请为已掌握的项目画 ✓）

会冻结窗格的操作		理解冻结窗格的规则	
会拆分窗口		理解拆分窗口的规则	
会新建窗口		会隐藏窗口	

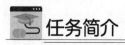

微任务 X10　使用公式

任务简介

　　在单元格中使用公式，并利用公式运算处理和填充单元格的数据。

任务目标

理解公式的基本概念，掌握公式的表示方法和基本用法，并学会利用公式获取单元格所需要的计算数据。

1. 运算符和表达式

Excel 中的运算符分为算术、比较、文本连接和引用等四种分类，见表 3-1。

表 3-1　Excel 运算符及分类

类型	运算符	含义
算术 运算符	+	加法
	−	减法或负号
	*	乘法
	/	除法
	%	百分号
	^	乘方
比较 运算符	=	等于
	>	大于
	<	小于
	>=	大于等于
	<=	小于等于
	<>	不等于
文本连接 运算符	&	将两个文本型数据连接起来产生新的文本
引用 运算符	:	区域运算符：生成一个对两个引用之间所有单元格的引用
	,	联合运算符：将多个引用合并为一个引用
	空格	交集运算符：生成一个对两个引用中共有单元格的引用

表达式是运用运算符连接各种数据进行运算的计算式。Excel 的表达式由运算符、常量、单元格地址、函数及括号等组成。根据数据类型选用运算符类型，运算符类型又决定了表达式类型及其运算结果的数据类型。单元格地址在公式中被称作引用，引用运算符已在管理单元格区域的任务中进行了讲解，不再赘述。

使用 Excel 公式同样需要注意其运算符的优先级，Excel 运算默认的优先次序从高到低为：引用运算符、−（负号）、%（百分号）、^（乘方）、*（乘号）和/（除号）、+（加号）和−（减号）、&（连接符）、比较运算符。有时为了运算的需要，可利用英文圆括号（ ）来改变运算顺序。

2．公式

在 Excel 中，公式必须以"="号开头，基本格式为"=<表达式>"。

在单元格中输入公式，Excel 可自动运算并返回结果。例如，输入公式"=3+2*2"，单元格中将显示其运算结果"7"；输入公式"=A2+A7"，单元格中将显示 A2 和 A7 两个单元格的值之和。

本任务重点应用加减乘除四则运算，引导用户掌握公式的基本用法。

 任务实施

01 打开"住院费.xlsx"文件并另存为 X10.xlsx，切换至 Sheet2 表。

02 在 A1 至 C1 单元格中分别输入"语文"、"数学"和"总分"；在 A2 和 B2 单元格中分别输入 78、90；选择 A2:B2 单元格区域，向下拖曳填充柄至第 4 行。

▶认识公式

03 在 C2 单元格中输入"=78+90"并确认输入，观察该单元格和编辑栏 ⊘ 内显示的内容；将 B2 单元格中的 90 改为 85，观察 C2 单元格的计算机结果。

> 公式都以"="开头。

04 在 C3 单元格中输入"=A3+B3"并确认输入；观察该单元格和编辑栏 ⊘ 内显示的内容。

> 编辑栏内显示公式，单元格内显示计算结果。

05 在 C4 单元格输入"="，单击 A4 单元格，输入"+"号、单击 B4 单元格，确认输入后观察 C4 单元格及编辑栏内显示的内容；将 B3:B4 单元格区域中的 90 都改成 85，再观察 C2:C4 单元格区域中的数据变化。

> 公式中引用的单元格内容变化时，计算结果会自动更新。

▶应用公式

06 单击 Sheet1 工作表，在"治疗费"之后依次添加"消费金额"和"资金余额"。

07 利用单元格地址计算张红的"消费金额"（消费金额=床位费+护理费+药费+检查费+治疗费）和"资金余额"（资金余额=押金总额－消费金额）。

> K3=F3+G3+H3+I3+J3；L3=E3-K3。

08 选择 K3 单元格，拖曳其填充柄至 K7 单元格，观察填充计算结果；选择 L3 单元格，拖曳其填充柄至 L7 单元格，观察填充计算结果；清空 K4:L7 单元格区域中的内容，选择

K3:L3 单元格区域，拖曳其填充柄到第 7 行，对比观察两次填充的计算结果。

09 在【公式】选项卡的【公式审核】组中单击【显示公式】图标，观察 K3:K7 各单元格中公式的异同及递变规律；类似地，观察 L3:L7 各单元格中公式的递变规律；单击【显示公式】图标，取消显示公式。

> 垂直方向自动填充时，单元格地址中的行号默认递变。

10 在 A8 和 A9 单元格中分别输入"合计""平均"，分别合并 A8:D8、A9:D9；分别在 E8 和 E9 单元格中计算所有患者的"押金总额"的合计值和平均值；选中 E8:E9 单元格区域并拖曳其填充柄至 L 列，观察填充计算结果。

> A9=（E3+E4+E5+E6+E7）/5。

11 参照第 9 步，显示公式，分别观察 E8:L8 和 E9:L9 各单元格中公式的递变规律；取消【显示公式】。

> 水平方向自动填充时，单元格地址中的列名默认递变。

▶ 追踪单元格

12 选择 K3 单元格，在【公式审核】组中单击【追踪引用单元格】图标，观察箭头线段的起点（圆点）和终点（箭头）并理解其含义；在【公式审核】组中单击【删除箭头】图标，展开【删除箭头】面板，执行【删除引用单元格追踪箭头】命令，观察效果。

> 追踪本单元格公式中引用的单元格。

13 选择 K3 单元格，在【公式审核】组中单击【追踪从属单元格】图标，观察箭头起始标记并理解其含义；执行【删除从属单元格追踪箭头】命令，观察效果。

> 追踪引用本单元格的单元格公式。

14 选择 K3 单元格，按"Ctrl+【"组合键，观察选中的单元格与本单元格的关系；激活 K3 单元格，按"Ctrl+】"组合键，再观察选中的单元格与本单元格的关系；激活 K7 单元格，分别追踪其引用单元格和从属单元格。

> "Ctrl+【"组合键用于追踪引用单元格，"Ctrl+】"组合键用于追踪从属单元格。

▶ 调整表格格式

15 调整行高和列宽，消除单元格中显示的"#"号；重新合并表标题区域，修复表格格式，以保持表格原有风格。

16 保存工作簿文件，退出 Excel 程序。

📋 任务总结

Excel 中的公式必须以"="号开头，基本格式为"=<表达式>"。表达式是运用运算符连接各种数据进行运算的计算式，Excel 的表达式由运算符、常量、单元格地址、函数及括号等组成，单元格地址在公式中被称作引用。

在单元格中输入公式，Excel 会自动运算并返回结果。

任务验收

知识和技能签收单（请为已掌握的项目画√）

掌握公式的基本概念		认识各种运算符及其用法	
知道运算符的优先级		会公式的输入与编辑方法	
会用公式进行简单的计算		了解追踪引用单元格的作用	

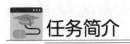

微任务 X11 / 引用单元格

任务简介

在 Excel 公式中使用单元格引用，并验证单元格引用的特性。

任务目标

理解单元格的三种引用方式的含义及用法，掌握三种引用单元格的用法。

关联知识

单元格引用

在"管理单元格区域"和"使用公式"两个微任务中已从不同的角度介绍了引用运算符及其含义和用法。Excel 公式中出现单元格地址及区域时，表示要引用其中的数据，被称为单元格引用。

如前所述，单元格地址由列标和行号组成（如 C3）。其中，列标或行号前都可以附加一个$符号，由此可得三种排列组合：列标和行号前都没有$符号的地址被称为相对地址，列标和行号前都有$符号的地址被称为绝对地址，只有列标前或只有行号前有$符号的地址被称为混合地址。Excel 公式中的这三类地址分别对应被称为相对引用、绝对引用和混合引用。

当对单元格公式进行自动填充时，前缀$符号的列标或行号在新的单元格公式中保持不变。

任务实施

01 打开"分店报表.xlsx"文件并另存为 X11.xlsx，插入新的工作表"Sheet2"。

02 在 Sheet2 工作表的 A1:J1 单元格区域中填充 0 到 9 的整数；在 A1:A10 单元格区域中也填充 0 到 9 的整数。

▶ 地址引用

03 在 B2 单元格中输入"=A1"；激活 B2 单元格，向右拖曳其填充柄填充至 J2 单元格，观察填充结果；再激活 B2 单元格，向下拖曳其填充柄至 B10 单元格，观察填充结果。

04 在【公式】选项卡的【公式审核】组 中执行【显示公式】命令，观察 B2:J2 单元格区域中的水平方向各单元格公式的变化规律；观察 B2:B10 单元格区域中的垂直方向各单元格公式的变化规律；取消显示公式。

> 引用地址的行号或列标在填充时默认递变。

▶ 地址中的$符号

05 将 B2 单元格中的公式改为"=A$1"，重复步骤 3 中的横向填充和纵向填充，参照第 4 步的方法，观察相连单元格公式的递变规律。

06 将 B2 单元格中的公式依次改为"=$A1"和"=$A$1"，依次重复上述操作，分析$符号在公式中的作用。

> 引用地址中的$符号后的行号或列标不递变。

07 双击 B2 单元格进入其编辑状态，将插入点置于公式中 A1 单元格的引用地址（当前为"$A$1"），多次按下键盘中的 F4 键，观察该$符号切换的规律及单元格引用地址的基本形态。

> F4 功能键可循环切换地址形态：A1/$A$1/A$1/$A1。

▶ 地址引用实例

08 切换到工作 Sheet1，在 E7 单元格中输入公式"=B7*D7"，拖曳其填充柄至 E11 单元格，观察结果。激活 E7 单元格，拖曳其填充柄至 F7 单元格，观察 F7 单元格中的运算结果和编辑栏的公式。

> F7 单元格中的计算结果有误。

09 激活 E7 单元格，将其公式中的"D7"改为"$D7"并确认；拖曳其填充柄至 F7 单元格，观察运算结果和公式；选择 F7 单元格，拖曳填充柄至第 11 行，观察结果及公式。

> F 列公式中的"单价"都固定在 D 列。

10 在 G7 单元格中输入"=E7*B1"，分别将 G7 单元格的填充柄拖曳至 G11、H11 单元格，检查计算结果是否正确；将 G7 单元格中的公式更改为 "=E7*$B$1"，再分别填充到相关区域；再检查公式和计算结果。

> 两店内各产品利润计算都固定引用 B1 单元格中的值。

11 类似地，计算各分店的利润提成（=分店利润×提成比例）。

> 【I7】=G7*I$3。

12 保存并退出工作簿，提交作业。

任务总结

单元格地址出现在公式中即为引用。其中，行或列之前可附加$符号，由此可得相对引用、绝对引用和混合引用三种形式；其中的$符号阻止其后的行或列发生改变。

在 Excel 中既可移动公式又可复制公式。选中公式对其移动（剪切/粘贴）时，公式内容不会发生改变；而当对其复制公式（复制/粘贴或自动填充）时，单元格中的引用地址会根据引用的类型而发生变化。

任务验收

知识和技能签收单（请为已掌握的项目画 ✓ ）

理解单元格引用的含义		理解三种引用方式的作用	
会根据实际问题选择合适的引用方式		—	

微任务 X12 / 使用函数

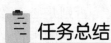

任务简介

在公式中使用函数，丰富和扩展公式的运算功能。

任务目标

掌握函数的概念，学会函数的基本用法，会使用常用函数进行简单运算。

函数

函数是一些预先定义的具有特定功能（如计算、统计、分析等）的特殊表达式。使用函数有利于丰富和扩展公式的功能，可缩短公式的长度并简化公式的书写。函数的基本格式为：函数名称（参数1，参数2……）。

括号中可有若干个参数，参数之间用逗号分隔；方括号内的是可选参数，否则是必选参数。函数中的参数可以是数字、文本、逻辑值（True 或 False）、其他函数等。不同的函数，其格式不尽相同。除函数名称外，主要还表现为参数数量和数据类型有所不同。有的函数，如获取圆周率的值函数 PI() 不需要参数，计算绝对值的函数 ABS(*n*) 则需要一个参数。

Excel 提供了大量的函数，以满足各种不同的运算需要；同时为便于查找和使用这些函数，根据函数的功能将其归为若干个分类，如数学和三角函数、统计函数、日期与时间函数等。

在【公式】选项卡的【函数库】组中提供了若干个类别的函数，如图 3-24 所示。

图 3-24　【函数库】组

在【函数库】组，用户可按函数分类（如自动求和）选用函数，也可单击【插入函数】图标，打开如图 3-25 所示的【插入函数】对话框，用户可以从中选用 Excel 支持的全部函数。

图 3-25　【插入函数】对话框

用户选用函数（如 SUM）后，将打开对应函数的【函数参数】对话框，如图 3-26 所示；用户只需按函数要求正确输入参数即可。需要说明的是，不同的函数需要的参数可能不同，因此与其对应的【函数参数】对话框也会相应有所不同。

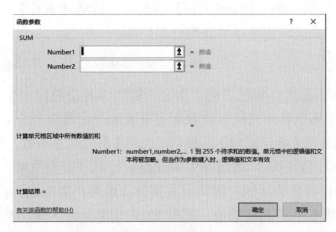

图 3-26　【函数参数】对话框

当激活单元格，并在其中输入"="时，原名称框将变成函数列表，如图 3-27 所示，用户可从中选用最近常用的函数后，同样会打开其相应的【函数参数】对话框。单击编辑栏左侧的 *fx* 按钮，可同样打开【插入函数】对话框。

图 3-27　单元格中输入"="时的状态

 任务实施

01 打开"住院费.xlsx"并另存为 X12.xlsx；在【开始】选项卡的【编辑】组 ^{ℹ️} 中单击【自动求和】的下拉箭头按钮，在展开的【自动求和】面板 ^{ℹ️} 中了解常用的统计函数。

02 在住院费汇总表的"治疗费"之后依次添加"消费金额"和"资金余额"；从 C8 到 C11 单元格中依次输入"最大"、"最小"、"均值"和"合计"。

▶ **统计函数用法**

03 选择 F3:J3 单元格区域，单击【编辑】组 ^{ℹ️} 中的【自动求和】图标，观察 K3 单元格中的计算结果；激活 K4 单元格，单击【自动求和】图标，观察 K4 中的函数及参数，确认后观察结果；激活 K5 单元格，在展开的【自动求和】面板 ^{ℹ️} 中执行【求和】命令，观察函数及其参数区域，确认后观察结果。

> 自动求和默认执行 SUM 函数。💡

04 清除 K:L 单元格区域中的内容，分别在 K2 和 L2 单元格中分别输入"资金余额"和"消费金额"；选择 F3:J3 单元格区域后执行【自动求和】命令，观察计算结果的位置，清空 K3 单元格中的内容。

> 此方法无法将结果计算到消费金额列。💡

05 激活 L3 单元格后执行【自动求和】命令，观察 L3 单元格中的函数及其参数区域（注意参数区域有误）；选择 F3:J3 单元格区域以修正参数区域，同时观察函数中参数区域的变化；激活 L4 单元格，展开【自动求和】面板 ；选用【求和】函数，同样观察函数及参数区域，修正参数区域后确认并观察计算结果。

> 此两种方法均可正确计算，但参数区域可能需要修正。

06 激活 K3 单元格，用公式计算患者的"资金余额"（=押金总额－消费金额）；选择 K3:L3 单元格区域，向下拖曳其填充柄以计算所有患者的"消费金额"和"资金余额"。

07 激活 E8 单元格，展开【自动求和】面板 ，选用【最大值】函数，观察其函数名（MAX）及其参数，检查无误后确认；激活 E9 单元格，计算"押金总额"的最小值，观察其函数名（MIN），修正其参数区域，确认后观察计算结果；类似地，再利用【平均值】函数（AVERAGE）计算 E10 单元格的值；选择 E8:E10 单元格区域，并向右填充至 L 列。

08 在 A8 中输入"患者人数"，激活 B8 单元格，展开【自动求和】面板 选用【计数】函数，观察函数名（COUNT）及参数；将其参数区域修正为 B3:B7，观察计算结果；双击 B8 单元格，选择公式中的"B3:B7"，再选取 J3:J7 单元格区域，确认后观察计算结果；将公式中的参数区域更改为 F3:F7，再观察计算结果。

> Count 只统计数值型数据的个数。

▶ 函数通用用法

09 激活 D8 单元格，在【公式】选项卡的【函数库】组（见图 3-24）中，选择【其他函数】|【统计】|【Max】函数，打开【函数参数】对话框（见图 3-26）；激活 Number1 参数输入框（清空或选择其内容），再用鼠标从工作表中选取 D3:D7 单元格区域，确认后观察计算结果；类似地，再用 Min 函数在 D9 单元格中计算最早的"入院时间"（最小值）。

10 激活 E11 单元格，在【函数库】组（见图 3-24）中执行【数学和三角函数】|【Sum】命令，打开【函数参数】对话框（见图 3-26），在其 Number1 输入框中录入正确的参数区域，确认后观察计算结果。

> 按分类选用函数。

11 激活 F11 单元格，输入"="后观察编辑栏（见图 3-27）和最近使用的函数列表，从函数列表中点选 Sum 函数，打开【函数参数】对话框（见图 3-26），正确输入参数区域，确认后观察计算结果。

> 复用最近使用的函数。

12 激活 G11 单元格，输入"="后，逐字母输入函数名"sum"，同时观察候选函数列表 ，从候选列表中双击 SUM 函数，单元格内容变成"=SUM()"时，单击编辑栏（见图 3-27）处的插入函数图标（Fx），打开【函数参数】对话框（见图 3-26），正确设置函数参数，单击【确定】按钮后观察计算结果。

> 利用动态候选列表选用函数。

13 激活 H11 单元格，单击编辑栏（见图 3-27）处的插入函数图标（*fx*），打开【插入函数】对话框（见图 3-25）；在【搜索函数】框中输入函数名（或部分），如"su"，单击【转到】按钮，然后从推荐的【选择函数】列表中双击 SUM 函数名，在打开的【函数参数】对话框（见图 3-26）中正确设置参数并确认。

14 激活 I11 单元格，在【公式】选项卡的【函数库】组（见图 3-24）中执行【插入函数】命令，同样打开【插入函数】对话框（见图 3-25），在其中找到 SUM 函数，并利用该函数计算当前单元格的值；拖曳该单元格的填充柄至 L11 单元格，完成对其余单元格的求和计算。

> 搜索匹配的函数并应用。

15 重新合并表格的标题，自行调整表格格式；保存并退出工作簿，提交作业。

任务总结

　　函数是具有特定功能的特殊表达式，函数名后跟圆括号，括号内可有若干参数。本任务主要引导用户应用了求和（Sum）、平均值（Average）、计数（Count）、最大值（Max）和最小值（Min）等常用统计函数的基本用法，它们都只对数值型数据有效。

　　在公式中使用函数，有利于简化公式的书写，提高输入和操作效率；Excel 提供有多种插入函数方法，用户可按需灵活选用。

任务验收

知识和技能签收单（请为已掌握的项目画 ✓）

理解函数的概念及结构		会插入函数的多种方法	
会设置、修改函数参数		会编辑、修改函数	
掌握几种统计函数的用法			

综合实训 X.D 统计比赛成绩

打开"歌咏比赛.xlsx"文件，如图 3-28 所示，并按下列要求完成任务：

（1）计算每个班级的总分、最高分、最低分、成绩（=总分－最高分－最低分）和名次。

（2）统计每位评委打出的最高分、最低分和平均分。

（3）参照预览结果调整表格格式。

	A	B	C	D	E	F	G	H	I	J	K	L	M
1	青春五月燃校园 “天使之声”团体歌咏赛												
2		评委1	评委2	评委3	评委4	评委5	评委6	评委7	总分	最高	最低	成绩	名次
3	班级1	96.5	98.1	97.3	98.2	99.5	93.1	95.6	678.3	99.5	93.1	485.7	1
4	班级2	89.0	91.9	92.4	95.8	94.0	92.7	90.0	645.8	95.8	89.0	461.0	5
5	班级3	94.0	95.2	96.0	93.9	97.2	95.1	96.3	667.7	97.2	93.9	476.6	3
6	班级4	92.9	93.0	91.8	90.9	95.3	94.8	93.9	652.6	95.3	90.9	466.4	4
7	班级5	95.4	96.5	99.2	94.3	92.9	96.0	99.1	673.4	99.2	92.9	481.3	2
8													
9	最高	96.5	98.1	99.2	98.2	99.5	96.0	99.1					
10	最低	89.0	91.9	91.8	90.9	92.9	92.7	90.0					
11	平均	93.6	94.9	95.3	94.6	95.8	94.3	95.0					

图 3-28　统计比赛信息

综合实训 X.E 计算毕业生信息

自学 Left、Right、Mid 和 IF 等函数及基本用法；打开“毕业生信息.xlsx”文件，如图 3-29 所示，参照表中首条毕业生信息，利用公式计算得到相关信息。

学号	姓名	性别	身份证号	省份	地市	姓氏	名字	籍贯	称谓	完整称谓	入学年份	出生年份	入学年龄
2017*****22	丁永浩	女	2107031999********	辽宁	锦州	丁	永浩	辽宁锦州	女士	辽宁锦州 丁女士	2017	1999	18
2017*****23	丁雪燕	女	3723211998********	山东	东营								

图 3-29　计算机毕业生信息

综合实训 X.F 用函数计算身份证号信息

自学 Date、Today、Year、Month、Day 和 Mod 等常用函数及基本用法，自学 Vlookup、Hlookup 查找函数的用法。

打开“身份证号信息计算.xlsx”，在身份证号框中正确输入 18 位有效身份证号码；利用上述函数，计算工作表中相应单元格的值（年龄可采用多种方法计算），以解析身份证号中包含的丰富信息。

综合实训 X.G 用函数统计考试数据

自学 SumIF、SumIFs、AverageIF、AverageIFs、CountIF 和 CountIFs 等条件统计函数的基本用法。打开“考试成绩.xlsx”，利用自学的函数，结合学习的身份证号处理方法，完成下列任务：

（1）根据学号，在工作表 Sheet1 中查询学生各科成绩并填充到 Sheet2 工作表中。

（2）计算每位学生的总分和名次。

（3）根据身份证号计算每位学生的年龄和性别。

（4）统计男生总人数、女生平均分等数据。

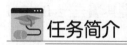 微任务 X13 定义名称

任务简介

为 Excel 单元格区域定义名称。

任务目标

了解单元格区域名称的含义及所占用，掌握定义名称、管理名称的方法和名称的用法。

关联知识

定义名称

单元格、单元格矩形区域以及多个单元格区域的集合等都有各自的地址表达方式，在 Excel 中也都可以被正常引用，但有时引用并不方便，特别是区域地址较为复杂时。为此，用户可为指定的单元格或单元格区域定义名称。

在【公式】选项卡中，利用【定义的名称】组（见图 3-30）内的功能可定义或管理名称，单击【名称管理器】图标，打开【名称管理器】对话框（见图 3-31），以此可定义或管理名称。此外，利用名称框也可查看或定义名称。

图 3-30 【定义的名称】组

图 3-31 【名称管理器】对话框

任务实施

01 新建一个空白工作簿，并将其命名为 X13.xlsx，若不存在 Sheet2 工作表，则创建它。

▶ **准备数据**

02 在 Sheet2 工作表的 A1:F1 单元格区域中依次输入"模拟考号""语文""数学""计算机""专业综合""总分"；在 A2:A21 中录入"2023001""2023002"……"2023020"；在 Sheet2 工作表的 B2 单元格中输入公式"=RANDBETWEEN(12，100)"，并将其填充至 B2:E21 单元格区域。

 注意：在后续处理中 B2:E21 中的值可自动变化。

03 选择 B1:E1 单元格区域并执行复制命令；右击 J2 单元格，展开单元格快捷菜单⊘，在【粘贴选项】组中执行【转置】命令，观察效果；在 K1 单元格中输入"平均分"，并分别在 K2:K5 单元格区域中分别计算各科的平均成绩。

 RANDBETWEEN 返回指定范围内的随机数。

▶ **名称框**

04 在 Sheet1 工作表的名称框中输入"C5"并按 Enter 键确认，观察选择的区域；再输入"C5:H12"并确认后观察效果。

05 在名称框中输入"C5:H12,F9:K16"（英文逗号分隔区域），确认后观察选择的区域并理解其含义；再在名称框中输入"C5:H12 F9:K16"（英文空格分隔区域），确认后观察选择的区域，并理解其含义。

 注意区域并集和交集的表示方法。

▶ **定义名称**

06 单击名称框尾端的箭头，观察名称框下拉列表⊘中的内容（暂为空）；选择 C5:H12 单元格区域，然后在名称框中输入"区域 A"并按 Enter 键确认，观察名称框，观察名称框下拉列表⊘内容变化；再将 F9:K16 单元格区域的名称定义为"区域 B"；分别选择 C5:H12、F9:K16 单元格区域，分别观察名称框中的内容变化。

07 展开名称框下拉列表⊘，从中选择【区域 A】选项并观察选择的区域；在名称框⊘中输入"区域 B"，确认后观察效果；在名称框中输入"区域 A,区域 B"（英文逗号分隔），确认后观察效果；再在名称框中输入"区域 A 区域 B"（英文空格分隔），确认后再观察效果。

08 激活 Sheet2 工作表，展开名称框下拉列表⊘并观察其中的内容；单击【区域 B】选项并观察效果。

区域名称可以替代区域表达式。

▶ 名称管理器

09 在【公式】选项卡的【定义的名称】组（见图 3-30）中执行【名称管理器】命令，打开【名称管理器】对话框（见图 3-31），观察其中的名称列表，并理解各自的名称、数值、引用位置和范围等项目含义。

10 在【名称管理器】对话框中，选用"区域 A"并执行【编辑】命令，打开【编辑名称】对话框 ，在【批注】文本框中输入"名称框创建"，将引用位置中的"$C$5"部分改为"$D$6"，单击【确定】按钮。

11 在【名称管理器】对话框中，执行【新建】命令，打开【新建名称】对话框 ；在【名称】处输入"考试科目"，在【范围】下拉列表中选择 Sheet2，在【批注】文本框中输入"名称管理器创建"，清空【引用位置】文本框中的内容并在 Sheet2 工作表中选择 B1:E1 单元格区域，逐步单击【确定】按钮后返回工作表。

12 分别在 Sheet1 和 Sheet2 工作表中，展开【名称框】下拉列表 ，观察两个列表内容的差异；打开【名称管理器】对话框，选择所有定义的名称，单击【删除】按钮，单击【确定】按钮后返回工作表 Sheet2。

> 定义的名称仅在特定范围内可用。

▶ 根据所选内容创建

13 选择 A1:E21 单元格区域，在【定义的名称】组（见图 3-30）中执行【根据所选内容创建】命令，打开【根据所选内容创建】对话框 ，在【根据下列内容中的值创建名称】选区中，仅勾选【首行】复选框并单击【确定】按钮；展开【名称框】下拉列表 并观察其内容；打开【名称管理器】对话框（见图 3-31），观察各名称的适用范围。

14 激活 K2 单元格并观察其公式；在【定义的名称】组中执行【定义名称】|【应用名称】命令，打开【应用名称】对话框 ，选择所有名称单击【确定】按钮；观察 K2 单元格中的公式变化，依次观察 K3:K5 各单元格公式的变化。

> 计算区域的引用位置被定义的名称替代。

15 再复制 Sheet2 工作表中的 B1:E1 单元格区域，并转置粘贴到 Sheet1 工作表中的 A2:A5 单元格区域；在 Sheet 工作表的 B1 单元格中输入"最高分"；并在 B2 单元格中输入"=max（语文）"，观察计算结果；类似地，在 B3:B5 单元格区域中分别计算出其他科目的最高分。

> 定义的名称在有效范围内可用。

16 保存、关闭工作簿并提交作业。

 ▤ **任务总结**

> 在 Excel 中每个单元格都以其所在的列名和行号（如 C2）作为默认名称；单元格矩

形区域则以对角单元格（如 C2:F8）表达其矩形范围；而更复杂的单元格区域则参考集合的交集或并集进行表达。对单元格区域（特别是复杂区域）重新定义一个有意义的新名，可方便用户对其引用。

对单元格区域定义名字，除指定名字外，还应指定引用位置和范围等。

任务验收

知识和技能签收单（请为已掌握的项目画✓）

会为单元格及单元格区域定义名称		会管理定义的名称	
会在公式或函数中使用名称		—	

微任务 X14 设置数据有效性

任务简介

为单元格设置数据验证，以限制用户输入单元格（如下拉列表）的数据类型或值，从而防止用户输入无效数据。

任务目标

理解数据验证的概念，掌握数据验证的设置方法，会使用数据验证解决实际问题。

关联知识

数据验证

数据验证用以控制单元格可接受的数据类型、范围等，以防止用户输入无效数据。为单元格设置数据验证后，当用户选定单元格时可以显示输入提示信息，当输入无效数据时可以弹出出错警告等。

在【数据】选项卡的【数据工具】组中，单击【数据验证】下拉箭头按钮，展开【数据验证】面板，如图 3-32 所示；执行【数据验证】命令，将打开【数据验证】对话框，如图 3-33 所示。用户可以通过【数据验证】对话框，设置验证条件、输入信息、出错警告及输入法模式等。

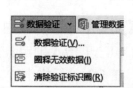

图 3-32　【数据验证】面板　　　　　　　图 3-33　【数据验证】对话框

Excel 提供了停止、警告和信息等三种出错警告样式，三者之间的比较详见表 3-2 所示。

表 3-2　出错警告样式

图标	类型	用途
❌	停止	阻止用户在单元格中输入无效数据。"停止"警告消息有以下三个按钮：重试、取消和帮助
⚠️	警告	警告用户输入的数据无效，但不会阻止他们输入无效数据。当出现"警告"消息时，用户可以单击"是"按钮接受无效输入，单击"否"按钮编辑无效输入，或者单击"取消"按钮删除无效输入
ℹ️	信息	告知用户输入的数据无效，但不会阻止他们输入无效数据。这种类型的出错警告最灵活。出现"信息"警告消息时，用户可以单击"确定"按钮接受无效的值，或者单击"取消"按钮拒绝无效的值

　　仅当直接在单元格中输入数据时，才会出现输入信息和出错警告。当用户通过复制或填充输入数据，利用公式、函数计算出无效结果，或者通过编程方法向单元格输入无效数据等情况下，都不会显示输入信息或弹出出错警告。

 任务实施

01 启动 Excel 程序，并在当前工作的 A1:E1 各单元格中依次输入"婴儿姓名"、"性别"、"生日"、"身高"和"体重"等内容；保存当前工作簿并命名为 X14.xlsx。

▶认识数据验证界面

02 激活 D2 单元格，在【数据】选项卡的【数据工具】组🔍中，单击【数据验证】下拉箭头按钮，展开【数据验证】面板（见图 3-32）；执行【数据验证】命令，打开【数据验证】对话框（见图 3-33），观察各选项卡。

▶ 设置输入信息

03 切换至【输入信息】选项卡◎，勾选【选定单元格时显示输入信息】复选框，在【标题】文本框中输入"婴儿身高"，在【输入信息】文本框中输入"单位：cm"，单击【确定】按钮，观察 D2 单元格的输入信息提示。

▶ 设置基本验证条件

04 打开【数据验证】对话框◎并切换至【设置】选项卡；在【允许】下拉列表中选择【整数】选项，并设置数据为"介于"、最小值为 40、最大值为 60，单击【确定】按钮。

05 在 D2 单元格中输入 45，确认后观察单元格的值；类似地，在 D2 单元格中输入 35，确认后观察弹出的对话框，观察出错信息后，单击【取消】按钮；类似地，再输入 45.5 后观察出错信息；在 D3 单元格中输入 65，观察现象。

💡 默认出错信息由系统自动生成。

06 激活 D2 单元格，打开【数据验证】对话框◎，在【输入信息】选项卡的【输入信息】文本框尾部增加内容"整数：40～60"。

▶ 设置出错警告

07 激活 D2 单元格，打开【数据验证】对话框◎，切换至【出错警告】选项卡（见图 3-33），取消对【输入无效数据时显示出错警告】复选框的勾选，单击【确定】按钮，将 D2 单元格中的值改为 50，并观察数据；将 D2 单元格的值改为 75，观察出错信息。

💡 输入无效数据时不再警告。

08 激活 D2 单元格，勾选【输入无效数据时显示出错警告】复选框；将【样式】设为【停止】，在【标题】文本框中输入"身高异常"，在【错误信息】文本框中输入"新生儿身高一般为 40～60cm，请输入整数"；单击【确定】按钮后在 D2 单元格中输入 34.5，观察弹出的【停止】对话框◎；单击【重试】按钮后再输入 61，再观察出错信息；单击【取消】按钮后还原数据。

💡 出错停止样式拒绝接受无效数据。

09 激活 D2 单元格，打开【数据验证】对话框◎的【出错警告】选项卡（见图 3-33），将【样式】更改为【警告】，单击【确定】按钮后在 D2 单元格中任意输入无效数据，观察【警告】对话框；分别单击【是】和【否】按钮，并观察二者现象的不同。

10 激活 D2 单元格，参考上一步，将【样式】改为【信息】，再次输入无效数据进行验证，确认后观察【信息】对话框◎；单击【确定】按钮，观察现象。

💡 停止、警告和信息三类出错对话框的功能不同。

11 在 E2 单元格中输入 55，在 D2 单元格中输入"=E2"，观察现象；将 E2 单元格中的值依次更改为 54.5、80，观察现象；向左拖曳 E2 单元格的填充柄至 D2 单元格。

仅在输入数据时进行数据验证。　

▶ 更多验证条件设置

12 设置 E2 单元格的数据验证：【允许】处选【小数】，数据介于 2.5～4.0；【输入信息】选项卡中的【标题】为"婴儿体重"、【输入信息】为"单位：千克"，出错警告的【样式】选用"信息"，【标题】为"体重异常"，【错误信息】为"新生儿体重一般为 2.5～4.0kg"，单击【确定】按钮。

13 在 E2 单元格中输入 3.2，确认观察数据；输入 2.4 并确认，观察出错信息；打开【数据验证】对话框⊘并切换至【出错警告】选项卡（见图 3-33），并将其样式更改为【警告】，单击【确定】按钮后再输入 2.4，观察出错信息；单击【是】按钮，观察 E2 单元格中的值。

14 为 B2 单元格设置数据验证：【允许】处选【序列】，在【来源】文本框中输入"男,女"（英文逗号分隔），勾选所有复选框，单击【确定】按钮后观察 B2 单元格右侧的下拉箭头；单击 B2 单元格，从下拉列表中选择【女】选项；双击该单元格并输入"未知"，观察出错信息及类型。

数据来源既可手工输入，也可引用单元格区域。　

15 设置 C2 单元格的有效性：【允许】处选【日期】，介于，在【开始日期】文本框中输入"=edate(today( )，-1)"，在【结束日期】文本框中输入"=today()"，在 C2 单元格中分别输入今天的日期和明天的日期，观察结果。

edate（today( )，-1）表示上个月的今天。　

▶ 圈释无效数据

16 打开【数据验证】面板（见图 3-32），执行【圈释无效数据】命令，观察圈释出的无效数据；再执行【清除无效数据标识圈】，观察效果。

17 保存并关闭工作簿文件，提交作业。

 ## 任务总结

　　当单元格设置数据验证后，选定单元格时显示输入信息，常用于指导用户输入数据；直接输入无效数据时弹出出错警告消息，以提示用户输入的数据存在的问题或阻止用户输入无效数据；对非输入型输入（如复制、填充、公式计算等）的无效数据，虽不会弹出出错信息，但可通过圈释无效数据命令进行标注。

任务验收

知识和技能签收单（请为已掌握的项目画✓）

知道数据验证的作用		会定义单元格的数据验证	
知道不同类型数据验证的区别		—	

微任务 X15 数据排序

任务简介

在 Excel 工作表中构建数据清单，并对其数据进行排序。

任务目标

理解数据清单的基本概念，掌握构建数据清单和对数据清单进行排序的方法，学会利用排序功能管理工作表中的数据。

关联知识

在工作表中输入数据后，常常需要对这些数据进行组织、整理、分析，从中获取更加丰富的信息。Excel 2019 可利用数据清单对数据进行排序、筛选、分类汇总等操作。

1. 数据清单

数据清单是 Excel 中相对连续的一个二维表数据，是按记录和字段的结构特点组成的数据区域，如图 3-34 所示。在数据清单内，第一行是一组列标题（字段名），其余行是各列对应的值（记录）。

编号	姓名	性别	入院日期	押金总额	床位费	护理费	药费	检查费	治疗费
001	张红	女	2023年8月5日	¥15,000.00	180.0	120.0	8769.0	2150.0	30.0
002	刘平	男	2023年8月12日	¥10,000.00	162.0	108.0	6238.0	3280.0	
004	刘乐山	男	2023年8月21日	¥ 8,000.00	108.0	72.0	5275.0	1320.0	
005	赵丽珊	女	2023年8月12日	¥12,000.00	72.0	48.0	7296.0	2865.0	120.0
006	赵卫国	男	2023年8月25日	¥ 9,000.00	72.0	48.0	6035.0	1905.0	

图 3-34　数据清单

数据清单要求列标题不重名、不为空、不为数值，每列值的数据格式要求统一；数据清单内不能有空行、空列或合并单元格。对于数据清单的规范，Excel 并未给予严格限制，而是交由用户自行遵守。

一个工作表中通常只存储一个数据清单，以便被其他应用程序正常引用；若确实需要保存多个数据清单时，通常利用空行或空列将多个数据清单进行隔离。

2．数据排序

杂乱无章的数据很难被用户有效利用，而按一定规则排列的数据则容易被人们观察、查找或定位，有利于发现数据价值，提高数据的处理效率。

Excel 中可对数据清单进行单列或多列排序，可按照文本、数字、日期和时间进行升序、降序或自定义序列排列，还可依据单元格颜色、字体颜色或图标集进行排序。

在【开始】选项卡【编辑】组的【排序和筛选】面板（见图 3-35），以及在【数据】选项卡的【排序和筛选】组（见图 3-36），都分布有排序相关工具。

此外，右击数据清单，在弹出的快捷菜单中同样提供排序功能（见图 3-37），其使用方法与前两组工具类似。

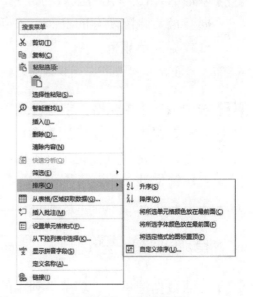

图 3-35　【排序和筛选】　　图 3-36　【排序和筛选】组　　图 3-37　快捷菜单
　　　　面板

在数据清单中，激活某数据列的任意一个单元格，执行【升序】或【降序】命令可依当前列对数据清单进行简单排序；执行【自定义排序】命令或单击【排序】图标，都将打开【排序】对话框，如图 3-38 所示，可对数据清单进行高级排序。

数据清单排序，需要指定排序关键字；简单排序，以当前列的字段为关键字；高级排序，需要多个关键字，在【排序】对话框中可以通过添加条件来确定。

图 3-38 【排序】对话框

 任务实施

▶ 认识数据清单

01 打开"住院费 B.xlsx"并将其另存为 X15.xlsx；观察住院消费汇总表中的空行、空列、合并单元格情况；检查列标题有无重名、空值和数值的情况；除列标题外，检查各列的数据类型是否一致。

02 取消 K4:K5 单元格区域的合并，将 H2 和 H3 单元格的数据互换，将 B7 和 G7 单元格数据互换，删除现有的 E 列，在第 2 行前插入一个空行；确认当前的 A3:J3 单元格区域符合数据清单规范。

> 排序前应将单元格区域改造为数据清单。

03 选中 A3:J3 单元格，字号设为 14 磅；选中数据清单（A3:J8），在【开始】选项卡的【单元格】组中单击【格式】图标，在展开的【单元格格式】面板中执行【自动调整行高】命令；分别将首行记录（A4:J4）和尾行记录（A8:J8）填充为黄色和浅绿色；保存当前工作簿文件。

> 此步是为后续操作作准备。

▶ 简单排序

04 激活数据清单中"药费"列中的任意一个单元格，在【排序和筛选】组（见图 3-30）中单击【升序】图标，观察各记录的位置变化及排列规律，再单击【降序】图标并观察排序变化和排序规律。

> 简单排序以当前列字段为单一关键字。

05 选中 C8:D3 单元格区域（从 C8 选到 D3），观察所选区域并在名称框中确定活动单元格⊕；在【排序和筛选】组（见图 3-36）中单击【升序】图标；若打开【排序提醒】对话框⊕，选中【以当前选择区域排序】单选按钮，单击【排序】按钮；观察所选区域的排序变化，同时观察记录行产生的数据错乱；撤销此排序步骤。

> 注意：排序时选择局部数据易导致记录数据混乱！

06 在"刘平"的记录之后插入空行，在"床位费"列后插入空列，观察被分隔的 4 个数据区域，识别符合规范的数据清单；分别在各数据区域中进行单列排序，观察效果；撤销本步骤所有操作。

非数据清单也可进行排序。

▶ 高级排序

07 将光标置于数据清单外，在【排序和筛选】组（见图 3-36）中单击【排序】图标，观察警告信息 ；激活数据清单，打开【排序】对话框（见图 3-32），观察条件列表中唯一的条件；将该主关键值改为【床位费】、将次序改为【降序】，单击【确定】按钮后观察排序效果。

进行高级排序前须先激活数据区域。

08 打开【排序】对话框（见图 3-32），设置主关键字为【姓名】，排序依据为【单元格值】，次序为【升序】，单击【确定】按钮后观察按姓名排序结果；重新打开【排序】对话框（见图 3-32），单击【选项】按钮，打开【排序选项】对话框 ，在【方法】选区中选中【笔画排序】单选按钮，单击【确定】按钮后再次按姓名排序并观察结果。

汉字可按拼音顺序或笔画顺序排序。

09 打开【排序】对话框（见图 3-32），设置主关键字为【性别】，排序依据为【单元格值】，次序为【升序】；单击【添加条件】按钮，在次关键字条件中依次设置次关键字为【押金总额】、排序依据为【单元格值】和次序为【降序】；单击【确定】按钮后观察排序结果；重新打开【排序】对话框（见图 3-38），利用【上移】或【下移】箭头颠倒两个条件顺序，再观察效果。

关键字的相对主次顺序决定排序结果。

10 打开【排序】对话框（见图 3-38），删除次关键字；设置主关键字为【编号】，排序依据为【单元格颜色】，次序为【无单元格颜色-在顶端】；单击【确定】按钮后观察排序结果。

11 打开【排序】对话框（见图 3-38）；设置主关键字为【姓名】，排序依据为【单元格值】，次序为【自定义序列】，在打开的【自定义序列】对话框中，选用或新建"刘"、"张"和"赵"序列；返回【排序】对话框，单击【确定】按钮后观察自定义的排序结果。

12 保存 X15.xlsx 工作簿文件；退出 Excel 程序并提交作业。

 任务总结

　　数据清单是 Excel 中重要的数据管理单元。Excel 可以对数据清单进行单列排序或多列排序；多列排序时，主要关键字决定数据清单的总体顺序，当主要关键字的值相同时，再依次按照次要关键字的值的顺序进行小范围排列。

　　Excel 中的数据清单默认按列排序，也可按行排序；排序有且只有一个主要关键字，但可设置多个次要关键字；对每个关键字，可按数值、单元格颜色、字体颜色和单元格图标作为排序依据。

当依据单元格数值排序时，其排列顺序（升序或降序）与具体的数据类型有关：文本型数据可按字母、数字、拼音或笔画排序，数值型数据则按大小排序，日期时间型数据则按其先后排序；另外，用户也可利用序列自定义排列顺序。

任务验收

知识和技能签收单（请为已掌握的项目画√）

理解数据清单的概念		会构建数据清单	
会简单排序		会多关键字	
理解 Excel 的排序规律		—	

微任务 X16 数据筛选

任务简介

按指定条件筛选数据清单中的数据。

任务目标

掌握自动筛选和高级筛选的方法，学会用筛选功能从现有数据中提取符合条件的数据的方法。

关联知识

数据筛选

所谓筛选，就是对数据清单中的数据按筛选条件进行过滤，符合条件的记录将继续显示，不符合条件的记录则会被隐藏。如图 3-39 所示的数据中，A1:J6 单元格区域为数据清单，F8:G10 单元格区域中的筛选条件可实现高级筛选。

	A	B	C	D	E	F	G	H	I	J
1	编号	姓名	性别	入院日期	押金总额	床位费	护理费	药费	检查费	治疗费
2	001	张红	女	2023-8-5	15000	180	120	8769	2150	30
3	002	刘平	男	2023-8-12	10000	162	108	6238	3280	
4	005	赵丽珊	女	2023-8-12	12000	72	48	7296	2865	120
5	004	刘乐山	男	2023-8-21	8000	108	72	5275	1320	
6	006	赵卫平	男	2023-8-25	9000	72	48	6035	1905	
7										
8						检查费	检查费			
9						>=2000	<=3200			
10						<=1500				
11										

图 3-39 数据区域和条件区域

在【数据】选项卡的【排序和筛选】组（见图 3-40）中，【筛选】命令和【高级】命令分别对应自动筛选和高级筛选两种筛选方式；在【开始】选项卡的【编辑】组中，单击【排序和筛选】下拉按钮，在展开的【排序和筛选】面板（见图 3-41）中有也类似的功能布局。

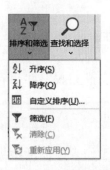

图 3-40　【排序和筛选】组　　　　　　　图 3-41　【排序和筛选】面板

自动筛选无须指定专门的条件区域。激活数据列表区域，执行【筛选】命令，数据清单的各列标题名单元格右端都显示下拉箭头；单击该箭头，将打开如图 3-42 所示的【自动筛选】面板，利用【筛选】面板可创建过滤器。

执行【高级】命令将打开如图 3-43 所示的【高级筛选】对话框，借助指定的【条件区域】，就可对指定的列表区域（数据清单）进行高级筛选。

图 3-42　【自动筛选】面板　　　　　　　图 3-43　【高级筛选】对话框

在条件区域（图 3-39 中的 F8:G10）内，第一行为字段名，其他行的比较数据与同列字段名组成关系表达式，如 F9 单元格的含义是"检查费<=3200"；相同行的条件之间是"并且（and）"的逻辑，如 F9 和 G9 的含义是"检查费>=2000 and 检查费<=3200"；多行的条件之间是"或者（or）"的逻辑，因此 F8:G10 条件区域的含义是"检查费>=2000 and 检查费<=3200 or 检查费<=1500"。

在条件区域中，可以直接输入文本型数据（如"刘"）作为筛选条件，表示筛选以指定文本数据开头的记录，当然也可以在等号（=）后跟文本表达式形式（如"="刘""），二者具有相同的含义。此外，在文本表达式中可以包含星号（*）、问号（?）两种通配符，分别代表任意字符和任意一个字符。例如，对于姓名字段，"="刘*""表示姓"刘"；而"="刘? ""则表示姓"刘"，但姓名至少两个字；"="*平*""则表示姓名中包含"平"字。

 任务实施

01 打开"住院费.xlsx"并另存为 X16.xlsx；删除 Sheet1 工作表中的第 1 行。

▶ **自动筛选**

02 在 Sheet1 工作表中激活数据清单 A1:J6；在【数据】选项卡的【排序和筛选】组（见图 3-34）中单击【筛选】按钮，观察数据清单中各列标题的变化；单击"性别"标题后的箭头，在其筛选面板中仅选择"男"，单击【确定】按钮后观察筛选结果，同时观察"性别"标题后的箭头变化，以及数据区中行号的连续性。

> 每个筛选条件都是一个独立的筛选器。

03 打开【"药费"筛选】面板，仅选中"5275"，观察筛选结果；再从【筛选】面板执行【数字筛选】|【大于或等于】命令，打开【"药费"的自定义自动筛选】对话框，输入"6000"，单击【确定】按钮后观察筛选结果。

> 相同列的筛选器效果是互斥的。

04 打开【"药费"筛选】面板，从中执行【从"药费"中清除筛选器】命令，观察筛选结果；类似地，清除"性别"筛选器后观察结果。

05 打开【"姓名"筛选】面板，执行【文本筛选】|【自定义筛选】命令，打开【自定义自动筛选方式】对话框；设置开头是"赵"，勾选【或】单选按钮，设置开头是"刘"，单击【确定】按钮后观察结果；打开【"护理费"的筛选】面板，执行【数字筛选】|【介于】命令，并设置介于"72"和"108"之间，观察筛选结果。

> 不同列的筛选器效果是叠加的。

06 在【排序和筛选】组（见图 3-40）中，单击【清除】按钮，观察筛选结果；单击【筛选】按钮，观察数据清单各列标题后的箭头状态。

▶ **高级筛选**

07 在 F8 和 F9 单元格中依次输入"检查费"和">=2000"；激活数据清单 A1:J6，在【排序和筛选】组（见图 3-40）中单击【高级】按钮，打开【高级筛选】对话框；为【列表区域】选定 A1:J6，为【条件区域】选定 F8:F9，单击【确定】按钮后观察高级筛选结果；展开名称框下拉列表，观察并选择 Criteria，观察选择的区域。

> 高级筛选需要专用的条件区域（名称为 Criteria）。

08 在 G8 和 G9 单元格中依次输入"检查费"和"<=3200"，重新打开【高级筛选】对话框，

将【条件区域】更改为 F8:G9，单击【确定】按钮后观察筛选结果。

> 条件列表中，同行内的条件是"并且（and）"逻辑。

09 在 F10 单元格中输入 "<=1500"，打开【高级筛选】对话框，将【条件区域】更改为 F8:G10，单击【确定】按钮后观察筛选结果；再将【条件区域】更改为 F8:F10，单击【确定】按钮后观察筛选结果。

> 条件列表中不同行的条件间是"或者（or）"逻辑。

10 打开【高级筛选】对话框，选中【将筛选结果复制到其他位置】单选按钮，并设置【复制到】为 M1，单击【确定】按钮后观察结果；清空新提取区域中的数据。

> 筛选结果可提取到新位置。

11 打开【高级筛选】对话框，设置【复制到】为 M1:P2 并单击【确定】按钮，观察弹出的对话框后单击【确定】按钮；类似地，设置【复制到】为 M1:V2，单击【确定】按钮后观察筛选结果和弹出的对话框，单击【是】按钮后，再观察筛选结果变化。

> 筛选结果可复制到其他位置。

12 在 B8:B9 单元格区域中依次输入"姓名"和"赵"；激活数据清单，打开【高级筛选】对话框，将【条件区域】更改为 B8:B9，单击【确定】按钮后观察结果；将 B9 单元格中的数据改为 "="赵""，再执行高级筛选后观察结果。

> 筛选以指定文本数据或以文本表达式计算结果开头的记录。

13 将 B9 单元格的值改为 "="刘*""，重新执行高级筛选后观察结果；类似地，把 B9 单元格的值改为 "="刘?"" 后执行高级筛选并观察结果，把 B9 单元格的值改为 "="刘??"" 后执行高级筛选并观察结果。

14 把 B9 单元格的值改为 "="*平*""，执行高级筛选后观察结果；类似地，把 B9 单元格的值改为 "="?平?""，执行高级筛选后观察结果，把 B9 单元格的值改为 "="?平*"" 后执行高级筛选并观察结果。

> 星号（*）和问号（?）分别代表任意字符和任意一个字符。

15 关闭并保存当前工作簿；提交作业。

任务总结

筛选的本质就是提取符合条件的记录，既可在原数据区域中隐藏不符合筛选条件的记录，也可将符合条件的记录提取并复制到指定的目标区域。

Excel 筛选有自动筛选和高级筛选两种方式，二者本质上都用于设置筛选器。前者只能隐藏记录，但使用较为方便；后者需要手工设置条件区域，既可在原区域隐藏记录，又可提取记录到目标区域，功能灵活而强大。

自动筛选时，未加过滤器列右端的图标是下拉箭头，已加过滤器列的图标变成过滤图标；自动筛选时，同列数据的过滤器是互斥的，列之间的过滤效果是叠加的。高级过滤时，条件区域中同行条件是"与（and）"的关系，行间的条件是"或（or）"的关系。

任务验收

知识和技能签收单（请为已掌握的项目画✓）

理解筛选的作用		会自动筛选	
会高级筛选		会设置高级筛选的条件	
理解条件的作用规则		—	

微任务 X17 分类汇总

任务简介

对数据清单中的数据进行分类汇总。

任务目标

理解分类汇总的含义，掌握分类汇总的基本方法，学会利用分类汇总功能统计汇总数据。

关联知识

分类汇总

数据清单中的数据按指定关键字值进行分类，分类汇总可对它们进行分类统计和计算：具有相同关键字的数据行记录被汇总生成汇总摘要行数据。

在分类汇总的结果中，既含数据明细行及与其对应的数据汇总摘要行，还包括整个数据清单的合计行。分类汇总后，数据清单还可按照分组进行分级显示，并可控制明细行的显示或隐藏。

在【数据】选项卡的【分级显示】组（见图 3-44）中，单击【分类汇总】工具，将打开【分类汇总】对话框，如图 3-45 所示，图 3-46 是分类汇总的示例效果。

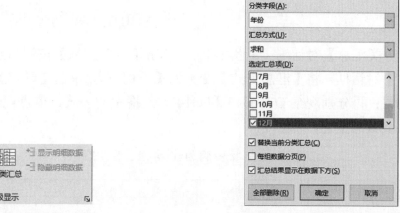

图 3-44 【分级显示】组

图 3-45 【分类汇总】对话框

1 2 3		A	B	C	D	E	F	G	H	I	J	K	L	M	N	O
	1	年份	销售区	销售员	1月	2月	3月	4月	5月	6月	7月	8月	9月	10月	11月	12月
	2	2022	A区	张海	13	21	27	20	16	19	29	20	26	16	18	21
	3	2022	A区	刘杨	20	16	25	25	12	19	32	20	18	21	30	20
	4	2022	A区	钟凯	23	20	21	26	28	14	16	20	16	26	30	22
	5	2022	B区	赵海树	23	29	30	15	18	25	29	16	27	25	25	19
	6	2022	B区	王玉	18	25	31	16	20	23	17	19	20	23	21	26
	7	*2022 汇总*			*97*	*111*	*134*	*102*	*94*	*100*	*123*	*95*	*109*	*111*	*126*	*108*
	8	2023	A区	张海	26	24	18	16	25	19	12	17	20	31	19	16
	9	2023	A区	刘杨	30	28	24	20	23	19	15	26	19	18	24	19
	10	2023	A区	钟凯	36	29	25	19	16	18	24	28	21	22	27	17
	11	2023	B区	赵海树	27	24	25	28	21	36	25	14	19	20	26	12
	12	2023	B区	王玉	26	21	22	20	24	26	24	21	17	23	24	18
	13	*2023 汇总*			*145*	*126*	*114*	*103*	*109*	*118*	*100*	*104*	*110*	*115*	*109*	*89*
	14	总计			242	237	248	205	203	218	223	199	219	226	235	197

图 3-46 分类汇总的示例效果

 **任务实施**

01 打开"销售表.xlsx"文件并另存为 X17.xlsx，激活数据区，切换到【数据】选项卡。

▶ **分类汇总**

02 打开【排序】对话框，设置【主要关键字】为【年份】，【次序】为【降序】；设置【次要关键字】设置为【销售区】、【次序】为【升序】，单击【确定】按钮后观察排序结果。

03 在【分级显示】组（见图 3-44）中，执行【分类汇总】命令，打开【分类汇总】对话框（见图 3-45）；【分类字段】设为【年份】，【汇总方式】设为【求和】，再设置【选定汇总项】为【12月】、勾选【替换当前汇总】和【汇总结果显示在数据下方】复选框，单击【确定】按钮后观察行的分级显示、自动插入的汇总行，以及"12月"的汇总数据。

> 分类汇总前对数据清单应按分类字段排序。

04 激活 O7 单元格，观察其公式和使用的汇总函数（SUBTOTAL）；在编辑栏中观察其第 1 个参数（9），观察第 2 个参数是单元格引用区域；在编辑栏中单击插入函数（*fx*）图标，了解该函数的基本功能和基本用法，关闭【函数参数】对话框，返回工作表。

> SUBTOTAL 函数用于汇总明细数据，参数 1 决定汇总类型。

05 类似地，激活 O14 并观察其引用的单元格区域；在其右邻单元格中利用 SUM 函数计算相同区域（O2:O12）内的数据和，观察 SUM 计算结果与 SUBTOTAL 计算结果是否相同。

> SUBTOTAL 的汇总求和不同于 SUM 求和。

06 打开【分类汇总】对话框（见图 3-45），单击【全部删除】按钮后观察结果；再打开【分类汇总】对话框，将【汇总方式】变更为【平均值】，单击【确定】按钮后观察分类汇总行及结果；再分别观察 O7、O13 和 O14 单元格中的公式，重点观察 SUBTOTAL 函数中第一个参数的变化。

> 汇总方式由求和变为平均值，SUBTOTAL 的第 1 个参数由 9 变为 1。

▶ 多级分类汇总

07 打开【分类汇总】对话框（见图 3-45），将【分类字段】设为【年份】，将【汇总方式】变更为【求和】，将【汇总项】设为【1 月】……【12 月】，勾选【替换当前分类汇总】复选框，单击【确定】按钮后观察汇总结果。

08 打开【分类汇总】对话框，将【分类字段】设为【销售区】，取消对【替换当前分类汇总】复选框的勾选，单击【确定】按钮后观察汇总结果；在行分级显示视图中，依次单击 3 级、2 级按钮，观察明细数据和汇总数据的变化。

▶ 手动实现分类汇总

09 打开【分类汇总】对话框（见图 3-45），单击【全部删除】按钮；选择"4 月"、"7 月"和"10 月"等对应的单元格，执行插入列操作并观察结果；在 G1、K1、O1、S1 和 T1 单元格中依序输入"1 季度""2 季度""3 季度""4 季度""全年度"。

> 准备分类汇总数据的存放位置。

10 在 G2 单元格中输入公式" =SUBTOTAL(9，D2:F2)"，确认无误后将其填充至 G11 单元格；选择 G2:G11 单元格区域并复制，分别将其分别粘贴到 K2:K11、O2:O11、S2:S11 单元格区域；在 T2 单元格中输入" =SUBTOTAL(9，D2:S2)"并填充至 T11 单元格。

> 指定分类汇总的计算公式。

11 在第 7 行处插入新行；在 A7、A13 和 A14 单元格中依次输入"2023 合计"、"2022 合计"和"总合计"；在 D7 单元格中计算 2023 年 1 月份的合计，即输入" =SUBTOTAL(9，D2:D6)"，验证无误后填充至 S7 单元格；选择 D7:S7 单元格区域并复制到 D13:S13 单元格区域。在 D14 单元格中输入"=SUBTOTAL(9，D2:D13)"并填充至 S14 单元格。

> SUBTOTAL 只汇总明细数据，导致部分计算结果为 0。

12 在【分级显示】组（见图 3-44），执行【组合】|【自动建立分级显示】命令，分别观察行组合分级显示和列组合分级显示，并借此控制分级显示。

> 内置的分类汇总只能对行数据进行汇总。

13 （选做）用其他函数（如 Sum）修正 0 值单元格的计算；对各年度各销售区在每个月的

销售数据进行汇总。

14 打开【Excel 选项】对话框，导航到【高级】选项卡|【此工作表的显示选项】选区，取消对【在具有零值的单元格中显示零值】复选框的勾选，单击【确定】按钮后观察单元格中零值的显示。

15 保存并关闭"X17.xlsx"工作簿，提交作业。

 任务总结

　　分类汇总前需要对数据清单按分类字段进行排序，在此基础上再进行分类汇总。分类汇总后，数据将被分级显示，可以控制明细数据的显示或隐藏。

　　新的分类汇总默认替换当前分类汇总结果；如果设置为不予替换，则会在现有分类汇总的基础上嵌入新的分类汇总，从而实现多级嵌套。

 任务验收

知识和技能签收单（请为已掌握的项目画 ✓）

理解分类汇总的作用		会对数据进行分类汇总	
会多级分类汇总		理解 SUBTOTAL 函数的功能	
会手动实现分类汇总		—	

微任务 X18 分级显示

 任务简介

对单元格区域中的数据按行或按列进行分组管理及分级显示。

任务目标

了解数据分组的含义，熟悉分级显示的方法，学会利用数据组对数据进行分级显示。

关联知识

分级显示

在实际工作中，面对大量数据，常常需要对数据进行分级管理。如同 Word 的大纲视图，把数据组织成树状结构，用户可根据需要把各级数据予以展开或折叠。

Excel 通过创建组的形式实现分级显示。通过创建组，用户可以把某个范围内的单元格关联起来，从而可将其折叠或展开，既可创建行组，也可创建列组；在结构上，每个组都由摘要数据（行或列）和明细数据（行或列）构成。

在【数据】选项卡的【分级显示】组内集中有分级显示的相关工具，如图 3-47 所示的是分级显示的示例效果图，其中的级别符、折叠符和展开符都是用于分级显示的控制符。

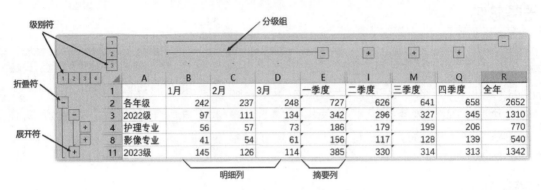

图 3-47　分级显示的示例效果图

Excel 用 1～8 的数字表示显示级别，其中 1 级最高、8 级最低。创建组时，建议逐级创建，如先创建 1 级组，在此基础上才可在组内依次创建次级组，逐级类推即可。

任务实施

01 打开"销售表.xlsx"并另存为"X18.xlsx"，观察当前工作表中数据，并将 1～12 月所在列的列宽调整为 6。

▶ **创建分级显示【列组合】**

02 借助 Ctrl 键选择"4 月"、"7 月"和"10 月"所在的单元格；在【开始】选项卡的【单元格】组中执行【插入】|【插入工作表列】命令，观察结果；分别在 G1、K1、O1、S1和 T1 单元格中依次输入"1 季度""2 季度""3 季度""4 季度""全年度"。

> 准备汇总数据的存放位置。

03 选择 H1:J1 单元格区域，在【数据】选项卡的【分级显示】组⊘中，执行【组合】|【组合】命令，打开【组合】对话框⊘，选中【列】单选按钮，单击【确定】按钮后查看组合结果，观察明细数据和汇总数据的相对位置，同时观察列组合的标识和级别⊘。

> 分组中加号【+】或减号【-】的位置对应汇总数据位置。

04 单击分组中的折叠符【-】，观察对应的明细列被隐藏；单击分组的展开符【+】，观察相应的明细列被恢复显示。观察分级数量，单击 1 级按钮，观察明细列的变化，再单击级别数值最大的按钮，再观察明细列的变化。

> 级别数可为 1~8，其中 1 是最高级别。

05 单击【分级显示】组右下角的对话框启动器，打开【分级显示设置】对话框；取消对【明细数据的右侧】复选框的勾选，单击【确定】按钮后观察明细数据和汇总数据的相对位置；再打开【分级显示设置】对话框，勾选【明细数据的右侧】复选框，单击【确定】按钮。

> 列明细和列汇总数据的相对位置可设定。 💡

06 类似地，选择 D1:F1 单元格区域并将其创建列组合；选择 L:N 单元格区域并创建列组合；选择 P:R 单元格区域并创建列组合；选择 D:S 单元格区域并创建列组合；观察列分组情况，观察分级的改变。

> 建议逐级（如从高到低或相反）创建组合以防混乱。 💡

▶ 创建分级显示【行组合】

07 单击【分级显示】组右下角的对话框启动器，打开【分级显示设置】对话框；勾选【明细数据的下方】复选框后单击【确定】按钮。

08 在第 7 行前插入空行；之后分别在 A7、A13 和 A14 单元格中分别输入"2022 年合计"、"2023 年合计"和"总合计"；在各年份的各个销售区之后添加空行，并分别在其 A 列的对应位置中分别输入"2022 年 A 区小计"、"2022 年 B 区小计"、"2023 年 A 区小计"和"2023 年 B 区小计"，如图 3-48 所示。

图 3-48 参考表格

> 为行组合和分级显示做准备。 💡

09 选择 A2:A17 单元格区域，执行【组合】|【组合】命令，打开【组合】对话框，选中【行】单选按钮，单击【确定】按钮后查看行组合结果；再选择 10:16 单元格区域，执行【组合】|【组合】命令，观察行组合效果，类似在再对 B2:B8 单元格区域执行行组合；观察行组合的标识和级别。

▶ 自动创建分级显示

10 在【分级显示】组中，执行【取消组合】|【消除分级显示】命令，观察数据区变化；尝试使用撤销功能，恢复此前的分级显示。

> 取消分级显示操作不可被撤销。 💡

11 在数据表之前插入空行，在数据区之前插入空列；在 H1 单元格中输入"=E1:G1"，确认并观察出错信息（#VALUE!）；类似在，分别在 L1、P1、T1 和 U1 单元格中输入"=I1:K1"、"=M1:O1"、"=Q1:S1"和"=E1:T1"。

12 在 A6、A9、A10 单元格中分别输入"=A3:A5"、"=A7:A8"、"=A3:A9"；在 A14、A17 和 A18 单元格中分别输入"=A11:A13"、"=A15:A16"和"=A11:A17"；在 A19 中输入"=A3:A18"。

13 在【分级显示】组中执行【组合】|【自动创建分组显示】命令，观察分级显示效果；执行【取消组合】|【消除分级显示】命令，观察数据区变化；再执行【组合】|【自动创建分组显示】命令，观察分级显示效果；隐藏第 1 行和第 A 列；保存当前工作簿。

▶ **其他操作**

14 用 Sum 函数分别计算各季度的小计，用公式计算每个销售员全年度总销量。

15 用 Sum 函数计算各个销售区在每个月份和每个季度的销售小计，计算每年度在各个月、各个季度的销售合计；统计每个月份、各个季度的销售总合计。

16 控制行组合或列组的分级显示，并观察效果；保存并关闭当前工作簿，提交作业。

 任务总结

　　Excel 的分级显示与 Word 中的大纲视图相当，以便用户根据需要折叠或显示各级各组数据明细。Excel 的分级显示最多可达 8 级，用数字 1~8 表示，数字越小级别越高。分级组由摘要数据和明细数据构成，不过二者只是相对概念，低一级的摘要数据包含在高一级的明细数据中。

 任务验收

　　知识和技能签收单（请为已掌握的项目画✓）

理解分级显示的作用		会按列进行分级显示	
会按进行分级显示		会使用自动创建分级显示功能	

微任务 **X19** 应用数据透视表

任务简介

　　为数据创建数据透视表和数据透视图。

任务目标

　　认识数据透视表，了解数据透视表的应用，学会创建数据透视表及数据透视表的基本操作。

 **关联知识**

数据透视表

数据透视表是一种可以从源数据表中快速提取并汇总大量数据的交互式表格，综合了数据排序、筛选、分类汇总等数据分析的优点，可方便地调整分类汇总和计算的方式，以多种不同方式地展示数据的特征。

数据透视图是数据透视表的图表形式，以图表的形式直观地、交互地展示数据透视表中的数据。

数据透视表或数据透视图的数据源，既可以是表格也可以是区域；若为区域，则建议该区域数据符合表格规范。

在 Excel 中，数据透视图编辑界面如图 3-49 所示，左侧为数据透视表交互区，中间是数据透视图交互区，右侧为数据透视图字段窗格。在窗格的字段节中，选择字段，将字段按需添加【筛选】、【列】、【行】或【值】等列表内，就会分别自动产生交互式数据透视表和透视图。

图 3-49　数据透视图编辑界面

在图 3-49 中，数据透视表区域被激活，其顶部的工具栏和右侧的窗格都与透视表相关；若激活数据透视图，其顶部的工具栏和右侧的字段窗格则会与数据透视图相关。

任务实施

01 打开"销售明细表.xlsx"并另存为 X19.xlsx；观察 Sheet1 工作表的数据区并激活其任意单元格。

销售员归属销售区，可在多家电商销售产品。

▶ 初识数据透视表

02 在【插入】选项卡的【表格】组◎中，单击【数据透视表】图标，打开【来自表格或区域的数据透视表】对话框◎，选择放置数据透视表的位置在【新工作表】后，单击【确定】按钮。

 数据透视表（或图）默认被创建在新工作表中。

03 观察数据透视表设计界面◎：左侧为透视表区，右侧为数据透视表字段窗格◎；单击窗格内的【工具】图标并展开其工具面板◎，观察并认识各区域名称。

04 在透视表字段窗格◎的字段节中，依次选择【销售员】、【淘宝】，观察透视表的变化，观察窗格中各区域的变化。

 默认地，依字段类型字符类加入【行】、数值型加入【∑值】。

05 在透视表字段窗格◎的字段节中，勾选【销售区】复选框并观察透视表变化；在【行】区域中，把【销售区】移动【销售员】之上，观察透视表变化并试理解其含义。

06 在透视表字段窗格◎的【行】区域内，把【销售区】移入【列】，再移入【筛选】，再把【销售员】移入【列】，分别观察透视表变化并理解其含义。

 从【行】移入【列】后，【销售员】数据由行变成列。

07 在字段节中增选【天猫】，观察透视表变化，观察【∑值】和【列】区域的项目变化；将【∑数值】项移入【行】区域中，观察透视表变化。

 此时【销售员】为列，【∑数值】为行。

▶ 透视表字段管理

08 在【列】区域内单击【销售员】尾部的箭头，展开其列字段管理菜单◎，执行【字段设置】，打开【字段设置】对话框◎，观察后取消窗口；类似地，再分别了解【行】或【筛选】的字段管理。

09 在【∑值】区内，单击【求和项:淘宝】尾部的箭头，展开值字段管理菜单◎；执行【值字段设置】，打开【值字段设置】对话框◎；观察【计算类型】，【自定义名称】改为"淘宝合计"后确认。

▶ 透视表分析与布局

10 在字段节中，分别右击【销售区】、【销售员】选项，在展开的字段管理菜单中◎，分别执行【插入切片器】命令；右击【日期】选项并执行【插入日程表】命令。

11 观察日程表◎中，并将其时间单位改为【季度】；在时间轴中选择【2023年第4季度】，拉长该时间段尾端控点至【2024年第1季度】，分别观察透视表的变化。

 日期必须为日期型数据。

12 在透视表中，找到【销售区】筛选器，观察【行标签】和【列标签】过滤器，再结合切片器和日程表，对当前数据表进行筛选并观察变化。

13 激活透视表，将【销售区】从【筛选】移到【列】中第1位；展开数据透视表的【设计】选项卡，在【布局】组中，依次单击各布局项并展开各自面板，逐个试用相关选项，观察透视表变化。

▶ 创建数据透视图

14 在【数据透视表分析】选项卡的【工具】组中，单击【数据透视图】图标并选择【簇状柱形图】，单击【确定】按钮后观察图表；依次激活透视表和透视图，分别观察工具栏和字段窗格变化。

在数据透视表的基础上增加图表。

15 激活 Sheet1 表的数据区；单击【插入】选项卡|【图表】组|【数据透视图】按钮，打开【创建数据透视图】对话框，检查无误后单击【确定】按钮；利用打开的编辑界面自行管理透视图和透视表。

全新创建数据透视图。

16 保存并关闭"X19.xlsx"工作簿，提交作业。

任务总结

　　数据透视表是集计算、汇总和分析等一体的交互式数据处理工具，数据透视图则是数据透视表的图表呈现方式。数据透视表的数据源要求符合表格规范。

　　数据透视表有行区域、列区域、值区域和筛选区域等四个组成维度。数据透视表根据行区域或列区域的字段对值区域的数据进行分类汇总；值区域中的字段按指定汇总方式进行计算，若为文本字段则默认计数，若为数值字段则默认求和，但这可以通过值字段设置进行更改；筛选区域对数据透视表进行筛选，以便将数据处理的重点只聚焦在所关心的类别上。

任务启示

　　现代社会中，各行各业经常需要对大量数据进行收集、分析、处理，Excel 强大的数据处理能力及简单便捷的操作，使 Excel 成为数据处理的常用解决方案。学好 Excel 对其他学科的学习与研究，以及提高工作效率有很大的帮助，同时可以帮助同学们树立基本的现代信息管理意识，提高学生数据处理和分析的能力。

任务验收

知识和技能签收单（请为已掌握的项目画✓）

理解数据透视表的作用		会创建数据透视表	
理解各字段的作用		会管理字段	
会使用切片器和日程表		会创建、管理透视图	

微任务 X20 使用图表

任务简介

为工作表数据选择创建图表。

任务目标

了解使用图表的意义，熟悉常见图表类型，掌握图表的创建和编辑方法。

关联知识

图表

图表用图形等直观形式显示数据系列，以便用户更易掌握数据系列自身信息及不同数据系列之间的对应关系。

在【插入】选项卡的【图表】组内提供了多组图表，如图 3-50 所示。单击图表组（右侧有下拉箭头）将会展开其相应的【图表组】面板，其中包含更具体的图表类型。

例如，单击【插入饼图或圆环图】图标，将展开【饼图或圆环图】面板，如图 3-51 所示，其中包括常用的饼图和圆环图。

单击【图表】组右下角的对话框启动器，将打开如图 3-52 所示的【插入图表】对话框。

在【插入图表】对话框的【所有图表】页面中，罗列有柱形图、折线图、饼图、条形图等图表分组以及各分组下具体的图表类型，可供用户选用合适的图表类型。而在【推荐的图表】选项卡中，Excel 将根据用户所选区域的数据特点为用户推荐可适配的图表类型。

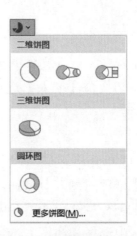

图 3-50 【图表】组　　　　　　　　　　图 3-51 【饼图和圆环图】面板

通过【图表】组（见图 3-50）或【插入图表】对话框，可选用图表并将其插入当前工作表中，图表示例如图 3-53 所示，在图表区内通常包括图表标题、绘图区、图例和数据系列等多类元素。

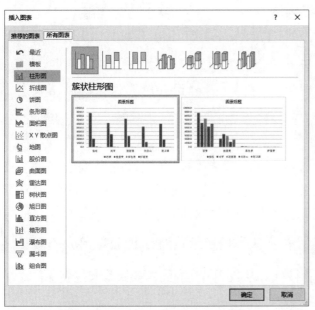

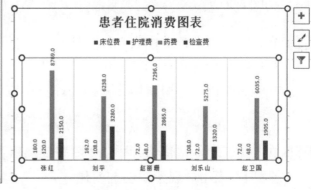

图 3-52 【插入图表】对话框　　　　　　　图 3-53 图表示例

激活图表，Excel 选项卡部分将显示图表工具栏，如图 3-54 所示，利用该工具栏可对当前图表进行个性化设置。

图 3-54 图表工具栏

任务实施

01 打开"住院费.xlsx"文件并另存为 X20.xlsx，将药费和检查费两列数据剪切并插入床位费之前；切换至【插入】选项卡，并观察其中的【图表】组（见图 3-50）。

▶ **认识图表**

02 选择 F2:J3 单元格区域，在【图表】组（见图 3-50）中单击【推荐的图表】按钮，打开【插入图表】对话框（见图 3-52），查看推荐的图表页面🔍中的图表，从中选择【饼图】选项，单击【确定】按钮后观察当前工作区中出现的饼图（见图 3-55）。

03 保持激活饼图，观察图表工具栏（见图 3-54）；在【格式】选项卡的【当前所选内容】组🔍中，单击顶部的图表元素下拉列表🔍并观察其内容；从列表中选择【绘图区】，观察图表中选择内容的变化；类似地，再依次选择【图例】、【系列 1】等元素，并同步观察它们在图表中的对应关系。

图 3-55 饼图

> 操作图表时应保证其激活状态。

▶ **定制图表外观**

04 单击图表右上角的图表功能按钮组🔍中的【图表元素】按钮，在展开的面板中选择【图表标题】和【数据标签】选项，同步观察图表变化；再展开图表元素下拉列表🔍并观察内容的变化，选用新增元素，并理解相应元素在图表中的对应关系。

> 图表元素会因图表类型、设置等因素而变化。

05 单击图表功能按钮组🔍中的【图表筛选器】按钮，从展开的面板中移除【床位费】和【护理费】，应用后观察饼图的变化。

06 单击图表功能按钮组🔍中的【图表样式】按钮，展开【图表样式】面板🔍，在【样式】页面中选择自认为满意的样式，在【颜色】页面中自行调整饼图颜色（彩色或单色），并同步观察饼图的样式和颜色变化。

07 将图表工具栏切换到【图表设计】组；观察其中的【图表样式】选项卡🔍中的功能，并与【图表样式】面板🔍的功能对照比较；在【图表布局】组🔍中，单击【添加图表元素】图标，展开【增加图表元素】面板🔍，执行【图例】|【右侧】命令，观察图表变化。

08 在【图表布局】组🔍中，单击【快速布局】图标，展开【图表快速布局】面板🔍，执行【布局 2】命令，观察图表变化。

09 在【类型】组🔍中，单击【更改图表类型】图标，打开【更改图表类型】对话框，在【饼图】组中选择【复合条饼图】选项，单击【确定】按钮后观察图表变化。

10 在【格式】选项卡的【当前所选内容】组◎中，从图表元素下拉列表◎中选择【系列 1 数据标签】选项，再单击【设置所选内容格式】图标，打开设置数据标签格式窗格◎；在标签选项中，选择【百分比】（保留 2 位小数）和【图例项标示】，观察图表变化；选择【文本选项】，自行设置文本格式。

▶ 定制图表数据源

11 调整饼图位置，使其与数据清单同时可见，将 J3 单元格的值增加到 10 倍，观察饼图变化；激活饼图并观察其数据源区域；在【设计】选项卡的【数据】组◎中，单击【选择数据】按钮，打开【选择数据源】对话框◎。

12 在【选择数据源】对话框◎中，单击【图例项（系列）】栏中的【编辑】按钮，打开【编辑数据系列】对话框◎；为【系列名称】选取 B5，为【系列值】选取 F5:J5，单击【确定】按钮；单击【水平（分类）轴标签】栏内的【编辑】按钮，打开【轴标签】对话框◎，观察其【标签区域】；确认数据源，观察饼图数据源及图表变化。

▶ 更多图表操作

13 在当前工作表中，按住 Ctrl 键选择 B2:B7 单元格区域、F2:J7 单元格区域；在【图表】组（见图 3-50）中单击【插入柱形图或条形图】图标，从展开的面板中选择二维【簇状柱形图】选项，观察新插入的柱形图并尝试理解该图表所表达的含义。

14 在【设计】选项卡的【数据】组◎中，单击【切换行/列】图标，再尝试理解图表所表达的含义；在【类型】组◎中，单击【更改图表类型】图标，打开【更改图表类型】对话框，在柱形图组中，选择【堆积柱形图】选项，单击【确定】按钮后观察图表并理解其含义。

15 类似地，再依次改为【百分比堆积柱形图】、【折线图】、【面积图】、【饼图】等，并尝试理解各类图表所表达的含义。

并非所有的图表能正确表达数据内涵。 💡

16 再次打开【更改图表类型】对话框，切换到推荐的图表页面◎，在其中查看与选定的数据区域适配的图表类型，从中选用个人满意的图表类型，确认后并观察其效果。

选择数据区域后建议使用推荐的图表。 💡

17 保存并关闭"X20.xlsx"工作簿，提交作业。

📋 **任务总结**

　　图表的插入能直观、生动地反映表格数据；且能随着源数据的变化而自动更新。图表类型较多，应根据工作表内容来选择适合的类型。不同类型的图表可包含的图表元素也不尽相同。大多数图表都可以表现多个系列的数据,而饼图只能表现一个系列的数据。

任务验收

知识和技能签收单（请为已掌握的项目画✓）

认识图表及其各元素		会插入图表	
会添加、删除图表元素		会编辑图表的外观	
会定制图表数据源		—	

综合实训 **X.H** 统计药品销售情况

打开"药品销售清单.xlsx"工作簿，完成以下任务，完成效果如图 3-56 所示。

（1）按照药品类别对销售额进行汇总，将结果复制到新的工作表中，并命名为"分类汇总"。

（2）将销售数据区域转为表格，并设置合适的样式。

（3）根据表格数据创建数据透视表和数据透视图。

（4）使用切片器和日程表分析汇总销售数据。

图 3-56 完成效果

微任务 **X21** 应用迷你图

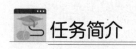**任务简介**

为工作表中的数据系列创建迷你图。

任务目标

认识迷你图，掌握迷你图的创建方法及基本设置。

关联知识

使用迷你图

迷你图是工作表单元格中的一个微型图表，可提供数据的直观表示。使用迷你图可以显示一系列数值的趋势，或者可以突出显示最大值和最小值等。在【插入】选项卡的【迷你图】组中，Excel 提供了三种类型迷你图，如图 3-57 所示。

单击任意类型的迷你图图标，将打开【创建迷你图】对话框，如图 3-58 所示，用户只需指定迷你图所需的数据范围和放置的位置范围，即可在指定位置上创建出相应的迷你图。

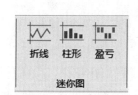

图 3-57　【迷你图】组

图 3-58　【创建迷你图】对话框

激活迷你图所在单元格，Excel 标题栏中将显示迷你图工具栏，如图 3-59 所示，基于此对迷你图进行个性化设置。

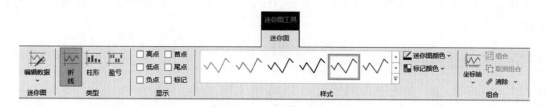

图 3-59　迷你图工具栏

任务实施

01 打开"业绩统计表.xlsx"文件并另存为 X21.xlsx；在 I2 单元格中输入"迷你图"，并用格式刷为其复制左邻单元格的格式；重新合并表标题区，令其相对表格水平居中。

▶ 创建迷你图

02 在【插入】选项卡的【迷你图】组（见图 3-57）中，单击【折线】图标，打开【创建迷你图】对话框（见图 3-58）；指定【数据范围】为 C3:H3，指定【位置范围】为 I3，单击【确定】按钮后观察插入单元格的迷你图。

03 选择 C4:H4 单元格区域，单击【迷你图】组（见图 3-57）中的【折线】图标，观察打开的【创建迷你图】对话框（见图 3-58），指定【位置范围】为 I4，单击【确定】按钮后观察单元格中的迷你图。

04 选择 I5:I6 单元格区域，单击【折线】图标，打开【创建迷你图】对话框（见图 3-58），指定【数据范围】为 C5:H6，单击【确定】按钮后观察结果；选择 C7:H8 单元格区域，单击【折线】图标，在打开的【创建迷你图】对话框（见图 3-58）中指定【位置范围】为 I7:I8，单击【确定】按钮后观察结果；向下拖曳 I8 单元格的填充柄至 I12 单元格，观察新创建的迷你图。

05 参照第 4 步，在 C15:H15 单元格区域中，为 C3:H12 数据区创建【柱形】迷你图。

▶ 设置迷你图

06 激活 I3 单元格中的迷你图，观察出现的迷你图工具栏（见图 3-59），激活【迷你图】选项卡，观察其中的各选项卡；依次激活 I3、I4、I5、I7、I12 等单元格，观察工作表中的选择区域变化以及【组合】组◎中图标状态变化；激活 F15 单元格，再观察【组合】组中图标状态。

💡   同时创建的若干迷你图形成图组。

07 激活 I3 单元格，在【类型】组◎中选择【盈亏】，观察迷你图变化；类似地，将 I4 单元格中的迷你图改成【盈亏】类型，将 I5 中迷你图改成【柱形】类型，观察迷你图变化。

08 选择 I5:I7 单元格区域，单击【组合】组◎中的【取消组合】按钮，再依次激活 I5 至 I8 单元格，观察图组变化；选择 I3:I12 单元格区域，再执行【组合】命令，观察所选区域中迷你图的变化；在【类型】选项卡◎中，单击【折线】图标，观察所有迷你图类型变化。

💡   相同图组中的迷你图共享设置。

09 激活 I5 单元格，在【显示】组◎中，仅选择【标记】，观察各迷你图的变化；取消【标记】，依次选择【高点】、【首点】、【低点】、【尾点】等，观察迷你图相关点位变化。

10 在【样式】组◎中，单击【标记颜色】图标，展开【标记颜色】面板◎；将【高点】设为红色、【首点】设为绿色、【低点】为橙色、【尾点】为蓝色，观察迷你图中相关点位的变化，观察【样式】面板中样式相关节点的变化。

11 将 C3:H12 单元格区域行高设为 50，将其中小于 60000 的部分数值变更为负数；激活 I3:I12 迷你图组，在【组合】组◎中，单击【坐标轴】图标，展开【坐标轴】面板◎，设置显示横坐标轴、纵坐标轴最小值自定义为 "-60000"、纵坐标轴最大值自定义为 100000，观察迷你图组变化。

12 激活 C15:D15 单元格区域，在【组合】组◎中，执行【清除】|【清除所选的迷你图】

命令，观察结果；激活 E15 单元格，执行【清除】|【清除所选的迷你图组】命令，观察结果。

13 在【迷你图】组（见图 3-57）中，单击【编辑数据】图标，展开【编辑数据】面板；执行【编辑组位置和数据】命令，打开【编辑迷你图】对话框（见图 3-58）；将【数据范围】设为 F3:H12，单击【确定】按钮后观察结果；再打开【编辑迷你图】对话框，将【数据范围】设为 C3:H12，检查无误后确认并观察结果。

14 保存并关闭工作簿，提交作业。

任务总结

　　迷你图是可在单元格中显示的微型图表，用以直观显示数据系列中数据的分布形态；建议用户把迷你图创建在数据系列旁，既可容易确定迷你图与数据系列的对应关系，又可在基本数据发生变化时就立即观察到迷你图的变化。

　　创建迷你图时，既可为单个数据系列创建独立的迷你图，也可为多个数据系列创建迷你图组。单个迷你图创建完成，拖曳其所在单元格的填充柄，则新迷你图与原迷你图组成一个迷你图组；在【创建或编辑迷你图】对话框中，在【位置范围】中指定单元格区域，所涉迷你图也构成迷你图组。

　　迷你图组中的各迷你图表，将会同步享有对迷你图的设置。

任务验收

知识和技能签收单（请为已掌握的项目画 ✓）

认识迷你图		会创建迷你图	
会编辑迷你图		会创建迷你图组	

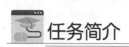

微任务 X22　设置安全保护

任务简介

保护工作簿、工作表和单元格及数据安全。

任务目标

理解设置安全保护的意义，掌握保护工作簿、工作表和单元格的方法。

关联知识

Excel 安全保护

为防止工作表或工作簿中的数据、结构或格式惨遭意外或恶意破坏，需要对 Excel 数据进行安全保护设置。

单击【文件】菜单|【信息】|【保护工作簿】按钮，将打开如图 3-60 所示的菜单，可用于保护当前工作簿或工作表。

【审阅】选项卡的【保护】组（见图 3-61）也提供有保护工作表和保护工作簿功能。此外，工作表标签的快捷菜单中也提供有保护工作表功能。

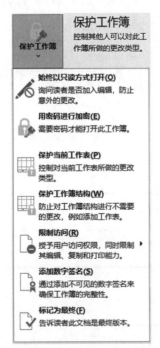

图 3-60 【保护工作簿】菜单   图 3-61 【保护】组

单击【保护工作簿】图标，将打开如图 3-62 所示的对话框，用以设置保护工作簿的窗口和结构。保护结构，即禁止用户添加、删除、显示或隐藏工作表；保护窗口，即禁止用户更改工作表窗口的大小或位置等，不过该选项在 Excel 2019 中不可用。

执行【保护工作表】命令，将打开【保护工作表】对话框，如图 3-63 所示，用以保护工作表及锁定的单元格内容。

在 Excel 中，单元格默认为锁定状态；当所在工作表被保护后，被锁定的单元格将被限制操作，允许编辑区域内单元格也可能因此受到影响。

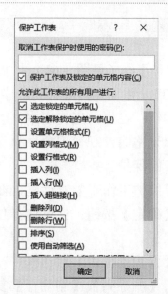

图 3-62 【保护结构和窗口】对话框 | 图 3-63 【保护工作表】对话框

 任务实施

01 打开"大学每月预算表.xlsx"文件并另存为 X22.xlsx。

▶ **对文件加密**

02 单击【文件】菜单|【信息】|【保护工作簿】按钮，打开【保护工作簿】菜单，从中执行【用密码进行加密】命令，打开【加密文档】对话框⚲，在【密码】文本框中输入"File"并单击【确定】按钮；保存并关闭 X22.xlsx 工作簿。

03 双击"X22.xlsx"文件，在打开的【密码】对话框⚲中正确输入密码（区分大小写），单击【确定】按钮后将打开该文档；在【保护工作簿】菜单（见图 3-60）中重新执行【用密码进行加密】命令，清空【密码】文本框中的密码信息并确认，保存文档以解除密码。

▶ **保护工作簿结构**

04 在【审阅】选项卡的【保护】组（见图 3-61）中，执行【保护工作簿】命令，打开【保护结构和窗口】对话框（见图 3-62），在【密码】文本框中输入"Work"并单击【确定】按钮；尝试工作表的增加、移动等操作，右击工作表标签，打开工作表快捷菜单，观察被禁用的项目。

保护工作簿时密码可保留为空。

05 再次单击【保护工作簿】命令，正确输入密码以取消对工作簿的保护，重新尝试工作表的增加、移动等操作；右击 Sheet1 工作表标签，打开工作表快捷菜单，观察其中原被禁用的项目。

保护工作簿结构，以防工作表发生改变。

▶ 保护工作表

06 在【保护】组（见图 3-61）中单击【保护工作表】按钮，打开【保护工作表】对话框（见图 3-63），并观察其底部列表中的项目；在【密码】文本框中输入"Sheet"并单击【确定】按钮；在当前工作表中，尝试选择任意单元格、尝试输入信息、删除任意行或列、合并单元格等，观察现象；执行【取消保护工作表】命令，正确输入密码以取消对当前工作表的保护。

07 打开【保护工作表】对话框，在底部列表中清空所有选项，保持【密码】文本框为空，单击【确定】按钮；尝试选择任意单元格、任意行或任意列，观察现象；取消当前工作表的保护。

08 打开【保护工作表】对话框，在底部列表中，除选择前两项外，再勾选【插入行】、【插入列】、【删除列】、【删除行】复选框并单击【确定】按钮；在当前工作表中，尝试插入任意行、插入任意列，再尝试删除新插入的空行和空列，观察现象；取消对当前工作表的保护。

> 保护工作表将限制对单元格区域的操作。

▶ 锁定或隐藏

09 选择第 8 步插入的空行和空列，打开【设置单元格格式】对话框⊙，观察其锁定状态；取消锁定，确认后打开【保护工作表】对话框（见图 3-63），检查【删除行】和【删除列】复选框的勾选状态并单击【确定】按钮；在当前工作表中依次删除空行和空列，观察结果并理解缘由。

> 保护工作表时，未锁定行或列可被删除。

10 选择 B8:C8 单元格区域并右击，从打开的单元格快捷菜单⊙中执行【设置单元格格式】命令，打开【设置单元格格式】对话框⊙；在【保护】选项卡中观察【锁定】选项并取消选择，单击【确定】按钮；保护当前工作表；分别在 B8 和 C8 单元格中输入"1200"和"900"，再尝试更改 B9 和 C9 单元格中的数据；取消保护工作表。

> 保护表时，锁定默指锁定单元格数据。

11 选择 B11:C11 单元格并设置其单元格格式，选择【隐藏】并确定；保护当前工作表；依次激活 B11、C11 和其他任意单元格，分别观察各自对应的编辑栏内的显示内容；取消保护工作表。

> 保护表时，隐藏默指编辑栏隐藏对应内容。

12 在【保护】组（见图 3-61）中单击【允许编辑区域】按钮，打开【允许用户编辑区域】对话框⊙；单击【新建】按钮，打开【新区域】对话框⊙；在【标题】处输入"杂项数据"，在【引用单元格】处选取 B10:C10，在【区域密码】处输入"Range"，并确认密码。

13 执行【保护工作表】命令并确认；尝试更改 B10 和 C10 单元格中的数据时，打开【取消锁定区域】对话框，正确输入密码后再依次输入"200"和"80"，再尝试更改其字符大小，观察效果；取消保护工作表。

> 被锁定保护的单元格，经授权后允许编辑内容。

14 重新打开【允许编辑区域】对话框，选择"杂项数据"选项后单击【修改】按钮，打开【修改区域】对话框，单击【密码】按钮，打开【更改区域密码】对话框，保持密码为空并确定，以取消区域密码；执行保护工作表命令，尝试更改 B10 或 C10 单元格中的数据，观察效果；取消保护工作表。

> 区域密码为空时，可直接更改区域的内容。

15 保存并关闭 X22.xlsx 文件，并将其提交作业。

 任务总结

Excel 中的安全保护主要有工作簿元素和工作表元素的保护。保护工作簿既可限制非授权用户打开文件，又可限制非授权用户更改其结构（工作表）和窗口。工作表被保护后，将限制用户对锁定单元格进行某些特定操作（如更改内容或设置格式等），但经允许编辑区域授权后，用户可更改区域的内容。

任务启示

随着互联网的深入发展和数据时代的到来，数据安全已经成为国家安全、社会稳定、经济发展和个人权益保护的重要基石。党的二十大报告对保障个人信息安全和数据安全提出了明确部署，体现了国家对数据安全的高度重视和坚定决心。

作为新时代的学生，你们是国家的未来和希望，加强信息安全意识、掌握常用的数据安全保障技术，为个人信息素养的提升和职业竞争力的提高打下坚实基础。这不仅是对个人发展的要求，也是对国家安全和社会稳定的贡献。

任务验收

知识和技能签收单（请为已掌握的项目画✓）

会为文件进行加密		会设置保护工作簿	
会设置保护工作表		理解保护工作表各选项的含义	
理解锁定和隐藏的含义		会设置允许编辑区域	

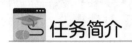
微任务 X23 打印 Excel 工作簿

任务简介

打印 Excel 工作簿内容。

任务目标

熟悉 Excel 页面视图，掌握 Excel 页面设置和打印设置方法，学会打印 Excel 工作簿

关联知识

Excel 以工作表的形式维护和管理数据，在水平方向上可管理的数据达万余列，垂直方向上可存储记录超百万余行，在打印 Excel 工作表时需先进行必要的页面设置。

鉴于工作表打印的特殊性和复杂性，除常规的打印预览功能外，Excel 还提供有分页预览和页面布局等更具特色的高级功能。

1．Excel 页面设置

Excel 的【页面设置】组如图 3-64 所示，除需常规的纸张大小、纸张方面、页边距等常规设置外，打印区域、分隔符、背景和打印标题等设置都具有 Excel 的特点。

图 3-64 【页面设置】组

单击【页面设置】组右下角的对话框启动器，打开【页面设置】对话框，用以设置更多、更详尽的功能，如居中方式、起始页码、页眉和页脚等。

页面设置默认仅对当前工作表有效。

2．分页预览视图

Excel 的分页预览视图，用以帮助用户直观地预览和控制打印分页，如图 3-65 所示。视图中突出显示区域代表打印区域，外围的蓝实线是打印范围线；打印区域内部的蓝色线代表分页符，其中虚线代表自动分页，实线代表手动分页。

可选的额外还款			¥0.00		贷款方姓名				林景银行
贷款分期偿还计划表									
还款编号	还款日期	期初余额	计划的还款	额外还款	总计还款	本金	利息	期末余额	累积利息
1	2024-2-24	¥600,000.00	¥6,074.71	¥0.00	¥6,074.71	¥4,074.71	¥2,000.00	¥595,925.29	¥2,000.00
2	2024-3-24	¥595,925.29	¥6,074.71	¥0.00	¥6,074.71	¥4,088.29	¥1,986.42	¥591,837.00	¥3,986.42
3	2024-4-24	¥591,837.00	¥6,074.71	¥0.00	¥6,074.71	¥4,101.92	¥1,972.79	¥587,735.08	¥5,959.21
4	2024-5-24	¥587,735.08	¥6,074.71	¥0.00	¥6,074.71	¥4,115.59	¥1,959.12	¥583,619.49	¥7,918.32
5	2024-6-24	¥58[illegible],619.49	¥6,074.71	¥0.00	¥6,074.71	¥4,129.31	¥1,945.40	¥579,490.18	¥9,863.72
6	2024-7-24	¥579,490.18	¥6,074.71	¥0.00	¥6,074.71	¥4,143.07	¥1,931.63	¥575,347.11	¥11,795.36
7	2024-8-24	¥575,347.11	¥6,074.71	¥0.00	¥6,074.71	¥4,156.88	¥1,917.82	¥571,190.22	¥13,713.18
8	2024-9-24	¥571,190.22	¥6,074.71	¥0.00	¥6,074.71	¥4,170.74	¥1,903.97	¥567,019.48	¥15,617.15
9	2024-10-24	¥567,019.48	¥6,074.71	¥0.00	¥6,074.71	¥4,184.64	¥1,890.06	¥562,834.84	¥17,507.21
10	2024-11-24	¥562,834.84	¥6,074.71	¥0.00	¥6,074.71	¥4,198.59	¥1,876.12	¥558,636.25	¥19,383.33
11	2024-12-24	¥558,636.25	¥6,074.71	¥0.00	¥6,074.71	¥4,212.59	¥1,862.12	¥554,423.66	¥21,245.45
12	2025-1-24	¥554,423.66	¥6,074.71	¥0.00	¥6,074.71	¥4,226.63	¥1,848.08	¥550,197.03	¥23,093.53
13	2025-2-24	¥550,197.03	¥6,074.71	¥0.00	¥6,074.71	¥4,240.72	¥1,833.99	¥545,956.31	¥24,927.52
14	2025-3-24	¥545,956.31	¥6,074.71	¥0.00	¥6,074.71	¥4,254.85	¥1,819.85	¥541,701.46	¥26,747.37
15	2025-4-24	¥541,701.46	¥6,074.71	¥0.00	¥6,074.71	¥4,269.04	¥1,805.67	¥537,432.42	¥28,553.04
16	2025-5-24	¥537,432.42	¥6,074.71	¥0.00	¥6,074.71	¥4,283.27	¥1,791.44	¥533,149.15	¥30,344.49
17	2025-6-24	¥533,149.15	¥6,074.71	¥0.00	¥6,074.71	¥4,297.54	¥1,777.16	¥528,851.61	¥32,121.65
18	2025-7-24	¥528,851.61	¥6,074.71	¥0.00	¥6,074.71	¥4,311.87	¥1,762.84	¥524,539.74	¥33,884.49
19	2025-8-24	¥524,539.74	¥6,074.71	¥0.00	¥6,074.71	¥4,326.24	¥1,748.47	¥520,213.50	¥35,632.95
20	2025-9-24	¥520,213.50	¥6,074.71	¥0.00	¥6,074.71	¥4,340.66	¥1,734.04	¥515,872.83	¥37,367.00
21	2025-10-24	¥515,872.83	¥6,074.71	¥0.00	¥6,074.71	¥4,355.13	¥1,719.58	¥511,517.70	¥39,086.58
22	2025-11-24	¥511,517.70	¥6,074.71	¥0.00	¥6,074.71	¥4,369.65	¥1,705.06	¥507,148.05	¥40,791.63
23	2025-12-24	¥507,148.05	¥6,074.71	¥0.00	¥6,074.71	¥4,384.21	¥1,690.49	¥502,763.84	¥42,482.13
24	2026-1-24	¥502,763.84	¥6,074.71	¥0.00	¥6,074.71	¥4,398.83	¥1,675.88	¥498,365.01	¥44,158.01
25	2026-2-24	¥498,365.01	¥6,074.71	¥0.00	¥6,074.71	¥4,413.49	¥1,661.22	¥493,951.52	¥45,819.22

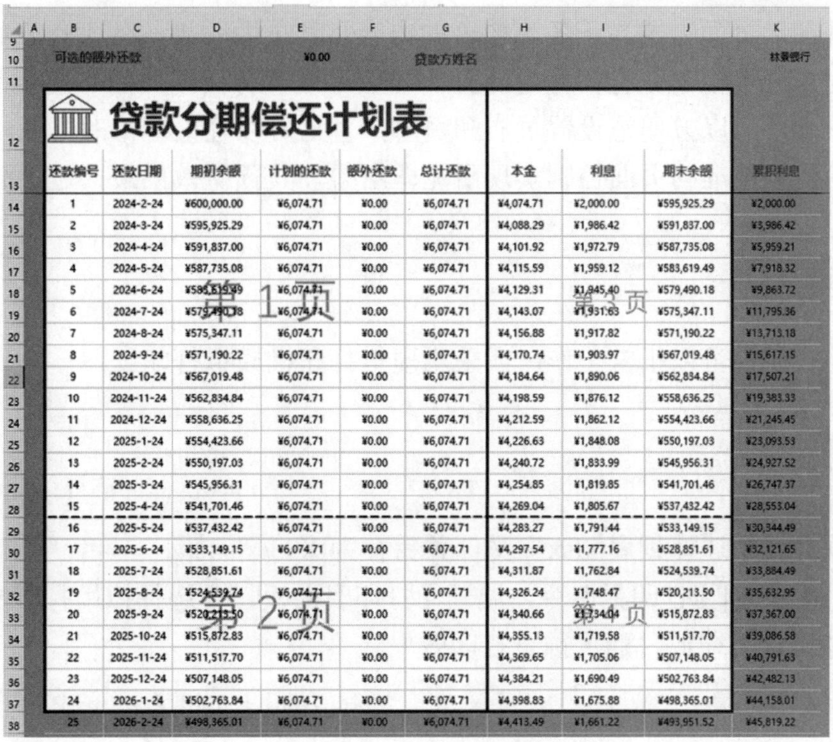

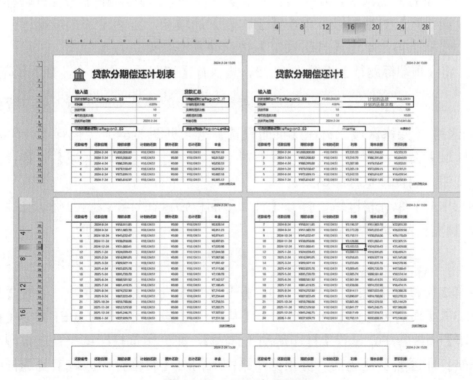

图 3-65　分页预览视图

3. 页面布局视图

页面布局视图集页面编辑、页面浏览、打印预览等功能于一体，是功能强大的高级管理界面，如图 3-66 所示。

图 3-66　页面布局视图

页面布局视图以页面方式显示各工作表的内容，其页面效果与各工作表的纸张方向、纸张大小、页边距、分页控制、打印标题、打印缩放等设置有关；页面布局视图可以直观地预览打印文档的外观，可以方便地设置页眉和页脚，甚至可以轻松地修改页面内容。

页面布局视图以精准的页面控制实现所见即所得，其预览效果最接近页面的实际效果。

任务准备

检查本机的打印机可以正常工作，或采用虚拟打印机模拟打印。

任务实施

01 打开"贷款分期偿还计划表.xlsx"文件并另存为 X23.xlsx。

02 执行【文件】菜单|【打印】命令，展开【打印】面板◉；选择拟用打印机，查看打印缩放列表◉并确认无缩放，翻页预览打印效果。

> 可选【Microsoft Print to PDF】虚拟打印机。

03 在【打印】面板◉中，设置【A4】、【横向】，在【打印缩放】列表◉中选择【将所有列调整为一页】选项，预览打印变化；按 Esc 键返回，单击【视图】选项卡|【工作簿视图】组|【页面布局】按钮，打开页面布局视图（见图 3-66）并浏览页面效果。

▶ 设置打印标题和打印区域

04 展开【页面布局】选项卡，在【页面设置】组（见图 3-64）中单击【打印标题】图标，打开【页面设置】对话框◉；单击【工作表】选项卡，激活【顶端标题行】文本框，从工作表中选择 2:13；单击【打印预览】按钮并预览结果。

05 类似地，将【顶端标题行】设置为 13:13，再执行【打印预览】命令，翻页预览打印效果。

> 除首页特殊外，其他页都显示指定的打印标题内容。

06 选择 B2:K37 单元格区域，再在【页面设置】组（见图 3-64）中执行【打印区域】|【设置打印区域】命令；打开【页面设置】对话框◉，查看【打印区域】设置；单击【打印预览】按钮，翻页预览打印结果。

07 选择 B13:K133 单元格区域，打开【打印】面板◉，在打印范围◉确认选择【打印所选区域】，翻页预览打印结果。

> 【打印所选区域】方便用户临时选定打印范围。

08 将表中第 2 行移到第 12 行（不含图）；打开【页面设置】对话框◉，设置【打印区域】为 B12:J37、【顶端标题行】为 B12:B13、【从左侧重复的列数】为 B:E；单击【打印预览】。

09 在【打印】面板◉中，设置【打印活动工作表】，翻页预览打印结果；在打印范围◉中勾选【忽略打印区域】复选框，再预览结果；取消对【忽略打印区域】复选框的勾选，在打印缩放列表◉中选择【无缩放】。

▶ 管理打印分页

10 单击【视图】选项卡|【工作簿视图】组|【分页预览】按钮，展示分页预览视图（见图 3-65）；观察打印区域、分页符和自动分页情况；打开【打印】面板⊘，翻页预览打印效果；进入页面布局视图（见图 3-66），观察页面范围、打印标题等效果。

> 页面布局视图不受打印区域设置的影响。 💡

11 返回分页预览视图（见图 3-65），任意拖曳水平和垂直分页符位置，观察分页符变化；在【页面设置】组（见图 3-64）中执行【分隔符】|【重设所有分页符】命令，观察分页符变化。

> 手动分页符为蓝色实线。 💡

12 在分页预览视图中，激活 H26 单元格，执行【分隔符】|【插入分页符】命令，观察变化；激活 G26 单元格，再执行【删除分布符】命令，观察变化。

> 以活动单元格左上角位置，定位插入/删除的分页符。 💡

▶ 设置页眉和页脚

13 打开【页面设置】对话框⊘，在【页眉/页脚】选项卡中取消对【首页不同】复选框的勾选；展开【页脚】下拉列表⊘，选择【第 1 页，第？页】选项并单击【确定】按钮。

14 打开【页面设置】对话框⊘，在【页眉/页脚】选项卡中单击【自定义页眉】按钮，观察【页眉】对话框⊘的左部、中部、右部三栏结构，将【中部】设置为"贷款分期偿还计划表"，逐级确认并返回主界面。

15 进入页面布局视图（见图 3-66）；激活首页之外的其他页面，用鼠标指针在页面顶部探测页眉区；激活页眉右栏，观察页眉和页脚工具栏并激活其选项卡⊘。

16 在【页眉和页脚】选项卡的【页眉和页脚元素】组中，依次单击【当前日期】图标，输入空格键，单击【当前时间】图标，再单击正文区，完成设置；浏览各页的页眉或页脚。

▶ 打印输出

17 打开【打印】面板⊘，指定虚拟打印机，在打印缩放列表⊘中选择【将所有列调整为一页】选项，单击【打印】按钮，并将虚拟打印结果保存为"X23.pdf"；**（选做）**利用真实可用打印机将内容打印到纸面上。

18 保存文件并退出 Excel，将 X23.pdf 文件提交作业。

📋 任务总结

除常规页面设置外，Excel 打印还具有自身特点，如打印区域、打印标题（行或列）、打印分页（纵向、横向）、页眉和页脚等；除常规的打印预览功能外，Excel 还提供了具有自身特色的分页预览视图和页面布局视图等可视化打印预览工具。

分页预览视图中，打印区域被蓝色范围线包围且突出显示，内部以蓝色分页符对工作表进行纵向或横向分页。分页符可被拖曳而改变位置，故又以虚线代表自动分页符，以实线代表人工分页符。

页面布局视图是集浏览、编号于一体的页面管理工具，页面效果可以真实体现页面设置和打印选项的影响，可以直观地预览打印页面外观，可以方便地设置页眉和页脚，甚至可以轻松地修改页面内容。

任务启示

贷款，意思是银行、信用合作社等机构借钱给用钱的单位或个人，用来解决借贷人短期或长期则资金紧张问题。"分期付款""花呗""京东白条"等都是年轻人非常喜欢的消费形式。

然而，随之而来的就是高额的利息和手续费。根据相关数据显示，一些消费贷款的利率可以达到 40%以上，相当于每月要支付高额的利息费用。如果不能按时还款，不仅会影响个人信用记录，还会导致逾期费用的产生，严重的甚至会被追债。一些学生由于社会阅历较浅，缺乏相关的金融知识，容易陷入一些贷款陷阱，给个人及家庭带来严重后果。

当代学生应树立正确的消费观，不盲目攀比，避免自身及家庭经济承受能力以外的消费。如果确有资金需求，应通过合法机构进行贷款，并熟悉还款计划，确保自身有能力偿还的情况下，再进行借贷，避免出现违约失信或被债主催债等情况。

任务验收

知识和技能签收单（请为已掌握的项目画✓）

认识 Excel 的视图		会设置打印标题行和打印区域	
会基本的页面设置		会添加、删除分页符	
会设置页眉和页脚		—	

项目 4

PowerPoint 2019 演示文稿

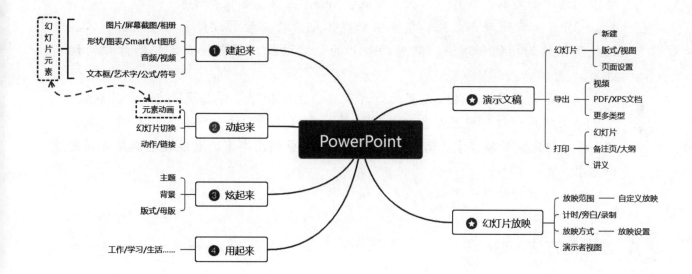

学习目标

知识与技能

（1）熟悉 PowerPoint 的工作界面、功能和特点，掌握演示文稿的基本操作。

（2）掌握幻灯片的管理操作、布局设置和格式设置等，会在幻灯片中添加和管理媒体元素（如文本、图片、形状、图表、Smart 图形、音频和视频等）。

（3）了解常用动画效果，学会根据媒体元素特点按需设计和管理动画；掌握超链接和动作的功能和用法；熟悉幻灯片的切换效果，学会按需定制幻灯片的切换效果。

（4）学会利用母版统一设置幻灯片风格、主题和背景样式等，使幻灯片更炫美。

（5）熟悉幻灯片视图及各自应用场景；学习放映方法，学会管理和控制放映过程；学习自定义放映，掌握幻灯片放映设置，学会利用丰富的放映设置满足不同的演示需求。

（6）掌握打印演示文稿的基本方法，学会按需导出为其他格式。

过程与方法

（1）通过实践操作，掌握上述知识与技能，形成有效的学习和应用过程。

（2）学会分析问题、解决问题和创新设计，提升 PowerPoint 的实际操作能力。

（3）培养自主学习和持续学习的习惯，能够根据需要不断更新和拓展 PowerPoint 使用技能。

情感态度与价值观

（1）培养对 PowerPoint 的兴趣和热情，享受创作和分享演示文稿的过程。

（2）提升自信心和表达能力，愿意主动展示自己的创作成果。

（3）培养逻辑思维和条理性，使演示文稿更加清晰、有说服力。

（4）注重细节和品质，追求演示文稿的完美和精致。

（5）培养创新意识和协作精神，愿意与他人合作共同创作出优秀的演示文稿。

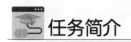 微任务 **P01** 初识 PowerPoint 2019

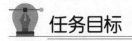 **任务简介**

启动 PowerPoint 2019，并利用它创建演示文稿。

任务目标

掌握 PowerPoint 2019 的启动和退出，认识其工作界面，学会创建和管理演示文稿。

关联知识

演示文稿由若干张幻灯片构成，幻灯片是演示文稿的基本组成单元。幻灯片可承载文字、图表、图形、图片、音频、视频等丰富的多媒体元素。PowerPoint 是微软公司出品的演示文稿制作工具。

PowerPoint 2019 工作界面

PowerPoint 2019 启动后，将打开其开始界面（见图 4-1）或自动创建空白演示文稿，这取决于 PowerPoint 的选项设置。

图 4-1　PowerPoint 2019 开始界面

在开始界面中，首行列出了当前可用的模板，其下则是最近使用的演示文稿列表。单击【空白演示文稿】图标，将对应创建新的演示文稿，同时打开 PowerPoint 2019 工作界面，如图 4-2 所示，其中的选项卡、组、快速访问工具栏、状态栏等，都与 Word 2019 等 Office 应用窗口基本一致。

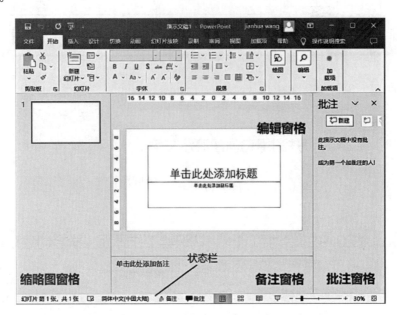

图 4-2　PowerPoint 2019 工作界面

在【PowerPoint 选项】对话框（见图 4-3）的【常规】选项卡中，勾选【启动选项】选区中的【此应用程序启动时显示开始屏幕】复选框可开启 PowerPoint 2019 的默认启动界面；当取消对该复选框的勾选时，PowerPoint 2019 启动后将以空白演示文稿为模板，自动创建空白演示文稿。

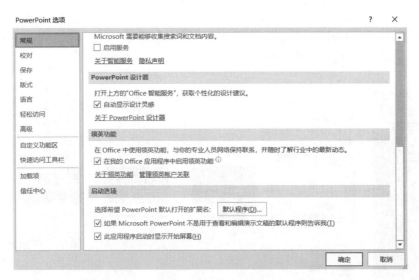

图 4-3　【PowerPoint 选项】对话框

任务实施

01 在 Windows 开始菜单中，找到并单击 PowerPoint 2019 程序图标，启动 PowerPoint 2019 程序，观察其默认启动界面（见图 4-1）。若为开始界面，则在【新建】组的主题列表中单击【空白演示文稿】图标。

02 执行【文件】菜单|【选项】命令，打开【PowerPoint 选项】对话框（见图 4-3），在其【常规】选项卡的【启动选项】选区中观察【此应用程序启动时显示开始屏幕】复选框的设置，并结合 PowerPoint 2019 的默认启动界面理解其含义。取消对该复选框的勾选，以缩短 PowerPoint 2019 启动时间。

▶ 初识 PowerPoint 2019

03 观察 PowerPoint 2019 工作界面，观察编辑窗格、缩略图窗格和备注窗格等，依次找到快速访问工具栏、选项卡、组、标题栏、状态栏等界面元素。

04 在标题栏中观察演示文稿的默认名称，在【缩略图】窗格中观察当前唯一的幻灯片；单击该缩略图，按键盘中的 Delete 键，观察窗口变化🔍。

演示文稿中至少包含 0 张幻灯片。 💡

05 执行【文件】菜单|【保存】命令，切换到【另存为】面板，执行【浏览】命令，将其保存在桌面上并命名为"我的 PPT.pptx"。

新文件首次保存时，将自动打开【另存为】对话框。 💡

06 执行【文件】菜单|【关闭】命令，观察 PowerPoint 2019 窗口变化；再单击 PowerPoint 窗口中的【关闭】按钮或按 Alt+F4 组合键，观察 PowerPoint 2019 窗口变化。

前者关闭演示文稿，后者退出 PowerPoint 2019 程序。 💡

07 双击桌面中的"我的 PPT.pptx"文件，观察 PowerPoint 2019 程序的启动；再按 Alt+F4 组合键，观察 PowerPoint 程序及文档变化。

退出程序时，自动关闭演示文稿。 💡

▶ 利用模板创建演示文稿

08 启动 PowerPoint 2019 程序，执行【文件】菜单|【新建】命令，在模板列表中单击空白演示文稿以外的其他模板。在打开的模板应用界面🔍中，单击【创建】按钮，观察新建的演示文稿。

09 在缩略图窗格中，单击不同的缩略图，观察主窗格中的内容变化，同时观察其状态栏（见图 4-2）中的信息变化。在状态栏中，多次单击【备注】按钮，观察备注窗格变化；多次单击【批注】按钮，观察批注窗格变化。

10 单击【视图】选项卡，在【演示文稿视图】组🔍中观察视图类型，依次单击【大纲视图】和【幻灯片浏览】图标，观察演示文稿的视图变化；单击【备注页】图标，拖曳窗口的垂直滚动条，可以看到备注页。

11 单击【阅读视图】图标，观察状态栏🔍右端的按钮变化，单击键盘上的左箭头（←）或右箭头（→），查看其他的幻灯片；再单击状态栏右侧的【幻灯片放映】按钮，观察视图的变化，按 Esc 键退出幻灯片放映。

12 分别单击状态栏右侧的【幻灯片浏览】和【阅读视图】按钮，观察视图的变化，最后切换回默认的普通视图。

▶ 打开更多演示文稿

13 打开 PowerPoint 2019 开始界面（见图 4-1），在【最近】列表中单击【我的 PPT.pptx】选项，观察打开的空白演示文稿⊘。在【视图】选项卡的【窗口】组中，单击【切换窗口】图标，并从展开的面板中单击【欢迎使用 PowerPoint】选项，观察窗口的变化。

14 将窗口切换回"我的 PPT.pptx"；单击幻灯片的编辑窗格，将幻灯片标题改为"知法守法健康成长"，将副标题改为个人姓名。

15 在快速访问工具栏中单击【保存】按钮（或按 Ctrl+S 组合键），保存演示文稿，退出 PowerPoint 2019 程序并提交作业。

任务总结

　　演示文稿的默认扩展名为.pptx（2007 版之前默认为.ppt）。演示文稿是由基本模板创建的，PowerPoint 2019 内置有部分模板。幻灯片是演示文稿的基本组成单元，其中可承载丰富的多媒体元素，利用 PowerPoint 2019 强大的编辑功能，可实现多媒体元素的高效融合，以便向观众呈现生动直观的演示效果。

　　PowerPoint 2019 工作界面可分为缩略图窗格、编辑窗格、备注窗格和批注窗格等。演示文稿有普通视图、大纲视图、幻灯片浏览、备注页、阅读视图和幻灯片放映等多种视图形式。其中，普通视图是默认视图，是最常用的视图形式，主要用于设计和编辑演示文稿。

任务验收

知识和技能签收单（请为已掌握的项目画✓）

会启动和退出 PowerPoint 2019 程序		认识 PowerPoint 2019 的工作界面	
会保存、另存为演示文稿		会利用模板创建演示文稿	
会用多种视图方式浏览幻灯片		会在最近列表中打开演示文稿	

 微任务 P02 放映幻灯片

任务简介

学习幻灯片放映，并使用放映工具控制和强化放映效果。

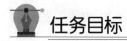

任务目标

掌握演示文稿幻灯片放映的基本方法，学会利用放映工具强化放映效果。

关联知识

幻灯片放映

幻灯片放映既是演示文稿的视图模式，又是把幻灯片呈现给观众观赏的一种行为。【幻灯片放映】选项卡中的【开始放映幻灯片】组如图 4-4 所示，用户可根据需要自行选择【从头开始】或【从当前幻灯片开始】放映方式。此外，【自定义幻灯片放映】放映方式将在后续微任务中做专题介绍。

在幻灯片放映过程中，右击幻灯片放映视图将弹出如图 4-5 所示的放映快捷菜单，相关菜单命令可控制幻灯片的放映过程及强化放映效果。在幻灯片放映过程中，当鼠标指针在放映视图中悬动时，将出现半透明的放映控制工具条，如图4-6 所示。

图 4-4　【开始放映幻灯片】组　　　图 4-5　放映快捷菜单　　　图 4-6　放映控制工具条

任务实施

01 启动 PowerPoint 2019 程序，打开"欢迎使用 PowerPoint.pptx"文件，并将其另存为"P02.pptx"。

> 单击【文件】菜单，默认打开开始界面。

▶ 幻灯片放映

02 在【幻灯片放映】选项卡的【开始放映幻灯片】组（见图 4-4）中，单击【从头开始】图标，查看放映的幻灯片。此时，单击幻灯片后将切换到下一页；尝试多次单击幻灯片，直到放映结束；再单击鼠标左键将退出幻灯片的放映。

从头开始放映的功能键为 F5。

03 选择第 7 张幻灯片，单击【幻灯片放映】选项卡|【开始放映幻灯片】组|【从当前幻灯片开始】图标，观察放映的内容。右击幻灯片，在打开的放映快捷菜单（见图 4-5）中，执行【查看所有幻灯片】命令，在幻灯片浏览界面🔍中选择第 4 张幻灯片，观察幻灯片内容变化。打开幻灯片放映快捷菜单，执行【结束放映】命令。

从当前幻灯片开始放映的组合键为 Shift+F5。

04 选择从第 5 张幻灯片开始放映，打开幻灯片的放映快捷菜单（见图 4-5），执行【上一张】命令；类似地，再执行【上次查看的位置】命令，观察窗口变化。滚动鼠标的滚动轮，观察窗口变化；再分别测试 PageUp、PageDown、Home、End 和各方向键对放映的影响，按 Esc 键退出放映。

▶ **幻灯片放映控制**

05 从第 4 张幻灯片开始放映，打开幻灯片的放映快捷菜单（见图 4-5）并执行【放大】命令，观察放大框。将其移至欲放大的区域再单击鼠标左键，观察幻灯片的放大效果。用鼠标左键拖曳幻灯片，观察幻灯片的其他区域，右击幻灯片将恢复正常显示。

06 打开幻灯片的放映快捷菜单，展开【屏幕】子菜单，分别执行其中的【黑屏】【白屏】等命令，观察屏幕变化。在幻灯片的放映快捷菜单中，展开指针选项子菜单🔍，观察其中的菜单项，执行【激光笔】命令后观察鼠标指针变化。

07 利用指针选项子菜单🔍，执行【荧光笔】命令，拖曳鼠标左键任意涂鸦，改变墨迹颜色再书写个人姓名。类似地，执行【笔】命令，根据个人喜好设置墨迹颜色，并在幻灯片的任意区域内进行勾画。

08 在指针选项子菜单🔍中执行【橡皮擦】命令，擦除小部分墨迹。退出幻灯片放映，在弹出的【是否保留墨迹注释】对话框🔍中单击【保留】按钮，观察当前幻灯片的变化。

尝试使用幻灯片放映工具条。

09 从第 3 页幻灯片开始放映，观察放映视图左下角的幻灯片放映工具条（见图 4-6），分别单击右箭头、左箭头，观察幻灯片放映内容的变化。

10 在幻灯片放映工具条（见图 4-6）中分别单击后面的三个按钮，理解和掌握其对应的功能；单击幻灯片放映工具条的最后一个按钮，在展开的更多放映选项面板🔍中观察更多功能。

放映工具条与放映快捷菜单中的功能相互对应。

▶ **使用演示者视图**

11 打开幻灯片的放映快捷菜单（见图 4-5），执行【显示演示者视图】命令，打开演示者视图🔍。最大的演示区将呈现给观众，下一张幻灯片为预告即将演示的新内容，备注区为演示当前幻灯片提供的提示信息。

12 在演示者视图🔍中，观察演示区底部的按钮组，并与幻灯片的放映快捷菜单（见图 4-5）

和放映工具条（见图 4-6）中的功能进行比较，分别单击左箭头按钮和右箭头按钮，观察视图的变化。

13 在演示者视图中，单击【更多幻灯片放映选项】按钮，展开【更多幻灯片放映选项】面板，执行【隐藏演示者视图】命令，并观察放映变化。按 Esc 键，结束幻灯片放映。

> 演示者视图方便演示者直观控制幻灯片放映。

14 在缩略图窗格中，按 Ctrl+A 组合键将选中全部幻灯片；按住 Ctrl 键再单击第 4 张幻灯片，按下键盘中的 Delete 键，观察窗口的变化。

> 至此只保留原第 4 张幻灯片。

15 保存并退出演示文稿，提交作业。

任务总结

　　演示文稿可以从头播放（按 F5 功能键）或从当前幻灯片播放（按 Shift+F5 组合键）。在幻灯片的放映过程中，用户可以控制幻灯片的前进、后退或任意跳转，按 Esc 键即可结束放映。

　　在幻灯片的放映过程中，利用快捷菜单、鼠标滚轮或键盘方向键、翻页键等都可控制放映的进退；利用幻灯片的放映快捷菜单中的【指针选项】命令，可对放映内容实施标注。

　　普通的放映视图中，演示者界面和观众界面完全一致。在演示者视图界面中，除了观众界面嵌入其中，还提供很多的演示工具，方便演示者直观、高效地使用和控制幻灯片的放映效果和过程。

任务验收

知识和技能签收单（请为已掌握的项目画 √ ）

会从头到尾播放幻灯片		会从当前幻灯片开始放映	
会用指针选项子菜单中的工具		会使用幻灯片放映工具条	
会使用演示者视图方式进行放映		会使用演示者视图中的按钮	

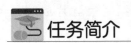

微任务 P03 管理幻灯片

任务简介

在演示文稿中新建和管理幻灯片。

任务目标

掌握幻灯片的基本管理操作；理解节的用途和基本用法，学会利用节管理幻灯片。

关联知识

演示文稿通常由多张幻灯片组成。在制作演示文稿过程中，一般通过选定、插入、删除、移动和复制等操作即可完成对幻灯片实施基本管理。

1. 幻灯片版式

在【开始】选项卡的【幻灯片】组（见图 4-7）中，单击【版式】图标，将展开如图 4-8 所示的【版式】面板，用户可通过该面板高效地管理幻灯片的内容布局。单击【新建幻灯片】的下拉箭头按钮，也将展开包含版式的面板，可用以指定新建幻灯片的版式。

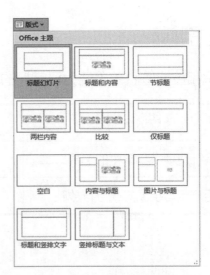

图 4-7 【幻灯片】组　　　　　　　图 4-8 【版式】面板

2. 节

当演示文稿包含大量幻灯片时，管理和查看幻灯片就变得较为麻烦。为了方便查看和管理幻灯片，可利用节等管理工具（见图 4-9），将相关的幻灯片置于同一节中，实现统一管理。

图 4-9 【节】面板

 任务实施

01 启动 PowerPoint 2019 程序并创建空白演示文稿，选中并删除其中的幻灯片，将文件保存为 "P03.pptx"。

▶ 新建幻灯片

02 在【开始】选项卡的【幻灯片】组（见图 4-7）中，单击【新建幻灯片】图标，观察新幻灯片的内容布局，并在标题区输入"第一页"；再单击【新建幻灯片】图标，观察其内容布局，并在标题区输入"第二页"。

03 按 Ctrl+M 组合键，观察新增的幻灯片及其内容布局，并在其标题区中输入"第三页"。在缩略图窗格中，按 Enter 键，观察新建的幻灯片及其内容布局，在其主题区中输入"第四页"。

新建幻灯片的多种方法可灵活选用。

▶ 认识幻灯片版式

04 在【幻灯片】组（见图 4-7）中单击【新建幻灯片】下拉箭头按钮，展开【新建幻灯片】面板。从中选择【两栏内容】版式，观察新幻灯片的内容布局，并在其标题处输入"第 1 页"。

05 类似地，依次创建"内容与标题""图片与标题""节标题"等版式的幻灯片，并在新增幻灯片的标题中对应输入"第 2 页"、"第 3 页"和"第 4 页"内容。

新建幻灯片时可指定版式。

06 单击"第三页"幻灯片，在【幻灯片】组（见图 4-7）中单击【版式】图标，在【版式】面板（见图 4-8）中选择【竖排标题与文本】版式，观察该幻灯片的版式变化。类似地，将"第四页"幻灯片的版式改为【比较】版式，并观察版式的变化。

对现有幻灯片可更换版式。

▶ **幻灯片复制**

07 单击"第 1 页"幻灯片，在【开始】选项卡的【剪切板】组中单击【复制】下拉箭头按钮，在展开的【复制】面板中执行【复制】命令（Ctrl+C 组合键也可实现复制功能）；单击"第 2 页"幻灯片，单击【开始】选项卡|【剪切板】组|【粘贴】图标（Ctrl+V 组合键也可实现粘贴功能），观察新幻灯片及其位置，并将其版式改为"仅标题"，标题改为"第 a 页"。

08 单击"第 3 页"幻灯片，展开【复制】面板并执行【重复】命令，观察新增的幻灯片，并将其标题改为"第 c 页"；再把"第二页"幻灯片复制到"第 2 页"幻灯片之后，并将新幻灯片的标题改为"第 b 页"。

重复（Ctrl+D 组合键）=复制（Ctrl+C 组合键）+粘贴（Ctrl+V 组合键）。

▶ **幻灯片调序与分节**

09 在幻灯片缩略图窗格，拖曳幻灯片缩略图，并将现有幻灯片的顺序排列为"第四页"、"第三页"、"第二页"、"第一页"、"第 4 页"、"第 3 页"、"第 2 页"和"第 1 页"，其他幻灯片尾随其后的任意位置。

10 单击"第 4 页"幻灯片，在【幻灯片】组（见图 4-7）中单击【节】图标，展开【节】面板（见图 4-9），执行【新增节】命令，并在【重命名节】对话框中输入"第二节"，单击【确定】按钮后在缩略图窗格中观察分节的结果。类似地，在"第 1 页"后新增节并命名为"第 A 节"，在最后一张幻灯片后新增节并命名为"第 B 节"。

11 在缩略图窗格中，多次双击"第二节"幻灯片，观察节的折叠状态和展开状态变化；右击首页幻灯片前的"默认节"，展开【节】面板（见图 4-9），执行【重命名节】命令，并将其命名为"第一节"。

12 在缩略图窗格中，右击"第二节"幻灯片，展开节快捷菜单，执行【向下移动节】命令，观察节及其幻灯片位置变化；用鼠标左键拖曳"第 A 节"幻灯片到"第一节"幻灯片前，观察节及其幻灯片位置变化；再将"第 B 节"幻灯片拖曳到"第 A 节"幻灯片前。

▶ **幻灯片删除**

13 在缩略图窗格中，右击"第 a 页"幻灯片，展开幻灯片管理快捷菜单，执行【删除幻灯片】命令；激活"第 b 页"幻灯片，按 Delete 键或在【剪切板】组中单击【剪切】图标，观察幻灯片变化。

14 右击"第 A 节"幻灯片，在弹出的快捷菜单中执行【删除节】命令，观察该节幻灯片的归属变化；右击"第 B 节"幻灯片，在弹出的快捷菜单中执行【删除节和幻灯片】命令，观察节及其幻灯片的变化。

 【删除节】命令所实现的功能为仅删除节，不包括幻灯片。

15 保存并退出演示文稿，提交作业。

任务总结

　　在 PowerPoint 管理幻灯片与在 Windows 中管理图标比较类似，一般都是先选定，然后再执行相关操作。幻灯片的基本管理包括新建、移动、复制、删除等。

　　版式用于设定幻灯片的内容布局，节是新版 PowerPoint 中新增的幻灯片管理方式，利用它可将幻灯片按排列顺分隔到各个节中，方便用户以节为单位选择或管理幻灯片。

任务验收

知识和技能签收单（请为已掌握的项目画 ✓）

会新建与删除幻灯片		会调整幻灯片的顺序	
会更改幻灯片版式		会新建与删除节	
会在不同版式中编辑文字		会利用节管理幻灯片	

微任务 **P04** 编辑幻灯片

任务简介

在幻灯片中使用基本的图文媒体素材。

任务目标

学会在幻灯片中管理和使用基本的图文媒体素材。

关联知识

PowerPoint 图文媒体

　　幻灯片中可以包含表格、图片、剪贴画、形状、文本框、艺术字、公式、符号、图表等基本图文媒体对象，且这些媒体形式与 Word、Excel 等其他 Office 应用的使用方式基本一致。

在 PowerPoint 2019 中，插入图文媒体的工具主要集中在【插入】选项卡内，如图 4-10 所示。

图 4-10 【插入】选项卡

另外，在部分幻灯片版式中也提供有常用的图文媒体工具，如图 4-11 所示，标题和内容幻灯片版式的内容区中就嵌有常用的图文媒体工具。

在幻灯片中，使用基本的图文媒体素材是很常见的。文字可以提供信息、解释概念或阐述观点；图片可以直观地展示数据、概念或情景；图表则可以直观地展示数据的趋势和比较；形状可以用于强调或组织内容。

选择合适的媒体素材可以使幻灯片更具吸引力和易于理解。在选择和使用媒体素材时，需要考虑媒体素材的内容、形式和适用场景，以确保它们能够有效地传达信息和达到预期的视觉效果。

图 4-11 幻灯片版式中的图文常用媒体工具

本微任务旨在引导读者学习幻灯片中管理和使用基本的图文媒体的方法，而对于媒体功能更丰富的图表、SmartArt 图形、音频和视频等，将在后续微任务中进行介绍。

 **任务实施**

01 启动 PowerPoint 2019 程序，创建空白演示文稿并保存为"P04.pptx"。

02 观察首页幻灯片，在其标题框中输入"应用图文媒体素材"，在其副标题框中输入"Microsoft Office 2019"。

▶ 插入表格

03 新建【标题和内容】版式幻灯片（见图 4-11），并在标题中输入"幻灯片表格"，观察幻灯片中的媒体工具⊘。单击其中的【插入表格】图标并插入 9 行 9 列的表格，并观察选项卡处呈现的表格工具栏⊘。

04 在表格工具栏下的【设计】选项卡🔍【表格样式】组🔍中，单击表格样式库右侧的下拉箭头，展开【表格样式库】面板🔍；将鼠标指针在各样式上悬浮，观察表格的格式变化。

▶ 插入图片

05 新建【两栏内容】版式幻灯片，在其标题中输入"图片"。在左栏内容框中，单击媒体工具🔍中的【图片】图标，随后选择并插入任意图片。

06 单击右栏内容框，在【插入】选项卡（见图 4-10）的【图像】组🔍中，单击【屏幕截图】图标，展开【屏幕截图】面板🔍，截图任意图像并插入幻灯片中。

▶ 插入形状类媒体

07 新建【标题和内容】版式幻灯片，并在标题框中输入"形状类媒体"。在内容框中插入艺术字并输入"PPT 艺术字"。任意移动艺术字框位置，观察其是否受限于内容框。

08 执行【插入】选项卡|【文本】组|【文本框】面板|【绘制横排文本框】命令，在内容框中绘制文本框并输入"文本框"。任意拖曳文本框位置，观察其是否受限于内容框。

09 激活幻灯片的内容框，插入形状（如圆角矩形），尝试在内容框中绘制该形状并观察结果；鼠标指针移至内容框外重新绘制，并为其添加文本"形状"。

▶ 插入公式

10 创建【比较】版式幻灯片，在标题框中输入"公式"。在左栏标题框中输入"编辑公式"，激活其下的内容框，展开【公式】面板🔍并插入圆面积计算公式，在右栏标题框中输入"墨迹公式"，激活其下内容框，打开数学输入控件🔍，手绘氢气燃烧公式。

▶ 页眉、页脚和页码

11 在【插入】选项卡的【文本】组🔍中，单击【页眉和页脚】图标，打开【页眉和页脚】对话框🔍。勾选【幻灯片编号】复选框，观察预览区的变化。单击【全部应用】按钮，浏览并观察各页幻灯片右下角的页码。

12 重新打开【页眉和页脚】对话框🔍，勾选【标题幻灯片中不显示】复选框，勾选【页脚】复选框并在其下的文本框中输入"基本图文媒体"，单击【全部应用】按钮，浏览标题版式与其他版式幻灯片的页码、页脚等信息的不同。

13 单击最后一页幻灯片的空白处，单击【插入】选项卡|【文本】组|【插入幻灯片编号】图标，将打开【页眉和页脚】对话框🔍。关闭对话框，单击该幻灯片的标题框，再单击【插入幻灯片编号】图标，观察插入的编号与页脚内页码。移动该幻灯片的顺序，再观察其编号变化。

14 在选项卡所在行尾端的操作说明搜索框🔍中搜索并执行"自定义幻灯片大小"，打开【幻灯片大小】对话框，并将幻灯片编号起始值设置为 11，单击【确定】按钮后观察各页幻灯片的页码变化。

15 保存并退出演示文稿，提交作业。

任务总结

在 PowerPoint 2019 中新建幻灯片时，用户可以使用【插入】选项卡的图文媒体工具插入图文媒体。单击其中的某个按钮，即可在该占位符中添加相应的内容。

任务验收

知识和技能签收单（请为已掌握的项目画✓）

会在幻灯片中插入图表		会在幻灯片中插入艺术字	
会在幻灯片中插入文本框		会在幻灯片中插入公式	
会在幻灯片中插入页眉和页脚		会在幻灯片中插入幻灯片编号	

微任务 P05 使用图表

任务简介

在幻灯片中使用图表。

任务目标

学会在幻灯片中使用和管理图表。

关联知识

PowerPoint 图表

PowerPoint 图表同样用图形等直观形式显示数据系列，在功能和使用方法上基本与 Excel 图表类似。PowerPoint 图表的数据是基于嵌入式的 Excel 工作表存储的。

在【插入】选项卡的【插图】组中，单击【图表】图标，打开如图 4-12 所示的【插入图表】对话框，其中内置有丰富的图表类型供用户选用。

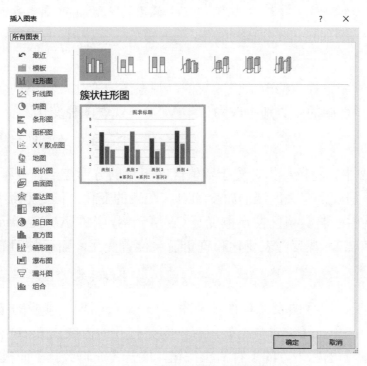

图 4-12 【插入图表】对话框

当图表被选中时，其图表工具栏将自动呈现在选项卡上方，如图 4-13 所示，用户可利用图表工具栏可对图表进行设置和管理。

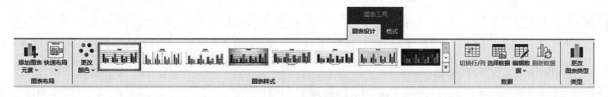

图 4-13 图表工具栏

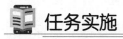 **任务实施**

01 启动 PowerPoint 2019 程序，创建空白演示文稿，并保存为"chart.pptx"。

02 选择唯一的幻灯片，并将其更改为【两栏内容】版式，并在标题框中输入"图表"。

▶ 认识图表

03 在左栏内容框的图文媒体工具中的单击【插入图表】按钮，打开【插入图表】对话框（见图 4-12），从中选择【簇状柱形图】选项并单击【确定】按钮，观察插入的图表和同步打开的 Excel 窗口🔍。

04 调整 Excel 数据窗口🔍大小，以观察其全部数据。A2:A5 单元格区域为类别名区，B1:D1 单元格区域为系列名区，B2:D5 单元格区域为数值区。观察各区域顶点的方形控点和 D5

单元格右下角的直角箭头标识等。

> 🔆　　　　　　　　　　　　　　　　　　　　　D5 单元格中的直角箭头表示有效数据区结束。

▶ 编辑数据

05 在 Excel 窗口◉中，任意修改数值区数值，观察图表变化；将系列名中的"系列"改为"学生"，将类型名中的"类别"改为"年级"，再观察图表变化。

> 🔆　　　　　　　　　　　　　　　　　　　　　　　　Excel 中的数据影响图表数据和图形。

06 在 Excel 窗口◉中，将鼠标指针置于数值区右下角的方形控点，分别拖曳至 C5 单元格、C4 单元格，分别观察有关区域的改变和对应图表的变化，同时观察直角箭头的位置。

07 在 Excel 窗口◉中，将数值区控点拖曳至 C6 单元格，并在 A6:C6 单元格区域中依次输入"综合"、3.6 和 2.7，观察图表变化和直角箭头位置变化，随后关闭 Excel 窗口。

> 🔆　　　　　　　　　　　　　　　　　　　　　　　　　Excel 中的区域设置将影响图表结构。

08 选中插入的图表，观察图表工具栏（见图 4-13）。在图表工具栏的【图表设计】选项卡【数据】组◉中，单击【编辑数据】图标，观察打开的内嵌式 Excel 窗口。

09 单击【编辑数据】图标下方的下拉箭头按钮，展开【编辑数据】面板◉，执行【在 Excel 中编辑数据】命令，观察新打开的独立式 Excel 窗口，比较与内嵌式 Excel 数据窗口◉的不同，随后关闭 Excel 窗口。

▶ 更多图表操作

10 单击右栏内容框，单击【插入】选项卡|【插图】组|【图表】图标，打开【插入图表】对话框（见图 4-12），选中【饼图】选项后单击【确定】按钮，观察插入的饼图及其 Excel 窗口◉。

11 选中插入的图表，在图表工具栏的【图表设计】选项卡（见图 4-13）的【类型】组◉中，单击【更改图表类型】图标，打开【更改图表类型】对话框，选中【面积图】选项后单击【确定】按钮，观察右栏图表的变化。

12 选中面积图，单击图表工具栏的【图表设计】选项卡|【数据】组|【编辑数据】图标，打开 Excel 窗口◉，在其 C 列中增加"盈利额"项，并依次输入 3.1、0.9、0.7 和 0.3，观察面积图效果。

13 退出 PowerPoint 并保存当前演示文稿，提交作业。

📋 任务总结

　　PowerPoint 图表与 Excel 等 Office 办公软件中的图表类似，其数据源与 Word 等软件类似，依赖于 Excel 工作表进行管理。Excel 数据源的更新、数据区的改变等都会影响图表的最终结构和形状。

任务验收

知识和技能签收单（请为已掌握的项目画✓）

会在版式媒体工具中插入图表		会在 Excel 中编辑数据源	
知道直角箭头标识有效数据区		会调整 Excel 窗口控点	
会更改图表的类型		会打开独立的 Excel 窗口	

微任务 P06 使用 SmartArt 图形

任务简介

在幻灯片中使用和管理 SmartArt 图形。

任务目标

熟悉 SmartArt 图形的基本特性，学会在幻灯片中添加和管理 SmartArt 图形。

关联知识

SmartArt 图形

SmartArt 图形是信息和观点的视觉表示形式。使用 SmartArt 图形，用户只需从中选择合适的图形，即可快速、轻松地创建具有设计师水准的插图，从而有效地传达信息。【选择 SmartArt 图形】对话框如图 4-14 所示。

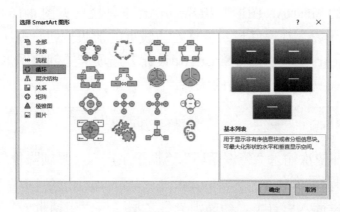

图 4-14　【选择 SmartArt 图形】对话框

SmartArt 图形的编辑和管理界面基本类似，如图 4-15 所示为基本循环图形的编辑界面。其中，左部的文本窗格主要用于编辑文本，可按需关闭或打开；右部是图形窗格，可用于展示和编辑图形。当编辑 SmartArt 对象时，其图形和文本窗格的内容将同步更新。

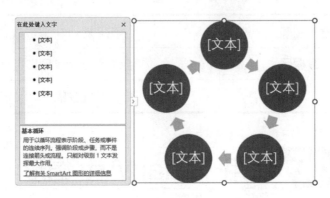

图 4-15　基本循环图形的编辑界面

选中 SmartArt 图形，标题栏中将出现如图 4-16 所示的 SmartArt 工具栏。

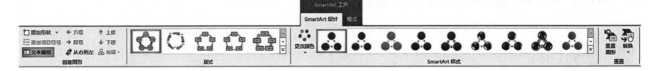

图 4-16　SmartArt 工具栏

任务实施

01 启动 PowerPoint 2019 程序，创建空白演示文稿，并将其保存并命名为 "SmartArt.pptx"。

02 将当前唯一的幻灯片更改为 "标题和内容" 版式，并在标题框中输入 "SmartArt 图形"。

▶认识 SmartArt 图形

03 单击幻灯片内容框内图文媒体工具 🔎 中的【插入 SmartArt 图形】图标，打开【选择 SmartArt 图形】对话框（见图 4-14）。在【循环】分类中选择【射线循环】选项，单击【确定】按钮后观察插入的 SmartArt 图形 🔎 和 SmartArt 工具栏（见图 4-16）。

04 选中 SmartArt 图形 🔎，观察其形状窗格左边线上的箭头按钮，多次单击，观察文本窗格的状态。在 SmartArt 工具栏的【SmartArt 设计】选项卡【创建图形】组 🔎 中，多次单击【文本窗格】图标，观察文本窗格的状态。

▶编辑 SmartArt 图形

05 打开文本窗格，并依次输入 "药价循环"、"批量生产"、"强制降价"、"药品消失" 和 "申请批号"，观察图形的变化。

06 在文本窗格中，将插入点置于 "药品消失" 之后（或 "申请批号" 之前），按 Enter 键，并在新增的文本行中输入"新药上市",观察图形的变化。

07 选中"申请批号"节点,在【创建图形】组 中执行【添加形状】|【在前面添加形状】命令,并在新增的形状中输入"药品改名",观察图形的变化。

08 选中 SmartArt 图形,利用【创建图形】组 中的【上移】和【下移】等工具,将图中各形状调整成如图 4-17 所示的药品生命周期图。

图 4-17 药品生命周期

▶ **更多操作**

09 选中 SmartArt 图形,展开其文本窗格,并选中"药品消失"节点,在【创建图形】组 中单击【升级】图标,观察文本窗格中文本级别变化和形状窗格中的图形变化;再对该节点单击【降级】图标,观察结果。

本项目只能有一个顶级节点。

10 在 SmartArt 工具栏的【SmartArt 设计】选项卡【版式】组中,展开其【版式】面板 ,将鼠标指针在各版式上悬停,观察图形变化,最后选择【射线维恩图】版式。

并非所有版式都适用于本应用情境。

11 在 SmartArt 工具栏的【SmartArt 设计】选项卡【SmartArt 样式】组 中,展开【SmartArt 样式】面板 ;利用鼠标指针在各样式上悬停,观察图形样式的变化,最后选择【嵌入】样式,再执行【更改颜色】命令,展开【更改颜色】面板 ,选择并更改为个人喜欢的颜色。

12 在【重置】组 中,单击【转换】图标,展开【转换】面板 ,执行【转换为文本】命令,观察图形变化,随后撤销转换;再执行【转换为形状】命令,观察图形变化,同时观察 SmartArt 工具栏变为绘图工具栏。

13 (选做)新建空白版式幻灯片,并在其中插入一个如图 4-18 所示的 SmartArt 图形。

14 保存并退出演示文稿,提交作业。

图 4-18 SmartArt 图形

📋 **任务总结**

　　SmartArt 图形包括列表图、流程图、循环图、层次结构图、关系图、矩阵图、棱锥图等多种类型,它们为演示不同概念和表达不同意义提供了多样化的选择。用户可以通过从多种不同布局中选择创建 SmartArt 图形,从而快速、轻松、有效地传达信息,并创建具有专业外观的演示文稿。

任务验收

知识和技能签收单（请为已掌握的项目画✓）

会选择合适的 SmartArt 图形		会在 SmartArt 中添加删除形状	
会在文本窗格新增或删除文本行		会用上移和下移工具调整级别	
会更改 SmartArt 图形的布局和样式		会更改 SmartArt 图形的版式	

综合实训 P.A 制作简单演示文稿

部门领导向你提供了一份"新员工入职培训.pptx"，要求你利用掌握的演示文稿制作技术对其完善和丰富。领导对每张幻灯片的具体要求都对应写在其备注栏中，可能用到的公司资料可在本综合实训配套资源中查找。

微任务 P07 使用音频和视频

任务简介

在演示文稿中插入音频、视频文件。

任务目标

学会在演示文稿中插入音频和视频剪辑。

关联知识

为了突出效果，PowerPoint 允许在演示文稿中添加音频和视频等媒体素材。

音频和视频

在【插入】选项卡的【媒体】组中，提供有插入音频和视频的工具，如图 4-19 所示。PowerPoint 2019 支持的音视频的来源具有多样性，既可来自本地储存，也可来自联机资源，还可自行录制。支持的类型也颇为丰富，如支持 AIFF、AU、MIDI、MP3、WAV 和 WMA 等音频格式，支持 SWF、ASF、AVI、WMV 等视频格式。

在幻灯片编辑状态，音频对象及控件如图 4-20 所示，对应的音频工具栏如图 4-21 所示，用以管理和设置音频媒体。

图 4-19 【媒体】组

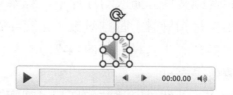

图 4-20 音频对象及控件

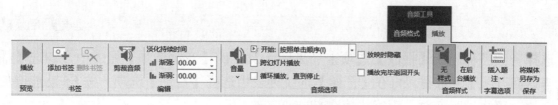

图 4-21 音频工具栏

视频对象及控件如图 4-22 所示，与其对应的视频工具栏如图 4-23 所示，用以管理和设置视频媒体的播放效果。

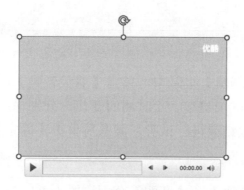

图 4-22 视频对象及控件

图 4-23 视频工具栏

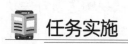 **任务实施**

01 启动 PowerPoint 2019 程序，创建空白演示文稿。将当前幻灯片更改为"仅标题"版式，

并在其标题框中输入"音频"。

▶ **插入音频**

02 在【插入】选项卡的【媒体】组（见图4-19），执行【音频】|【PC上的音频】命令，找到音频文件并插入幻灯片中，观察音频对象（见图4-20）。

03 用鼠标指针悬于音频对象（见图4-20）之上，观察其播放控件；激活（单击）音频对象，观察音频工具栏（见图4-21），并切换到【播放】选项卡。单击【播放】图标，测试播放效果。

04 按F5功能键可放映幻灯片，观察音频图标；用鼠标指向音频图标，观察其播放控件。单击【播放】按钮播放音频，监听声音并观察音频播放状态，直到停止播放，结束幻灯片放映。

设置音频选项。

05 选择音频图标，在【播放】选项卡（见图4-21）的【音频选项】组中，勾选【播放完毕返回开头】复选框，再在【开始】下拉列表中选择【自动】选项。按F5功能键放映幻灯片，再次试听音频并观察进度条状态。

06 选择音频并设置为"跨幻灯片播放"和"循环播放，直到结束"等；新建【标题和内容】版式幻灯片，并在其标题框中输入"第二页"，按F5功能键开始放映幻灯片，监听音频。单击鼠标左键，放映到幻灯片第二页，继续监听音频，待音频循环播放后，结束幻灯片放映。

▶ **编辑音频**

07 在【播放】选项卡的【编辑】组中，单击【剪裁音频】图标，打开【剪裁音频】对话框，拖曳左、右滑块，观察起、止时间的变化。分别输入起止时间，从10秒后开始，提前10秒结束，对剪裁结果进行试听，满意后单击【确定】按钮。

剪裁音频用于设置起止位置。

08 在【编辑】组中，【渐强】和【渐弱】分别设置为05.00，播放后监听音量变化。

渐强时长从音频有效起点算起。

▶ **插入视频**

09 激活第二张幻灯片，在内容框的媒体工具中单击【插入视频文件】图标，找到视频文件并插入幻灯片，观察视频对象（见图4-22）。选择视频，观察视频控件和视频工具栏（见图4-23），观察并比较视频工具栏与音频工具栏的异同。

10 利用【播放】选项卡的【视频选项】组，参照第05~06步操作，测试视频选项有关功能。利用【视频编辑】组，参照第07~08步操作，测试视频媒体的编辑功能。

▶ **使用联机视频**

11 在【插入】选项卡的【媒体】组（见图 4-19）中，执行【视频】|【联机视频】命令，打开【联机视频】对话框 ⊘，阅读联机视频使用规则。

12 （选做）用浏览器打开 PowerPoint 支持的联机视频网站，找到需要的视频，并按要求复制视频网址，并粘贴到【联机视频】对话框的地址框中。单击【插入】按钮，观察结果并测试播放该视频。

13 将文件保存为"audio_video.pptx"，退出 PowerPoint 2019 程序。

 任务总结

　　PowerPoint 2019 支持多种格式的音频文件和视频文件，支持录制的音频和视频，对视频还支持联机视频。对音频和视频媒体，PowerPoint 都有对应提供音频和视频管理工具栏，方便用户设置和控制音频和视频在幻灯片中的播放效果。

 任务验收

知识和技能签收单（请为已掌握的项目画✓）

会插入音频和视频文件		会设置音频和视频的淡入淡出效果	
会设置音频和视频的循环播放		会设置音频的跨幻灯片播放	
会对音频和视频进行剪裁		会设置音频和视频单击或自动播放	

微任务 P08 设置主题和背景

任务简介

为幻灯片设置主题和背景。

任务目标

理解主题的概念，掌握对演示文稿设置主题的方法，掌握对幻灯片设置背景的方法。

 关联知识

幻灯片主题和背景

PowerPoint 从 2007 版开始引入主题功能，它是主题颜色、主题字体和主题效果等三者的组合。主题一般由专业设计师设计并提供给用户使用，方便用户创建具有专业美感的演示文稿。另外，在 PowerPoint 中，通过变换演示文稿或幻灯片的主题，还可快速地改变其颜色、字体和效果等。

PowerPoint 2019 的【设计】选项卡如图 4-24 所示，在【主题】组中提供了多种设计精美的主题库，用户可按需选用。

图 4-24 【设计】选项卡

幻灯片主题确定后，还可利用【变体】组的【变化】面板（见图 4-25），就颜色、字体、效果和背景样式等进一步定制。

背景样式是预定制的背景格式，单击【自定义】组中的【设置背景格式】图标，将打开如图 4-26 所示的【设置背景格式】窗格，以便用户进一步设置幻灯片的背景格式。

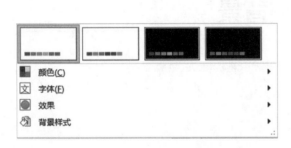

图 4-25 【变体】面板

图 4-26 【设置背景格式】窗格

任务实施

01 打开 PowerPoint 2019 程序，新建空白演示文稿，任意添加不同版式的幻灯片（共 6 张），并命名为"主题和背景.pptx"。

▶ 幻灯片主题

02 切换到【设计】选项卡（见图 4-24），在【主题】组 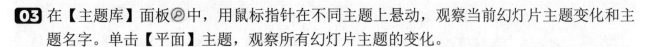 中单击主题库右端的下拉箭头按钮，展开【主题库】面板 ，观察更多主题。

主题是预定制的格式集合。

03 在【主题库】面板 中，用鼠标指针在不同主题上悬动，观察当前幻灯片主题变化和主题名字。单击【平面】主题，观察所有幻灯片主题的变化。

主题默认被应用于所有幻灯片。

04 选择第 1 张幻灯片，在【主题库】面板 中右击【切片】主题，从弹出的快捷菜单 中执行【应用于选定幻灯片】命令，观察设置效果。选择第 2 张幻灯片，右击【徽章】主题并执行【应用于选定幻灯片】命令，观察设置效果。

相关幻灯片基于相同主题。

05 单击第 1 张幻灯片，观察【设计】选项卡中的【主题库】和【变体】组 对应的库。展开【变体库】面板（见图 4-25），进一步展开【颜色】子面板并选择【蓝色】选项。类似地，再分别展开【字体】、【效果】等子面板并自行设置。

06 单击第 2 张幻灯片，对应观察主题库和变体库；类似地，自行设置变体格式。

07 单击最后 1 张幻灯片，展开【变体库】面板（见图 4-25）中的【颜色】子面板 ，右击【红色】选项，从弹出的快捷菜单 中执行【应用于所选幻灯片】命令，观察幻灯片的变化。

08 在【主题库】面板 中右击【切片】主题，从弹出的快捷菜单 中执行【设置为默认主题】命令。打开【PowerPoint 选项】对话框 ，在【常规】选项卡中取消对【此应用程序启动时显示开始屏幕】复选框的勾选，退出 PowerPoint 程序并保存当前演示文稿。

09 启动 PowerPoint 程序，观察自动创建的演示文稿，并观察其默认主题。

自动创建空白演示文稿基于默认主题。

▶ 幻灯片背景

10 重新打开"主题和背景.pptx"，单击第 6 张幻灯片，在【自定义】组 中，单击【设置背景格式】图标。打开【设置背景格式】窗格（见图 4-26），选中【纯色填充】单选按钮，颜色设置为红色。单击第 5 张幻灯片，观察各幻灯片的背景效果。

11 设置第 5 张幻灯片的背景填充为"图片或纹理填充"，观察默认的纹理效果，然后选择【鱼类化石】纹理，观察填充效果。勾选【隐藏背景图形】复选框，观察效果。

12 在【插入图片来自】处单击【文件】按钮，打开【插入图片】对话框 ，选择并打开图片后，观察填充效果。选择其他填充方式（如图案填充）以移除图片填充，随后单击【重置填充】按钮，观察当前幻灯片背景变化。

13 展开【变体库】面板（见图 4-25）中的【背景样式】子面板 ，右击【样式 6】选项并执行【应用于所选幻灯片】命令，关闭【设置背景格式】窗格。

14 保存并退出演示文稿，提交作业。

任务总结

　　PowerPoint 允许用户从颜色、字体和效果等三个分量应用或修改主题。PowerPoint 2019 提供了较丰富的预定义主题，可应用于单张幻灯片、相关幻灯片（相同主题）、选择的幻灯片和全部幻灯片等。

　　PowerPoint 预设有不同的背景，同时允许用户设置纯色、渐变、图片和纹理、图案等不同类型的背景填充形式。

任务验收

知识和技能签收单（请为已掌握的项目画✓）

会使用主题库中提供的主题		会设置 PowerPoint 的默认主题	
会利用变体库设置颜色字体效果		会用纯色、纹理、图片设置背景	
会设置一种背景样式		会调整背景样式的颜色、透明度等	

微任务 **P09** 设置超链接和动作

任务简介

向幻灯片中添加链接和动作对象。

任务目标

　　学习如何创建超链接，实现幻灯片之间的跳转；了解如何设置幻灯片内的交互动作，如单击按钮触发操作。

关联知识

PowerPoint 中利用超链接和动作丰富幻灯片放映过程中的交互性。

1. 链接

在 PowerPoint 中，可以为幻灯片中的文本和绝大多数对象添加链接；当链接被单击时，既可实现幻灯片之间的跳转，又可访问邮箱、现有文件或网页等链接目标。

在【插入】选项卡的【链接】组中，单击【链接】图标，打开【插入超链接】对话框，如图 4-27 所示，利用此对话框可将链接元素设置链接到特定的目标，如现有文件或网页、演示文稿中的幻灯片、电子邮件地址等。

图 4-27 【插入超链接】对话框

2. 动作

为幻灯片中的文本或对象添加动作后，则在放映过程中，动作对象会根据鼠标的不同操作（单击或移过）做出不同的响应。

选定幻灯片中的文本或对象，在【链接】组中，单击【链接】图标，打开【操作设置】对话框，如图 4-28 所示。针对鼠标在动作对象上单击或悬停的操作，可分别设置对象响应的方式，如运行程序、运行宏、触发对象动作、播放声音、突出显示等，也可以像链接一样超链接到目标。

图 4-28 【操作设置】对话框

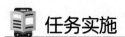 **任务实施**

01 打开 FutureDesign.pptx 文件，单击标题为"主测"的幻灯片，并在其中操作。

▶ 链接到幻灯片

02 选择"第二页"幻灯片，在【插入】选项卡的【链接】组 中，单击【链接】图标，打开【插入超链接】对话框（见图 4-27）；在【链接到】列表中选择【本文档中的位置】选项，在【请选择文档中的位置】列表🔍中选取第 2 张幻灯片，将【要显示的文字】改为"第 2 页"。单击【确定】按钮后返回幻灯片，观察新链接。

💡 创建链接时选定的文本默认为要显示的文本。

03 在"第 2 页"后插入空段，打开【插入超链接】对话框（见图 4-27），选择链接到【下一张幻灯片】并单击【确定】按钮。在"第 2 页"后添加空格，再打开【插入超链接】对话框，选择链接到第 3 张幻灯片并单击【确定】按钮。

04 将鼠标指针分别悬于各链接之上，观察提示信息🔍，在"主测"幻灯片中按住 Ctrl 键，分别单击"第 2 页""虚拟现实的使用"链接，观察结果。

💡 到幻灯片标题的链接，在普通视图中都可显示提示。

05 将插入点置于"虚拟现实的使用"链接，打开【插入超链接】对话框（见图 4-27），将【要显示的文字】改为"第 3 页"，将【屏幕提示】改为"转到虚拟现实的使用"。类似地，再将"下一张幻灯片"链接的【要显示的文字】改为"下一页"，【屏幕提示】改为"转到网络技术"。

06 从"主测"幻灯片开始放映，将鼠标指针分别悬于各链接之上，观察提示信息。单击"第 2 页"链接，观察幻灯片跳转。右击当前放映的幻灯片，执行【上次查看的位置】命令以返回"主测"幻灯片。类似的，再分别测试"第 3 页"和"下一页"链接效果。

07 移动"主测"幻灯片成为首页幻灯片并放映，将鼠标指针悬于"第 2 页"链接，观察提示信息并单击链接，观察能否正确跳转。返回"主测"幻灯片，再分别测试其他链接，随后结束幻灯片放映，撤销"主测"页的位置移动。

💡 指向幻灯片标题的链接，都会自动跟踪原目标移动。

▶ **链接到其他资源**

08 参考上述创建链接的方法，把"主测"幻灯片的"图片"链接到现有文件或网页，将"网页"链接到现有文件或网页，把【要显示的文字】改为"华信教育资源网"，把【地址】设为"www.hxedu.com.cn"，把【屏幕提示】设为"华信教育资源网"。

09 （选做）将"邮箱"链接到【电子邮件地址】，把【要显示的文字】设为"Email"，把【电子邮件地址】设为个人的 QQ 邮箱，把【屏幕提示】设为"我的 QQ 邮箱"。

💡 QQ 邮箱格式为：账号@qq.com。

10 将鼠标指针悬于新建的"图片""华信教育资源网"链接，观察提示信息。按 Shift+F5 组合键放映幻灯片，将鼠标指针再悬于这些链接之上，观察提示信息。分别单击这些链接，观察链接目标的打开结果，随后结束放映。

11 在"主测"幻灯片中，右击"第 3 页"链接并执行【删除链接】命令，观察结果。将插入点置于"第 2 页"链接，打开【插入超链接】对话框（见图 4-27），单击【删除链接】按钮，观察结果。

▶ 创建动作

12 选择"第 2 页"文本,在【插入】选项卡的【链接】组中单击【动作】图标,打开【操作设置】对话框(见图 4-28)。在对话框的【单击鼠标】选项卡中,选中【超链接到】单选按钮并展开【超链接到】下拉列表⊘,选择【幻灯片…】选项,打开【超链接到幻灯片】对话框⊘,选择第 2 张幻灯片,逐步单击【确定】按钮后返回幻灯片,观察"第 2 页"文本变化。

动作的【超链接到】本质上仍是链接。 🔅

13 类似地,为"停止放映"设置动作,当对其单击时超链接到【结束放映】;为"播放声音"设置动作,当鼠标悬于其上时播放声音【风铃】;(选做)为"计算器"添加动作,当对其单击时运行"calc.exe"程序。

14 用鼠标指针悬于各动作之上,观察有无提示信息;按 Shift+F5 组合键放映幻灯片,单击"计算器"链接,随后将鼠标悬于"播放声音"链接,分别观察效果;单击"第 2 页"链接,观察幻灯片跳转后再返回当前幻灯片;单击"停止放映"。

15 保存并退出演示文稿,提交作业。

📋 任务总结

> 超链接的作用是将幻灯片内的元素链接到指定资源,如演示文稿内的幻灯片、本地文件、在线网页、电子邮件等。在放映视图中单击超链接,放映流程将转至链接目标。
>
> 将鼠标指针悬于链接之上时,在放映视图下超链接默认不提供屏幕提示(除非已设置)。在普通视图中,超链接默认可显示提示信息并可按住 Ctrl 键辅助转到目标(除非目标无法跟踪,如"下一张幻灯片")。
>
> 动作的目的是让幻灯片内的元素(动作对象)响应鼠标的动作(单击或悬停)。在放映视图中,当鼠标的动作作用于动作对象时,动作对象将触发设定的动作响应。

📖 任务验收

知识和技能签收单(请为已掌握的项目画✓)

会用超链接跳转到指定的幻灯片		会用超链接跳转到网页或文件	
知道动作在幻灯片中的交互作用		会编辑和删除超链接及动作	
会为幻灯片内的对象设置动作		知道超链接和动作的基本用途	

使用动画

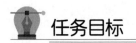

任务简介

为幻灯片中对象元素设置动画。

任务目标

掌握动画的功能，熟悉动画的类型；掌握动画的设置方法，学会使用动画控制放映效果。

关联知识

幻灯片动画

幻灯片动画用于设定幻灯片内元素对象的呈现效果；PowerPoint 的【动画】选项卡，如图 4-29 所示，主要用于管理和设置动画效果。

图 4-29　【动画】选项卡

PowerPoint 提供有丰富的动画库，按其类别主要分为进入、强调、退出和动作路径等四大类。先在幻灯片中选定元素，再从动画库中选用动画，即可完成动画的基本设置。

在【高级动画】组中，单击【动画窗格】图标，打开如图 4-30 所示的动画窗格，其中列有当前幻灯片的所有动画。单击动画尾端箭头按钮，将弹出动画管理菜单。单击【动画】组中的对话框启动器，将打开如图 4-31 所示动画对应的对话框，用以设置动画选项。

图 4-30　动画窗格和快捷菜单

图 4-31　动画对应的对话框

任务实施

01 打开"animation.pptx"文件，并另存为"P10.pptx"。

02 展开【动画】选项卡（见图 4-29），单击【高级动画】组✍中的【动画窗格】图标，打开动画窗格（见图 4-30），将窗格宽度大约调整到屏宽的四分之一。

▶ 认识动画

03 选择兔图片，在【动画】组✍中展开【动画库】面板✍，观察动画分类，从中选择【淡入】动画，预览兔图片动画，观察兔图片和动画窗格✍的变化。按 Shift+F5 组合键放映幻灯片，单击鼠标左键，观察兔图片的动画效果，随后结束放映。

> 动画对象的数字序号即为动画序号。 💡

04 类似地，选择牛图片，并为其设置"擦除"动画，预览牛动画，观察牛图片和动画窗格变化。按 Shift+F5 组合键放映幻灯片，单击鼠标左键控制播放，观察各动画效果，随后结束放映。

> 添加或修改动画后，默认自动预览。 💡

05 重选兔图片，展开【动画库】面板✍，在【进入】类中选择【轮子】动画，观察兔图片的动画数量。在【高级动画】组✍中，单击【添加动画】图标，打开【动画库】面板✍，在【退出】类中选择【轮子】动画，再观察兔图片的动画数量。

> 添加动画将增加对象的动画数量。 💡

▶ 动画顺序

06 在动画窗格中，观察所有动画、数据条、顺序及编号，观察时间刻度。任选一个动画，观察幻灯片中的关联对象的变化。选择兔图片，再观察动画窗格中被选择的动画，单击动画窗格顶部的【播放所选项】按钮，预览兔图片的动画效果，并观察播放指针和播放进度变化。

07 观察牛图片的动画序号，在动画窗格中用鼠标左键将其拖曳至第 1 号位置，观察各动画的序号变化。单击动画窗格的空白处，再单击其顶部的【全部播放】按钮，预览动画效果。

▶ 动画计时控制

08 右击兔图片的第 1 条动画或单击该动画尾部的箭头，展开动画设置快捷菜单✍，执行【计时】命令，打开【动画】对话框的【计时】选项卡✍。展开并观察【开始】下拉列表，选择【上一动画之后】选项，单击【确定】按钮后观察动画的序号变化。

09 选择牛图片的动画，单击【动画】选项卡右下角的对话框启动器，打开动画对应的对话框（见图 4-31）；在【计时】选项卡✍中设置延迟 3 秒执行、期间快速（1 秒）、重复播放 3 次，单击【确定】按钮后返回幻灯片。

10 在动画窗格中，观察牛动画尾部的颜色条，比较观察【计时】选项卡◎中的【开始】、【持续时间】和【延迟】的数据。

11 单击首页幻灯片的空白处，执行动画窗格顶部的【全部播放】按钮，预览动画效果。按Shift+F5 组合键放映幻灯片，对照各动画设置，验证各动画的实际放映效果，随后结束放映。

▶ **动画效果选项**

12 选择牛图片的动画，观察其动画类型（擦除），打开动画对应的对话框（见图 4-31），在【效果】选项卡中，将声音设置为"锤打"，将动画播放后设置为"按填充配色方案"（蓝色），单击【确定】按钮后关闭对话框，预览牛动画。在【动画】组中，单击【效果选项】图标，打开【效果选项】面板◎，改变选项，预览牛动画。

> 效果选项因动画元素、类型而变化。

▶ **更多操作**

13 选择第 2 张幻灯片；为其标题设置【随机线条】动画；为"中国式现代化"设置【飞入】动画；为 SmartArt 图添加【轮子】动画；为图表添加【形状】动画；观察动画窗格中的动画列表。

> 各页幻灯片中的动画窗格各自独立。

14 对第 2 张幻灯片中的所有动画的开始方式改为"上一动画之后"；从头开始放映，观察当前演示文稿的放映效果。

15 保存并退出演示文稿，提交作业。

📋 任务总结

　　理论上幻灯片中包含的可视元素都可被设置动画，同一元素可配置多个动画，同一幻灯片中动画的播放顺序可被调整。利用计时选项（如开始方式、延迟时间和持续时间等）可设置控制动画的播放过程。

📖 任务验收

知识和技能签收单（请为已掌握的项目画✓）

会给图片等元素添加动画		会用动画窗格预览动画效果	
会设置动画的开始方式		会设置动画的持续时间和延迟	
会调整动画顺序		会删除动画	

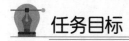

微任务 P11 动画进阶应用

任务简介

在幻灯片中进阶应用动画效果。

任务目标

学习动画触发器和特定对象专项应用;掌握在 PowerPoint 2019 中设置动画触发器的方法和技巧,理解动画触发器的作用和适用场景。

关联知识

1. 动画触发器

幻灯片中的动画一般是按其排列顺序依次播放的,但在特殊情况下需要通过外部动作触发播放,这就需要设定触发器。

PowerPoint 的【高级动画】组中提供有触发命令,如图 4-32 所示,为现有动画设置触发器。

在动画对应的对话框的【计时】选项卡中,提供有【触发器】设置入口,如图 4-33 所示,默认按单击顺序播放动画。

图 4-32 【高级动画】组

图 4-33 【计时】选项卡

2．专项动画

在 PowerPoint 中，幻灯片中的所有元素几乎都可以设置动画。在这些动画元素中，部分元素自身结构简单，动画呈现要求不高，基本的动画效果就可以满足其呈现要求，但还有部分动画元素（如段落文本、图表、SmartArt 图形等），其自身结构复杂，包含的子元素较多，因此就需要针对特殊的动画元素定制专项动画和效果。例如，如图 4-33 所示的图表动画就是专门针对图表设计的专项动画。

任务实施

01 打开"animation.pptx"文件，并另存为"动画进阶.pptx"。

02 选择兔图片，首先为其动画设置为【进入】类中的【轮子】动画，然后再利用【添加动画】命令添加【退出】类中的【轮子】动画；选择牛图片，为其设置【翻转式由远及近】动画。

▶ **动画触发器**

03 选择牛图片的动画，打开其动画对话框【计时】（见图 4-33），单击【触发器】按钮，显示【触发器设置】面板；选择【单击下列对象时启动动画效果】，展开触发对象列表⊙，从中选择【牛动画】对象并单击【确定】按钮。

04 在幻灯片中观察牛图片左边的动画序号变化，在动画窗格中观察牛动画的触发器标识；按 Shift+F5 组合键放映，单击幻灯片播放动画，观察播放效果；多次单击【牛动画】，观察牛动画效果；结束放映。

05 类似地，设置"兔动画·进"和"兔动画·退"，分别触发兔图片的第 1 和第 2 个动画；在动画窗格中观察各动画及其触发器⊙。

06 按 Shift+F5 组合键放映，观察放映视图；随意单击"牛动画"、"兔动画·进"或"兔动画·退"等形状，分别观察动画播放效果；结束放映。

💡 各动画利用触发器触发播放。

07 激活"兔动画·进"圆角矩形，利用绘图工具栏打开【选择】窗格⊙；在【选择】窗格中双击与"兔动画·进"所对应的对象，并更改该对象名与形状的文本一致（"兔动画·进"）；类似地，再分别更改"兔动画·退""牛动画"等形状的对象名与各自形状的文本内容一致。

💡 单击【绘图工具】|【形状格式】|【排列】按钮，可打开【选择】窗口。

08 选择牛图片，在【高级动画】组（见图 4-32）中，执行【触发】|【通过单击】命令，打开【触发】面板⊙，观察当前动画的触发器（牛动画），并将其更改为"兔动画·进"，观察动画窗格中的变化。

09 选择牛图片的动画，将其开始方式更改为【上一动画之后】；按 Shift+F5 组合键放映，单击【兔动画·进】对象，观察动画触发结果。

一个触发器可触发多个动画。

▶ 文本动画

10 选择第 2 张幻灯片，激活多行文本框，为其添加【飞入】动画并预览效果；打开动画对应的对话框，在其【效果】选项卡◎中设置【方向】为【自右侧】，设置【动画文本】为【按字母顺序】，设置 25%延迟，单击【确定】按钮后预览效果。

11 重新打开对应的动画对话框，在其【文本动画】选项卡◎中，在【组合文本】处选【按第二级段落】，选择【相反顺序】；单击【确定】按钮后按 Shift+F5 组合键放映，观察多行文本的动画效果；结束放映。

▶ 图表动画

12 在第 2 张幻灯片中激活右栏内容框（图表），为其添加【擦除】动画并预览效果；打开【动画】对话框（见图 4-33），切换至【图表动画】选项卡◎；展开组合图表列表◎，选择【按系列】选项，单击【确定】按钮后预览效果。

13 在【高级动画】组（见图 4-32）中打开【效果选项】面板◎，依次选择【按类别】、【按类别中的元素】和【按系列中的元素】选项，分别预览效果。

▶ SmartArt 动画

14 （选做）选择第 2 张幻灯片中的 SmartArt 图，为其添加任意动画，并自行设置其效果、计时和 SmartArt 动画等选项。

15 保存并退出演示文稿，提交作业。

任务总结

　　幻灯片内元素既可设置动画，也可作为触发器触发其他元素的动画，每个动画最多只能指定一个触发器，而每个触发器至少触发一个动画；动画被指定触发器后，动画的播放将独立于幻灯片动画的默认流程之外，只有被触发时才能被播放。

　　PowerPoint 为结构复杂、子元素众多的动画元素分别设计了专项动画，如文本动画、图表动画和 SmartArt 动画等，以满足这类动画元素的灵活应用需要。

任务验收

知识和技能签收单（请为已掌握的项目画√）

能在计时选项找到触发器按钮		会设置单击时启动对象的动画效果	
会利用绘图工具打开选择窗口		会在动画窗格查看各动画和触发器	
会设置图表、SmartArt 动画		会设置各动画利用触发器触发播放	

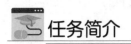

微任务 P12 切换幻灯片

任务简介

设置幻灯片之间的切换效果。

任务目标

理解幻灯片切换的含义和用途，熟悉幻灯片切换的类型，掌握幻灯片切换的方法，学会控制幻灯片的切换。

关联知识

幻灯片切换

幻灯片切换是 PowerPoint 中的一个重要功能，是指从上一张幻灯片向本张幻灯片过渡的放映过程。通过合理地设置幻灯片的过渡类型和过渡时间，可以增强演示效果，提高观赏体验，吸引观众关注演示内容。

PowerPoint 2019 的【切换】选项卡如图 4-34 所示，除了设置切换类型，还可设置持续时间、声音和换片方式等，用以控制切换的过渡过程。

图 4-34 【切换】选项卡

幻灯片切换始于上一张幻灯片放映结束；利用切换效果、持续时间、和声音等项目设置控制过渡效果，过渡结束后开启本张幻灯片的放映过程；最后根据设置的换片方式控制本张幻灯片的放映结束。

任务实施

01 启动 PowerPoint 2019 程序，创建包含 4 张幻灯片的演示文稿，并将文件命名为"P12.pptx"。

02 各幻灯片的标题依次设为"第 1 页"……"第 4 页"，背景色依次设为红、黄、绿、蓝。

在【视图】选项卡中，单击【幻灯片浏览】图标，进入幻灯片浏览视图，适当缩放显示比例，使得每行显示 3 张幻灯片。

▶ 认识切换

03 单击【切换】选项卡（见图 4-34），选择第 2 张幻灯片，在【切换到此幻灯片】组 ◉ 的切换库内选中【揭开】选项，预览切换效果，同时观察各幻灯片右下角的切换标识 ◉。

04 在【切换到此幻灯片】组 ◉ 中，单击【效果选项】图标，展开【效果选项】列表 ◉，从中任选一个效果选项，并预览切换效果。

05 按 F5 功能键从头放映幻灯片，单击鼠标将幻灯片从第 1 页过渡到第 2 页，观察幻灯片切换效果。继续单击鼠标，观察幻灯片切换效果，直到放映结束，随后结束放映。

幻灯片切换是指从上一张幻灯片向本张幻灯片过渡的放映过程。

▶ 切换计时

06 在【效果选项】列表 ◉ 中选择【从左上部】选项，预览切换效果。在【切换】选项卡的【计时】组 ◉ 中，将持续时间设置为 3 秒（03.00），再在【预览】组中单击【预览】图标，仔细观察幻灯片颜色过渡的过程。

07 分别将第 1、3、4 页幻灯片的切换方式设置为"分割"、"随机线条"和"形状"，从头开始放映，单击鼠标来切换幻灯片，观察各幻灯片的切换效果，直至放映结束。

08 选择第 2 页幻灯片，在【切换】选项卡的【计时】组 ◉ 中，清除所有的换片方式（如"单击鼠标时"）。从头放映幻灯片，单击鼠标，切换进入第 2 页；再继续单击鼠标，观察幻灯片的切换情况，随后结束放映。

09 选择第 2 页幻灯片，勾选【切换】选项卡|【计时】组|【设置自动换片时间】复选框，并将其时间设为 5 秒（00:05.00），观察该幻灯片底部出现的时长信息 ◉。按 F5 功能键放映幻灯片，切换进第 2 张幻灯片后，等待自动换片，随后结束放映。

▶ 更多操作

10 在【切换】选项卡的【切换到此幻灯片】组 ◉ 中，单击切换库的下拉箭头按钮，展开【切换库】面板 ◉，观察切换的分类。从中选择【随机线条】选项，预览切换效果。在【计时】选项卡 ◉ 中，设置声音为"照相机"、持续时间为 2 秒、换片方式增加"单击鼠标时"，最后单击【应用到全部】图标。

11 在幻灯片浏览视图中，观察各幻灯片底部的切换标识和自动换片时长信息 ◉。按 F5 功能键从头放映幻灯片，或者单击鼠标左键，提前切换幻灯片，或者不做任何操作等待自动换片，直到放映结束。

手动、自动或混合换片。

12 返回普通视图效果，观察各幻灯片缩略图的切换标识。依次选择各幻灯片，利用【切换】选项卡，观察其切换设置。重复第 11 步的放映操作，观察放映过程，随后结束放映。

13 保存并关闭文件，提交作业。

任务总结

　　幻灯片切换是指从上一张幻灯片向本张幻灯片过渡的放映过程，其具体过渡效果取决于切换类型、效果选项、持续时间、声音和换片方式等项目的设置。

　　PowerPoint 2019 提供有细微型、华丽型、动态内容等三类切换方式，每类切换方式中又各包含若干具体切换类型。换片方式有手动（单击鼠标时）和自动（设置自动换片时间）两种方式，用以控制本张幻灯片放映结束。在实际应用中，两种换片方式也可以混合应用。

任务验收

知识和技能签收单（请为已掌握的项目画 ✓ ）

会在切换库内选择合适的切换方式		会调整幻灯片切换的速度	
会为幻灯片切换添加声音		会利用效果选项选择切换方向	
会预览已设置的切换效果		会手动、自动或混合换片	

综合实训　P.B　制作交互式演示文稿

　　在"中国人的闲情逸致.pptx"中，用简明的文字高度浓缩了我国古人用琴棋书画来滋养自己的生活各类闲情逸致，内容虽然经典，但外观却过于"素雅"。

　　对"中国人的闲情逸致.pptx"中各页幻灯片的提升要求已对应书写在其备注栏内，所需要的资料素材可从本综合实训配置资源中获取。请按相关要求对演示文稿及其幻灯片进行设计和提升，并希望得到令人满意的作品。

微任务　P13　使用幻灯片母版

任务简介

　　设计幻灯片母版，统一幻灯片页面元素和格式。

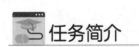

任务目标

　　理解幻灯片母版的概念和功能，掌握设置方法，学会利用幻灯片母版统一页面元素和格式。

关联知识

幻灯片母版

　　PowerPoint 新建幻灯片都依赖于幻灯片版式，而幻灯片版式由其对应的母版版式决定。设计幻灯片母版实际就是编辑或管理幻灯片版式。

　　PowerPoint 2019 的【视图】选项卡中的【母版视图】组如图 4-35 所示，用户可管理和设计各类母版版式。

　　单击【幻灯片母版】图标，将打开如图 4-36 所示的幻灯片母版视图。左侧窗格列出了当前文档的母版及其版式，尺寸最大的是基础版式，其他则为普通版式。基础版式的任何改动都会反映到普通版式，普通版式与幻灯片版式一一对应。

图 4-35 　【母版视图】组

图 4-36 　幻灯片母版视图

　　母版版式的界面由若干个占位符容器构成。占位符作为容器，可以容纳文本、表格、图表、SmartArt 图形、视频、图片等多种媒体内容。

任务实施

01 启动 PowerPoint 2019 程序，创建空白演示文稿并保存为 P13.pptx。右击幻灯片，并执行【版式】命令，打开【版式】面板⊘，观察常用的版式效果。

▶ 幻灯片版式与母版

02 在【视图】选项卡的【母版视图】组（见图 4-35）中，单击【幻灯片母版】图标，打开幻灯片母版视图（见图 4-36）。观察左侧栏中各母版的版式缩略图，将鼠标指针悬于基础版式上，观察母版的主题名称。鼠标指针依次向下，分别悬于其他版式，并观察版式名称等。

> 母版定制。

03 在幻灯片母版视图（见图 4-36）中选择基础版式，在其右上角插入五角星形状，设置其高和宽均为 2 厘米、填充和轮廓均为红色，观察其他各版式的变化。

> 母版基础版式变化将影响同组的普通版式。

04 选择【标题和内容】版式，向其中插入一正圆形状。调整其位置和大小，使其刚好覆盖五角星，将圆的轮廓设置为红色，无填充色，将标题框内容改为"源自标题和内容版式"。

05 选择【标题幻灯片】母版，向其中插入一正圆形状。调整其位置和大小，使其刚好触及五角星各内角，将圆的轮廓和填充都设置为黄色，将标题框内容改为"源自标题幻灯片版式"。

> 母版普通版式的变化不影响其他版式。

▶ 母版应用

06 在幻灯片母版视图（见图 4-36）中，单击【关闭母版视图】图标。在普通视图中，观察当前幻灯片标题信息和右上角的图案，打开【版式】面板⊘，观察各版式右上角的图案变化。

07 新建 5 张幻灯片，并观察各幻灯片标题和右上角的图案，分别将第 3、4、5 张幻灯片版式依次更改为"节标题"、"标题幻灯片"和"两栏内容"，观察各幻灯片的内容变化。

▶ 插入版式

08 进入幻灯片母版视图（见图 4-36），在【编辑母版】组⊘中单击【插入版式】图标，观察新版式，再单击【重命名】图标，并将其命名为"左图片右文本"。

09 在【母版版式】组⊘中，单击【插入占位符】图标，展开【插入占位符】面板⊘，选择【图表】选项，并用鼠标左键在版式左侧拖画矩形框（约占页面 2/3 宽）。类似地，再插入文本占位符，约占页面 1/3 宽。

▶ 插入幻灯片母版

10 在【编辑母版】组⊘中，单击【插入幻灯片母版】图标，在缩略图窗格中观察新建的母版及版式。选择新母版的基础版式，单击【重命名】图标，并将其命名为"我的设计"，随后删除新母版中的所有版式。

11 在"我的设计"母版中，插入自定义版式，命名为"左表格右图片"。在新版式中再相应插入占位符，令二者大体上等宽，将【左图片右文本】版式移动到【我的设计】母版之中。

12 选择【我的设计】母版基础版式，选择其右下角的幻灯片编号（#），并设置为 36 磅、白色、水平居中。选择页码文本框，宽和高分别设为 4cm 和 2cm，移至页面右上角，上边线与页上边线重合。在【背景】组◎中单击【背景样式】图标，并在其展开的面板中选择【样式 3】选项，观察本母版中各版式变化。

13 在【编辑主题】组中，单击【主题】图标，展开【主题】面板◎，选择任意一个主题（如平面主题），观察新插入的幻灯片母版。撤销编辑主题的操作，关闭母版视图。

▶ **更多母版应用**

14 打开【版式】面板◎，观察各母版中的版式，分别将第 2、4 张幻灯片版式更换为"左表格右图片"与"左图片右文本"，并观察版式效果。单击【插入】选项卡|【文本】组|【页眉和页脚】图标，打开【页眉和页脚】对话框，在该对话框的【幻灯片】选项卡中勾选【幻灯片编号】复选框，单击【全部应用】按钮，随后观察各幻灯片中的自动页码。

15 保存并退出演示文稿，提交作业。

📋 任务总结

　　幻灯片母版控制着演示文稿的外观。它由多个版式构成，用户可为版式设置背景、主题、页面和幻灯片方向等项目，可控制其标题和页脚，也可向版式中插入或删除占位符容器。占位符中可包含文本、内容、图表、SmartArt 图形、媒体和剪贴画等元素，用户可对占位符及其中的元素进行格式设置。

　　同一演示文稿可包含多个幻灯片母版，各母版相对独立。同一母版中，基础版式具有重要作用，其内容和布局的变化都会对同一母版中的其他版式产生影响。使用幻灯片母版有利于统一幻灯片格式并提高工作效率。

任务验收

知识和技能签收单（请为已掌握的项目画√）

会看当前幻灯片母版的主题名称		知道基础版式变化会影响普通版式	
会在编辑母版中插入版式		会在编辑母版中插入幻灯片母版	
会在幻灯片母版中设置背景		会在母版中添加幻灯片编号	

 **微任务 / P14 / 自定义放映**

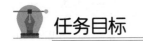 **任务简介**

自定义幻灯片放映，改变幻灯片默认的放映顺序。

 **任务目标**

理解自定义放映的目的，掌握自定义放映的方法，学会按定制顺序控制幻灯片放映。

任务目标

自定义放映

幻灯片放映通常是按照幻灯片在演示文稿中的实际顺序而播放的，而自定义放映可按用户需求重新编排播放顺序和播放内容。隐藏幻灯片或设置放映幻灯片范围只能控制放映幻灯片的数量。

在【幻灯片放映】选项卡的【开始放映幻灯片】组中，执行【自定义幻灯片放映】|【自定义放映】命令，打开【自定义放映】对话框，如图 4-37 所示。

在【自定义放映】对话框中，单击【新建】或【编辑】按钮，将打开【定义自定义放映】对话框，如图 4-38 所示。用户只需要为自定义放映指定名称，并将左栏中的幻灯片按自定义需求依序添加到右栏列表中即可。

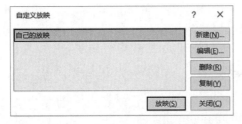

图 4-37 【自定义放映】对话框

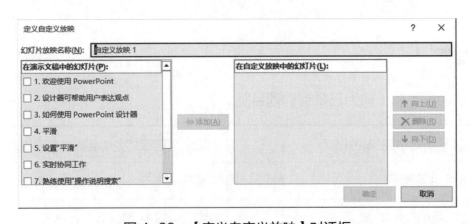

图 4-38 【定义自定义放映】对话框

自定义的放映将显示在【自定义放映】对话框中（见图 4-37），也会出现在【自定义幻灯片放映】的下拉列表等位置，以便用户使用。

任务实施

01 打开"欢迎使用 PowerPoint.pptx"演示文稿（或通过模板创建）并另存为"P14.ppt"。

▶ 编辑自定义放映

02 单击【幻灯片放映】选项卡|【开始放映幻灯片】组|【自定义幻灯片放映】图标，展开【自定义幻灯片放映】面板◎；执行【自定义放映】命令，打开【自定义放映】对话框（见图 4-37）。单击【新建】按钮，打开【定义自定义放映】对话框（见图 4-38）。

03 在【定义自定义放映】对话框中，将幻灯片放映名称改为"自己的放映"。从左栏列表选取编号为 1、2、9 的幻灯片，单击【添加】按钮，将其添加到右栏中，再选择 1 号幻灯片，添加到自定义放映中，单击【确定】按钮。

> 同一幻灯片在放映中可重复出现多次。💡

04 打开【自定义放映】对话框（见图 4-37），选中【自己的放映】选项，单击【编辑】按钮，打开【定义自定义放映】对话框（见图 4-38）。在右栏的自定义列表中选择序号为 2 的幻灯片，单击【删除】按钮，再单击【确定】按钮。

▶ 自定义放映基本应用

05 在【自定义放映】对话框（见图 4-37）的列表中选中【自己的放映】选项，单击【放映】按钮，观察放映内容和顺序，直到放映结束。打开【自定义幻灯片放映】面板◎，在其中选择【自己的放映】选项，再观察放映效果直至结束。

06 按 F5 功能键放映幻灯片，右击放映视图，弹出放映快捷菜单◎，执行【自定义放映】命令。打开自定义放映列表◎，选择【自己的放映】选项，再打开放映快捷菜单◎并执行【查看所有幻灯片】命令，观察放映效果后按 Esc 键返回，继续放映直到结束。

> 自定义放映综合应用。💡

07 打开【定义自定义放映】对话框（见图 4-38），分别将第 2、3 张幻灯片定义为"设计器"，第 4、5 张定义为"平滑"，第 6 张定义为"协同"，第 7 张定义为"操作搜索"，第 8 张定义为"智能搜索"。

08 在第 1 张幻灯片中创建 5 个圆角矩形（宽 3.2 厘米、横向分布），并分别添加"设计器"、"平滑"、"协同"、"操作搜索"和"智能搜索"文本。

09 选择【设计器】形状边框，单击【插入】选项卡|【链接】组|【链接】图标，打开【插入超链接】对话框◎。设置链接到本文档中的位置，并从【自定义放映】中选择【设计器】选项，勾选【显示并返回】复选框，单击【确定】按钮后返回幻灯片。

10 选择【平滑】形状边框，单击【插入】选项卡|【链接】组|【动作】图标，打开【操作设

置】对话框。在【单击鼠标】选项卡中，选中【超链接到】单选按钮，并在其下方的下拉列表中选择【自定义放映】选项，打开【自定义放映】对话框；选择【平滑】选项，同时勾选【放映后返回】复选框；逐级确认后返回幻灯片。

11 类似地，分别为"协同"、"操作搜索"和"智能搜索"创建链接或动作，并分别对应链接到同名的自定义放映。

> 将各圆角矩形对象与自定义放映进行对应链接。

12 在【开始放映幻灯片】组中，展开【自定义幻灯片放映】面板，单击【自己的放映】选项，观察放映视图。打开放映快捷菜单并执行【查看所有幻灯片】命令，查看后按 Esc 键返回。

13 在"自己的放映"放映视图中，单击【设计器】圆角矩形，观察放映流程从当前的"主放映"转入相应的"子放映"，"子放映"结束后返回当前的"主放映"。自行测试其他圆角矩形，同样观察放映流程变化，返回"主放映"后，停止放映。

14 保存并关闭演示文稿，提交作业。

任务总结

　　自定义放映可以灵活确定演示文稿的放映内容（幻灯片）及其播放顺序。同一张幻灯片可以在自定义放映中重复多次，同一演示文稿中可以创建多个不同的自定义放映，且都与演示文稿一并保存。

　　自定义放映既可独立放映，也可作为链接或动作的目标对象等被嵌入放映，应用方式较为灵活。

任务验收

知识和技能签收单（请为已掌握的项目画 ✓）

会创建自定义放映		会更改自定义放映名称	
会添加、删除或排序更改自定义放映		会放映自定义放映	
会将形状超链接到自定义放映		会保存和重命名自定义放映	

微任务 P15 设置幻灯片放映

任务简介

对幻灯片放映进行设置，以便控制幻灯片自动放映等。

任务目标

熟悉幻灯片放映设置项目及用途，掌握设置方法，学会控制幻灯片自动放映等。

关联知识

幻灯片放映设置

保障幻灯片放映效果是一件复杂且系统的工作，应将放映场景、演讲者、观众对象等诸多因素进行综合考虑，并有针对性地排练计时、录制旁白、设定放映方式等。在【幻灯片放映】选项卡的【设置】组中，PowerPoint 2019 提供了幻灯片放映设置工具，如图 4-39 所示。

单击【设置幻灯片放映】图标，打开【设置放映方式】对话框，如图 4-40 所示，用户可以根据放映需求，设定放映类型、放映选项等。

图 4-39 【设置】组

图 4-40 【设置放映方式】对话框

任务准备

确保计算机的麦克风和音箱（或耳麦）工作正常。

任务实施

01 打开"欢迎使用 PowerPoint.pptx"演示文稿（或通过模板创建）并另存为"P15.pptx"。

▶ **排练计时**

02 在【设置】组（见图 4-39）中，单击【排练计时】图标，开始从头放映幻灯片，观察默认位于屏幕左上角的录制工具条，并将鼠标指针悬于各图标，观察其功能提示，观察计时信息。

03 任意播放动画、切换到下一张幻灯片，观察录制工具中的计时变化。单击【重复】按钮，并继续录制，观察计时变化。在放映过程中可尝试涂鸦、圈画等，放映结束时按提示保留墨迹，计时同步终止并弹出【保留计时】对话框🔍，单击【是】按钮来保留计时。

 录制工具条记录当前页计时和累积计时。

04 打开幻灯片浏览视图；观察各幻灯片缩略图下的切换标识和自动换片时长🔍。展开【切换】选项卡，任选某张幻灯片，在【计时】组🔍中观察各幻灯片的换片方式和自动换片时长。

05 在【设置】组（见图4-39）中，勾选【使用计时】复选框，按F5功能键放映幻灯片，观察幻灯片使用计时自动放映结果。按相反的操作，取消对【使用计时】复选框的勾选，再从头放映幻灯片，观察放映结果。

排练计时记录放映操作时点。

▶ 录制放映

06 在【设置】组中（见图4-39），执行【录制幻灯片演示】|【清除】|【清除所有幻灯片中的计时】命令，观察幻灯片的换片方式和自动换片时长变化。

07 选择第2张幻灯片，执行【录制幻灯片演示】|【从当前幻灯片开始录制】命令，打开【录制幻灯片演示视图】窗口🔍，单击【开始录制】按钮。

08 在录制放映过程中，任意用笔涂鸦、播放动画、切换幻灯片等，观察计时信息。同步朗读或讲解幻灯片内容，以便录制旁白（音频），直到结束放映。

录制结束不提示保留墨迹。

09 打开幻灯片普通视图，选择第2张幻灯片，观察其换片方式和自动换片时长，观察并选择幻灯片中的音频图标，单击【播放】按钮并试听录制的旁白。

10 在【设置】组（见图4-39）中，勾选【使用计时】和【播放旁白】复选框，从第2张幻灯片开始放映，观察放映结果。任意组合使用【使用计时】和【播放旁白】效果，自行测试放映。

录制放映比排练计时信息更全。

11 选择第2张幻灯片，单击音频图标，在音频工具栏的【播放】选项卡内，观察其【音频选项】组🔍中的设置。取消对【放映时隐藏】复选框的勾选，随后在【幻灯片放映】选项卡的【设置】组（见图4-39）中，勾选【显示媒体控件】复选框。按F5功能键放映幻灯片，将鼠标指针悬于音频图标上，观察其音频控件，利用它控制音频播放。

▶ 设置放映方式

12 在【设置】组（见图4-39）中，单击【设置幻灯片放映】图标，打开【设置放映方式】对话框（见图4-40）。观察放映选项和推进幻灯片的方式，理解其含义，依次选中【放映类型】选区中的类型，随后观察对话框中选项状态的变化。

13 在【设置放映方式】对话框（见图 4-40）中，将放映类型设为【观众自行浏览（窗口）】，单击【确定】按钮，按 F5 功能键放映幻灯片，观察放映窗口变化，并试着控制放映进程。类似地，将放映类型设为【在展台浏览（全屏幕）】，再试着用鼠标控制放映进程。

前者放映为窗口模式，后者放映仅受计时控制。

14 将第 4、6、2、7、8 幻灯片自定义为"五大窍门"放映；打开【设置放映方式】对话框（见图 4-40），在【放映幻灯片】选区中选中【自定义放映】单选按钮，并在其下拉列表中选择【五大窍门】选项，单击【确定】按钮。从头放映幻灯片，观察放映效果。

15 保存并退出演示文稿，提交作业。

 ## 任务总结

在 PowerPoint 中，用户可为幻灯片手动设置换片方式和自动换片时间，也可为动画手动设置延迟时间。PowerPoint 2019 提供有排练计时功能，可在排练计时中自动记录对幻灯片切换和动画播放等时点。此外，PowerPoint 2019 还提供录制功能，除了具有排练计时功能，还可录制旁白、使用墨迹和激光笔等。演示文稿可在排练计时的基础上实现全自动放映，同时可同步播放旁白或配音。

利用幻灯片放映设置，可控制幻灯片放映类型、放映范围、推进方式、使用计时、播放旁白、显示媒体控件及更多放映选项等，PowerPoint 2019 放映类型有演讲者放映、观众自行浏览和在展台浏览等三种，可适用于不同的演示情境，当将放映类型设置为"在展台浏览类型放映"时，放映过程仅受自动换片时间和动画计时选项的控制。

任务验收

知识和技能签收单（请为已掌握的项目画 √）

会使用排练计时录制幻灯片		会在录制中保留计时、旁白和激光笔	
会在浏览视图查看切换标识和自动换片时长		会在放映时使用计时和播放旁白	
会设置幻灯片自动循环播放		会通过放映类型设置放映方式	

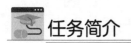

微任务 **P16** 打印演示文稿

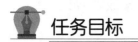

任务简介

将演示文稿内容打印输出到纸面上。

任务目标

掌握演示文稿的打印设置和常见打印形式，学会将演示文稿内容灵活打印输出。

关联知识

演示文稿打印

演示文稿以其丰富的多媒体展现能力深受用户喜爱，通常通过显示设备进行动态展示和交流，但在有些情况下仍需被打印到纸面上进行交流和传阅。在 PowerPoint 2019 中执行【文件】菜单|【打印】命令，将打开其打印面板，如图 4-41 所示，可支持演示文稿的打印功能。

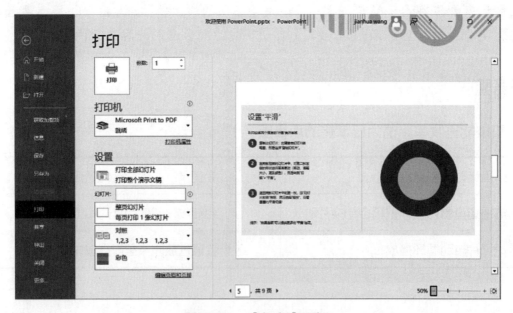

图 4-41 【打印】面板

PowerPoint 的打印与 Word、Excel 等软件的打印有很多相似之处，但也有其自身特点。在【打印】面板的打印设置区，单击【打印版式】选项，打开【打印版式】面板，如图 4-42 所示，用户可选择符合幻灯片特点的打印设置。

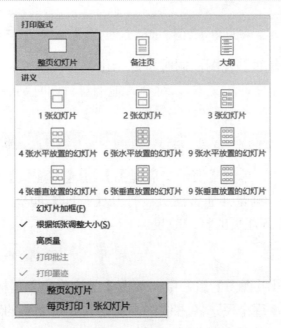

图 4-42 【打印版式】面板

由图 4-42 可见，幻灯片主要有整页幻灯片、备注页、大纲和讲义等四种打印输出形式。其中，整页幻灯片对应幻灯片的预览效果；大纲对应演示文稿大纲视图中显示的内容；备注页对应备注视图中显示的内容，一般包含幻灯片缩略图及对应的备注内容，但可添加更多图文信息；讲义页与演示文稿的讲义母版的定义格式有关。

任务准备

检查并确认计算机的打印机可以正常工作（或可采用虚拟打印机模拟打印）。

任务实施

01 打开"欢迎使用 PowerPoint.pptx"演示文稿，并另存为"P16.pptx"。

02 单击【插入】选项卡|【文本】组|【页眉和页脚】图标，在打开的【页眉和页脚】对话框🔍中，勾选【幻灯片编号】复选框，单击【全部应用】按钮，观察幻灯片各页的页码。执行【文件】菜单|【打印】命令，打开【打印】面板🔍，观察其左、中、右三列布局，特别是中间列的打印设置区。

▶ 打印整页幻灯片

03 在打印设置区，单击【打印版式】选项，展开【打印版式】面板（见图 4-42），观察其默认选项（整页幻灯片），观察打印预览区。在【打印版式】面板（见图 4-42）中，尝试改变【幻灯片加框】、【根据纸张调整大小】等选项的状态，观察预览效果，随后恢复为默认设置。

04 在打印设置区的【幻灯片】文本框中输入"1-3，6，9"，确认后观察打印预览效果。利用预览区底部的翻页箭头，预览更多打印页面，注意观察各幻灯片编号。

▶ **打印备注页**

05 将演示文稿更改为【普通】视图，同时再显示出其备注窗格；对首页幻灯片，在其备注窗格中输入"首页幻灯片备注文本"。对于其他幻灯片，复制各自的标题文本，并粘贴到其备注窗格中。

为后续操作准备备注内容。

06 在【视图】选项卡中，单击【演示文稿视图】组|【备注页】图标，观察视图变化。拖曳窗口的垂直滚动条，浏览其他备注页。打开【打印】面板（见图4-41），打印版式选择"备注页"，预览各备注页的打印效果。

查看/预览（打印）备注页效果。

07 在【视图】选项卡【母版视图】组中，单击【备注母版】图标，打开备注母版视图。在【占位符】组中，逐个反选各占位符，观察其在页面中的对应位置。

08 在【占位符】组中，确认已全选各占位符，再将页眉和页脚分别设置为"PowerPoint"和"Microsoft Office"，将【备注页方向】改为横向，自行调整幻灯片图像、正文等点位符的位置和大小，随后关闭备注母版视图。

设计备注母版。

09 在【视图】选项卡中，单击【备注页】按钮，打开演示文稿备注页视图。右击备注页空白处，执行【备注版式】命令，打开【备注版式】对话框，选择所有选项后单击【确定】按钮，浏览各备注页效果。打开【打印】面板（见图4-41），再次预览各备注页的打印效果。

▶ **打印讲义**

10 在【视图】选项卡中，打开幻灯片母版视图，选择基础版式，将其页码设为红色、54磅，适当调整页码框大小和位置，关闭母版视图。打开讲义母版视图，将页码设置成蓝色、36磅，适当调整页码框大小和位置，关闭讲义母版视图。

11 打开【打印】面板（见图4-41），在【打印版式】面板（见图4-42）中，任意选择讲义类型，预览讲义打印效果，同时观察幻灯片页码排序。

12 在【打印】面板中，设置"9张垂直放置的幻灯片"、"横向"和"幻灯片加边框"，预览打印效果。单击【打印】按钮，观察打印结果，随后改用虚拟打印机打印生成 P16.pdf 文档。

▶ **其他操作**

13 在【视图】选项卡中，单击【大纲视图】图标，观察左侧窗格内的大纲视图。打开【打印】面板（见图4-41），选取打印第2节，打印版式选择【大纲】版式，预览大纲的打印效果。

14 保存并退出演示文稿，提交作业。

任务总结

　　演示文稿大多数情况下被用于放映，但有些时候需要被打印到纸面上，并且以打印整页幻灯片、备注页、大纲以及讲义等多种类型，用户可根据实际需要选择适当的打印形式。

　　整页幻灯片类型对应演示文稿的普通视图，其基础是幻灯片母版；备注页类型对应演示文稿的备注页视图，其打印效果取决定于备注母版的设计；大纲类型的结果由演示文稿的大纲视图决定；讲义类型的结果则由讲义母版的设计决定。

任务验收

知识和技能签收单（请为已掌握的项目画✓）

会进行打印选项设置		会打印整页幻灯片	
会打印备注页		会查看/预览打印效果	
会设置幻灯片编号打印		会打印讲义	

综合实训 P.C 制作自动放映演示文稿

　　2024 年国务院政府工作报告来啦！

　　2024 年 3 月 5 日，国务院总理李强代表国务院在十四届全国人大二次会议上作《政府工作报告》。为了更好地学习、领会和宣传政府工作报告，现已完成对 2024 政府工作报告的要点摘要并保存为"2024 年政府工作报告.pptx"。请你继续对其丰富和完善，有关要求详见幻灯片的备注栏，有关资料素材详见本综合实训文件夹。

　　演示文稿最终设计成可自动放映的演示文稿，以便在公共场合循环放映。此外，可按需打包并复制到"2024 年政府工作报告"文件夹，导出为"2024 年政府工作报告.pdf"，转换为"2024 年政府工作报告.mp4"，或者将演示文稿打印到纸面。

反侵权盗版声明

电子工业出版社依法对本作品享有专有出版权。任何未经权利人书面许可，复制、销售或通过信息网络传播本作品的行为；歪曲、篡改、剽窃本作品的行为，均违反《中华人民共和国著作权法》，其行为人应承担相应的民事责任和行政责任，构成犯罪的，将被依法追究刑事责任。

为了维护市场秩序，保护权利人的合法权益，我社将依法查处和打击侵权盗版的单位和个人。欢迎社会各界人士积极举报侵权盗版行为，本社将奖励举报有功人员，并保证举报人的信息不被泄露。

举报电话：（010）88254396；（010）88258888

传　　真：（010）88254397

E-mail：　　dbqq@phei.com.cn

通信地址：北京市万寿路 173 信箱

　　　　　电子工业出版社总编办公室

邮　　编：100036